Studien zu einer Geschichte der Gesellschaftswissenschaften
Band 7

JÜRGEN KUCZYNSKI

Studien

zu einer Geschichte der Gesellschaftswissenschaften

Band 7

JÜRGEN KUCZYNSKI

Gesellschafts-wissenschaftliche Schulen

Akademie-Verlag · Berlin
1977

Erschienen im Akademie-Verlag, 108 Berlin, Leipziger Str. 3–4

Lizenznummer: 202 · 100/381/77
Herstellung: IV/2/14 VEB Druckerei »Gottfried Wilhelm Leibniz«,
445 Gräfenhainichen/DDR · 4980
Einband und Schutzumschlag: Rolf Kunze
Bestellnummer: 753 278 4 (6271/7) · LSV 0105
Printed in GDR
DDR 15,– M

Inhalt

Vorbemerkung 7

KAPITEL I

Die Schule Eugen Vargas *13*

1. Das Buchwerk Vargas *14*
2. Das Haupt einer Schule *21*
   a. Der Lehrer *22*
   b. Der Meister der Konjunkturanalyse – Zeitwirtschaftsgeschichte *29*
   c. Der „aktuelle" Grundlagenforscher *37*
   d. Der Mensch – der Revolutionär *39*
3. Der Charakter der Schule *41*

KAPITEL II

Zur Theorie der Schulen *54*

1. Vorbemerkungen *54*
2. Das Haupt der Schule *64*
3. Methodologie und Forschungsgebiet, Theorie, Problematik *75*
4. Typen von Schulen *81*
5. Die Aufgaben von Schulen *96*

KAPITEL III

Frühe Schulen *99*

KAPITEL IV

Die Ricardo-Schule *107*

1. Ricardo *107*
2. Der erste Schüler *126*
3. „Zwei Schulen" von Ricardianern *131*

4. Die Schule der ricardianischen Vulgärökonomen *134*
5. Die Schule der sozialistischen Ricardianer *140*
6. John Stuart Mill *152*

KAPITEL V

Die kleindeutsche Schule – 1840 – 1870 *157*

1. Der historische Hintergrund *157*
2. Die gesellschaftliche Position der Kleindeutschen *166*
3. Die kleindeutschen Historiker *173*
4. Die Schule der kleindeutschen Historiker *174*
   a. Das wissenschaftliche Band *174*
   b. Das politische Band *192*

Schlußbemerkung *203*

Personenverzeichnis *204*

Vorbemerkung

Wissenschaftliche Schulen sind fast so alt wie die Wissenschaft. Sie haben stets, jede für eine gewisse Zeit, die Wissenschaft vorwärts gebracht – bis neue Schulen sie ablösten. Nur in Zeiten, in denen despotischer Dogmatismus auf diesem oder jenem Gebiet der Wissenschaft herrschte, konnten sie nicht blühen, bzw. mußte die allein „herrschende" Schaden anrichten.

Einzelne Schulen aus der Geschichte der Wissenschaft sind, zumeist in Verbindung mit einer Darstellung ihres Gründers, öfter untersucht worden.

Was aber das Wesen der Schulen betrifft, so beginnen eigentlich erst seit einiger Zeit Wissenschaftler, und zwar vornehmlich marxistische Wissenschaftler, sich mit ihm zu beschäftigen. Die Ursache dafür liegt in Folgendem:

Nach einer glänzenden Blüte der Schulen in den zwanziger Jahren der Sowjetunion, insbesondere auch auf dem Gebiete der Gesellschaftswissenschaften, kam die unsinnige Theorie auf, daß Schulen nicht zum Marxismus paßten. Natürlich mußte die Wissenschaft darunter leiden. Und natürlich mußte diese unsinnige Theorie wieder aufgegeben werden.

Doch war das ein langer Kampf, der noch in den sechziger Jahren von einer Minderheit von Gesellschaftswissenschaftlern für wissenschaftliche Schulen geführt wurde – in unserer Republik vornehmlich von Kurt Braunreuther und Jürgen Kuczynski, denen sich dann vor allem Wolfgang Heyde, Harry Maier und Helmut Steiner zugesellten.

Wie scharf dieser Kampf war, zeigt ein Meinungsstreit, der noch im letzten Vierteljahr 1972 in unserer Akademie der Wissenschaften geführt wurde.

Kuczynski hatte im Oktober einen Vortrag in der Klasse für Philosophie, Ökonomie, Geschichte, Staats- und Rechtswissenschaften über aktuelle Probleme der Wissenschaftsentwicklung gehalten. Dabei war er unter anderem auf das Problem der wissenschaftlichen Kollektive zu sprechen gekommen, wobei er sich auch auf die Ausführungen von Marx im dritten Band des „Kapital" über Denkarbeit im Kollektiv, über allgemeine und gemeinschaftliche Arbeit gestützt hatte. Er hatte dort über Schulen von Gesellschaftswissenschaftlern bemerkt: „Schließlich muß man noch von einer Art von Kollektiv sprechen, das dem Kollektiv, das allgemeine Arbeit leistet, in mancher Beziehung näher steht, in anderer Beziehung dem Kollektiv im engeren Sinne. Das sind die wissenschaftlichen Schulen. Die Bildung solcher Schulen, die es in den zwanziger Jahren reichlich in der Sowjetunion gab, und die dann zum großen Teil aufgelöst wurden, ist heute, meiner Ansicht nach zum Glück der Wissenschaftsentwicklung, wieder häufiger in den sozialistischen Ländern. Bei uns gibt es nur auf einigen Gesellschaftswissenschaftsgebieten solche Schulen, lange nicht genug."[1]

Anschließend war er dann als Beispiel für eine gesellschaftswissenschaftliche Schule auf die Varga-Schule zu sprechen gekommen, zu der er selbst gehört.

In der Diskussion sprach Fred Oelßner, der „gegen die ganze Richtung" war, das heißt nicht viel für Wissenschaftswissenschaft übrig hatte und sich speziell gegen Schulen aussprach. Er führte aus:

„Offen gestanden fällt es mir etwas schwer, die Beziehung der Ausführungen von J. Kuczynski zur Aufgabe unserer Klasse herzustellen, die sich der entwickelten sozialistischen Gesellschaft und den Gesetzmäßigkeiten ihrer Entwicklung widmen soll. Müssen wir wirklich erst alle Probleme der Wissenschaftswissenschaft behandeln, ehe wir zum Thema kommen? Und was soll uns der wehmütige Rückblick auf Mensa-Plaudereien, Briefwechsel und wissenschaftliche Schulen helfen, die ja vergangenen Zeiten angehören? ...

Zum Schluß noch ein Wort zu den wissenschaftlichen Schulen. Der Marxismus-Leninismus ist eine in sich geschlossene einheitliche Wissenschaft. Bei seiner Weiterentwicklung kann und wird es Meinungsverschiedenheiten geben, aber das Ziel muß dabei sein, zu objektiv richtigen Erkenntnissen zu kommen, die in das allgemeine Gebäude der marxistischen Wissenschaft eingegliedert werden. Aber wissenschaftliche Schulen brauchen wir dazu nicht. Die Geschichte hat uns gelehrt, daß immer, wo es im Marxismus-Leninismus 'Schulen' gab, diese entweder von Anfang an Abweichungen waren oder zu Abweichungen wurden, mit denen sich die Partei auseinanderzusetzen hatte. J. Kuczynski wird sich daran erinnern, welche heftigen Diskussionen in den zwanziger Jahren gerade mit Varga geführt werden mußten."[2]

Es war das Argument der Gleichsetzung von Schulen und „Abweichungen", das zuvor in der Sowjetunion zur Auflösung bzw. Abschaffung von Schulen geführt hatte.

Obgleich man die Ausführungen von Oelßner nicht als Rückzugsgefecht auf der alten Linie bezeichnen kann, denn die Anti-Schulen-Kräfte waren damals noch sehr stark, setzten sich die Befürworter der Schulen, insbesondere auch in der Sowjetunion, jetzt schnell durch.

In der Zeit vom 29. Januar bis 1. Februar 1973 fand in Moskau ein Seminar des Akademieinstituts für die Geschichte der Naturwissenschaft und der Technik zu dem Problem „Die wissenschaftliche Schule und ihre Rolle in der Entwicklung der Wissenschaft" statt, auf dem eindeutig und positiv Stellung für die Bedeutung von Schulen zur Entwicklung der Wissenschaften genommen wurde. Doch waren es in der Hauptsache Naturwissenschaftler, die sprachen, oder Wissenschaftswissenschaftler, die sich vornehmlich mit naturwissenschaftlichen Schulen beschäftigten.

Dem Beispiel der Sowjetunion folgte in unserer Republik das Institut für Wissenschaftstheorie und -organisation an der Akademie der Wissenschaften mit einem Kolloquium am 3. und 4. April 1973, dessen Thema „Bedingungen und Charakteristika wissenschaftlicher Schulen in Geschichte und Gegenwart" lautete. Typisch für

[1] *J. Kuczynski*, Gesellschaftswissenschaftliche Besinnungen. Berlin 1973, S. 16.
[2] Ebendort, S. 38 f.

den Stand der Diskussion war, daß das Kolloquium „anläßlich des 170. Geburtstages und 100. Todestages Justus von Liebigs“ veranstaltet wurde, und daß wiederum nur entweder Naturwissenschaftler oder Wissenschaftswissenschaftler bzw. Gesellschaftswissenschaftler mit Beispielen aus den Naturwissenschaften sprachen.

Entscheidend aber war, daß Schulen als wissenschaftliche Phänomene, die nicht nur eine Existenzberechtigung hatten, sondern auch als erstrebenswerte, weil für die Wissenschaftsentwicklung sehr förderliche, Erscheinungen anerkannt wurden.

Für alle die, die seit langem in dieser Richtung argumentiert hatten, war es natürlich eine ganz besondere Genugtuung, als der Generalsekretär des ZK der KPdSU L. I. Breshnew auf dem XXV. Parteitag der KPdSU formulierte: „Der Kurs der Partei besteht darin, auch künftig ständige Fürsorge für die Entwicklung der großen Wissenschaft, für ihren Hauptstab, die Akademie der Wissenschaften, walten zu lassen, deren 250jähriges Jubiläum im vergangenen Herbst gebührend begangen wurde. Dort ist die Blüte unserer Wissenschaften konzentriert: erfahrene Begründer wissenschaftlicher Schulen und Richtungen und die begabtesten jungen Wissenschaftler, die neue Wege zu den Höhen des Wissens bahnen. Die Partei schätzt die Tätigkeit der Akademie hoch und wird ihre Rolle als Zentrum theoretischer Forschungen, das die gesamte wissenschaftliche Arbeit im Lande koordiniert, heben.“[3]

„Erfahrene Begründer wissenschaftlicher Schulen und Richtungen ... Blüte unserer Wissenschaften“ – ja, so muß man formulieren! und auch das muß man sagen: nur wenn eine Partei oder Staatsführung so formuliert, kann die Wissenschaft zu voller Blüte kommen.

Auf dem zuvor erwähnten Kolloquium des Instituts für Wissenschaftstheorie und -organisation bemerkte Steiner in seinem Vortrag über „Bedingungen und Charakteristika wissenschaftlicher Schulen“: „Die Kennzeichnung ‘wissenschaftliche Schule’ wird sowohl in der wissenschaftlichen Fachliteratur als auch umgangssprachlich verwandt. Die theoretische Analyse ihrer Bedingungen und Charakteristika sowie eine begriffliche Bestimmung und die Kennzeichnung ihrer Funktionen im Prozeß der Wissenschaftsentwicklung sind jedoch weitgehend noch zu leisten.“ Und anschließend zitiert er Barber: „‘Leider wird meist im unklaren gelassen, was der Ausdruck *Schule* eigentlich bedeuten soll, und als Beispiele werden nur äußerst dürftige und unsystematische Daten angeführt.’[4] Dennoch ist es nützlich, sich mit den teilweise sehr verstreut vorliegenden Aussagen bekannt zu machen und sie für eine systematische Analyse zu nutzen.“[5]

Jedoch werden wir mit der ganzen Problematik der Schulen nicht schnell genug vorwärtskommen, wenn wir uns, wie bisher, vor allem auf Beispiele aus den Naturwissenschaften beschränken, wenn wir nicht auch Schulen in den Gesellschaftswissen-

[3] XXV. Parteitag der KPdSU. Rechenschaftsbericht des ZK der KPdSU. Berlin 1976, S. 59.

[4] *B. Barber*, Der Widerstand von Wissenschaftlern gegen wissenschaftliche Entdeckungen, in: Weingart, P. (Hrsg.). Wissenschaftssoziologie 1. Wissenschaftliche Entwicklung als sozialer Prozeß, Frankfurt/M. 1972, S. 218.

[5] *H. Steiner*, Bedingungen und Charakteristika wissenschaftlicher Schulen, Kolloquium des Bereichs III des Instituts für Wissenschaftstheorie und -organisation, März 1973, S. 1.

schaften untersuchen und vor allem auch auf die bekannteren marxistischen gesellschaftswissenschaftlichen Schulen eingehen.

Wie weit wir da noch zurück sind, zeigen so manche in den letzten Jahren erschienene Beiträge, die die „Schulen im Sozialismus" auch dadurch charakterisieren wollen, daß sie marxistisch sein müssen. Das erscheint mir genau so „charakteristisch" für Schulen im Sozialismus wie etwa die Tatsache für alle Schulen in der Geschichte, daß ihre Mitglieder zwei Beine hatten und atmeten. Als ob wir nicht von jeder wissenschaftlichen und auch anderen Aktivität, ob in Schulen, in anderen Kollektiven oder „allein zu Hause" erwarten, daß sie vom Geiste des Marxismus erfüllt ist!

In einem Bericht über das erwähnte Moskauer Seminar bemerkt Regine Zott einleitend: „'Was eine wissenschaftliche Schule war, weiß man leider immer erst hinterher', meinte ein sowjetischer Wissenschaftler in einem Seminar, das vom Institut für Geschichte der Naturwissenschaft und Technik der Akademie der Wissenschaften der UdSSR (IGNT Moskau) Ende Januar durchgeführt wurde und der Problematik 'Die wissenschaftliche Schule und ihre Rolle in der Entwicklung der Wissenschaft' gewidmet war. Solche Auffassung, eine wissenschaftliche Schule nur als aposteriorisches Faktum zu kennzeichnen, würde auf eine Resignation hinsichtlich gegenwärtiger Möglichkeiten hindeuten, wenn nicht bekannt wäre, daß dieser Wissenschaftler selbst aus einer bedeutenden Wissenschaftsschule hervorgegangen ist und, indem er Schüler, Mitarbeiter und später 'Lehrer' war, diese Schule mitgeprägt hat."[6]

Hier, in der Vorbemerkung zu diesem Band, ist nicht der Platz, die Frage zu lösen, wann man Schulen als solche erkennt, wohl aber ist entscheidend, darauf hinzuweisen, daß man zahlreiche solcher Schulen heute als wichtige Bestandteile der Geschichte der Wissenschaften anerkennt. Gerade diese Anerkennung und zugleich die Tatsache, daß die Schulen noch so wenig hinsichtlich ihrer ihnen gemeinsamen Kriterien untersucht worden sind, und wenn schon wenig, dann ganz besonders wenig auf dem Gebiete der Gesellschaftswissenschaften – all das scheint es mir völlig zu rechtfertigen, einen Band dieser „Studien" dem Problem der Schulen zu widmen.

Dabei möchte ich als das zusammen mit A. J. Schpirt letzte noch lebende und schreibend aktive Mitglied einer hervorragenden marxistischen gesellschaftswissenschaftlichen Schule der Vergangenheit mit einer konkreten Schilderung dieser Schule beginnen, da natürlich die Zugehörigkeit zu einer Schule gar manches erkennen läßt, was aus dem bestenfalls schriftlich Überlieferten anderer gesellschaftswissenschaftlicher Schulen nicht sichtbar ist, und darum eine solche Schilderung als Einführung in die Problematik besonders geeignet ist. Nach dieser konkreten Schilderung will ich im Kapitel II auf die abstrakte Betrachtung der Problematik, auf die Theorie der Schulen, übergehen.

Diese theoretische Betrachtung macht sehr ausführlichen Gebrauch von der Diskussion auf dem schon erwähnten Seminar in Moskau. Günter Kröber war so freundlich, mir das Manuskript der Übersetzung der Beiträge zur Verfügung zu stellen, aus dem ich auch die Transkription der Namen für die Zitate übernommen habe, während ich sonst im allgemeinen die alte Form der Transkription beibehalten habe. Die

6 „spektrum", Heft 4, Berlin 1973, S. 20.

Übersetzung wird in Bände veröffentlicht werden, jedoch ist es mir noch nicht möglich, die Seiten, auf denen meine Zitate aus dem Manuskript erscheinen werden, anzugeben.

Dem theoretischen Kapitel folgt wieder die konkrete Schulengeschichte.

In dieser konkreten Geschichte behandele ich nach einem ganz kurzen Rückblick auf Schulen im alten Griechenland zwei große Schulen des 19. Jahrhunderts, die Ricardo-Schule in England und die kleindeutsche Historiker-Schule, die beide alles andere als „normale" Schulen waren. Ihr Studium ist also besonders geeignet, unseren Blick für das, was Schulen sein können, zu weiten.

112 Berlin-Weißensee
Parkstrasse 94

Jürgen Kuczynski

Kapitel I

Die Schule Eugen Vargas

Wenn im folgenden öfter sehr persönlich berichtet wird, dann nicht, weil ich etwa ein besonders hervorragender Schüler Vargas war oder weil ich ihm als Schüler näher stand als andere, sondern weil persönliche Erlebnisse natürlich bisweilen wesentlich dazu beitragen können, den Charakter einer Schule bzw. ihres Hauptes zu kennzeichnen. –

Zahlreich waren die Schulen, die sich in der jungen Sowjetunion bildeten – auch auf gesellschaftswissenschaftlichem Gebiet. Unter den gesellschaftswissenschaftlichen Schulen sei als erste die von M. N. Pokrowski genannt. Pokrowski hatte sich schon vor 1917 den Bolschewiki angeschlossen. Nach der Oktoberrevolution war er Stellvertreter Lunatscharskis, der das Volkskommissariat für das Bildungswesen leitete, war Mitschöpfer der Kommunistischen Akademie, Mitbegründer der führenden marxistischen historischen Zeitschriften, der bekannteste marxistische Historiker der zwanziger Jahre – und Leiter einer Historiker-Schule, die sich besonders intensiv mit der Entwicklung des Handelskapitals in Rußland beschäftigte, großartige Forschungsresultate brachte, doch die Rolle des Handelskapitals in der Geschichte Rußlands weit überschätzte. Als sie sich im Meinungsstreit mit anderen Historikern aufzulösen begann, hatte sie ihre Hauptarbeit geleistet.

Ganz anders war das Schicksal einer anderen Schule, die sich in engster Verbindung mit den ersten Anfängen der Planung (und der langfristigen Konjunkturbeobachtung der kapitalistischen Wirtschaft) zu entwickeln begann, der Schule der mathematischen Politischen Ökonomie. Diese Schule begründete nicht nur die marxistische, sondern allgemein die moderne mathematische Politische Ökonomie, denn auch die Schule der Ökonometriker und speziell W. Leontjews Arbeiten über Input und Output in den USA bauten auf ihr auf; ist doch auch W. Leontjew direkt aus dieser Schule hervorgegangen. Doch bevor diese glanzvolle Schule – ich nenne nur Namen wie G. A, Feldmann, N. A. Kowalewski, M. W. Ignatieff, A. L. Wainstein – sich zu voller Blüte entwickeln konnte, wurde sie durch dogmatische Dummheit zu Anfang der dreißiger Jahre zerstört. Was für ein schwerer Verlust für die Wissenschaft von der Planung, was für ein schwerer Verlust allgemein für die Politische Ökonomie des Sozialismus die Zerstörung dieser Schule war, erkennt man auch daran, daß Feldmann bereits 1928 sich mit der Konstruktion von Wachstumsmodellen zu beschäftigen begann – die bourgeoisen Politökonomen folgten erst zwanzig Jahre später –, wobei noch zu bedenken ist, daß die Konstruktion von solchen Modellen unter sozialistischen Verhältnissen natürlich höchst sinnvoll, unter kapitalistischen

Verhältnissen aber für makroökonomische Zwecke nichts als eine mathematische Spielerei ist.

Bei dieser Schule ist es interessant, daß sie zwar als solche zerstört wurde, aber einzelne Schüler isoliert weiterarbeiteten, und das Arbeitsgebiet nicht völlig unbeackert blieb. So entdeckte L. W. Kantorowitsch, der zu jung war, um noch zur Schule zu gehören, 1939 den Lösungsalgorithmus für die lineare Optimierung, eine Leistung, die man nach dem XX. Parteitag der KPdSU in der Sowjetunion voll zu würdigen begann. Das Wirken der mathematischen Ökonomen der Sowjetunion wie W. S. Nemtschinows und zahlreicher anderer in der Folgezeit hat heute Weltruf. Die Gedanken und Methoden der alten Schule sind Bestandteil der Wissenschaft geworden.

Eine dritte hochbedeutsame gesellschaftswissenschaftliche Schule war die Schule von Eugen Varga. Obgleich das Institut, das Varga leitete, „Institut für Weltwirtschaft und Weltpolitik" hieß, und obgleich Varga und seine Mitarbeiter auch Bedeutendes auf dem Gebiet der Weltpolitik leisteten, kann von einer eigentlichen Schule nur auf dem Gebiet der Weltwirtschaft die Rede sein.

Beschäftigen wir uns zuerst mit der Gestalt des Begründers und Leiters der Schule, Eugen Varga, und zwar zunächst vor allem mit seinen Buchveröffentlichungen. Sie wurden 1974, anläßlich des 95. Geburtstages Vargas, auszugsweise in drei Bänden veröffentlicht. Über diese dreibändige Ausgabe schrieb ich eine Besprechung[1], die ich kaum verändert im folgenden wiedergebe.

1. Das Buchwerk Vargas

Ausgewählte Werke von E. S. Varga
Bd. 1 Der Beginn der Allgemeinen Krise des Kapitalismus, Moskau 1974, 447 Seiten
Bd. 2 Ökonomische Krisen, Moskau 1974, 432 Seiten
Bd. 3 Der Kapitalismus nach dem zweiten Weltkrieg, Moskau 1974, 555 Seiten

Eugen Varga war der bedeutendste marxistische Politökonom des Kapitalismus des letzten Halbjahrhunderts. Er leitete das erste marxistische Institut für Fragen der kapitalistischen Weltwirtschaft. Seine Schüler leisteten, nicht zum Wenigsten in den Ländern des Sozialismus nach dem zweiten Weltkrieg, wichtige Beiträge zur Analyse des Kapitalismus.

Varga war ein schöpferischer Theoretiker. Die Bestimmung der Allgemeinen Krise des Kapitalismus, so wie wir sie heute verstehen, stammt von ihm.

Varga war ein großartiger empirischer Forscher, der die Entwicklung der kapitalistischen Wirtschaft sehr konkret, genau und ständig beobachtete.

Varga hatte auf Grund seiner immensen Kenntnis aller Tendenzen und Strömungen der kapitalistischen Weltwirtschaft in Vergangenheit und Gegenwart ein außerordent-

[1] Vgl. dazu Institut für Internationale Politik und Wirtschaft, IPW-Berichte, Heft 10, Berlin 1975, S. 62–65.

lich stark ausgebildetes Gefühl für künftige Tendenzen. Er war es, der die „Depression besonderer Art", die der großen Weltwirtschaftskrise von 1929/33 folgte, Ende 1933 voraussagte und auch diesen Ausdruck als erster gebrauchte.

Varga hatte auch eine besondere Art der Darstellung der Resultate seiner Konjunkturbeobachtung entwickelt. Es war nicht selten, in einem Absatz seiner Analyse kombiniert zu finden: ein Zitat aus dem „Kapital", ein Zitat aus der „New York Times" und eine Statistik des Deutschen Instituts für Konjunkturforschung.

Varga las jedes Jahr alle 3 Bände des „Kapital" und verstand es ganz großartig, die von Marx entwickelte und von Lenin für das Stadium des Imperialismus weiterentwickelte Politische Ökonomie des Kapitalismus auf die Gegenwart anzuwenden und weiterzuführen.

Varga war viele Jahre hindurch *der* Wirtschaftsexperte der Kommunistischen Internationale, engstens verbunden mit der Arbeiterbewegung vieler kapitalistischer Länder, insbesondere seines Heimatlandes Ungarn wie auch Deutschlands, wo er vor dem ersten Weltkrieg studiert hatte und von 1922 bis 1927 unter anderem wissenschaftlicher Berater der Handelsvertretung der UdSSR war.

Varga scheute sich niemals, auch „unangenehme" Tatsachen festzustellen und auszusprechen. Er war es, der unter allen führenden marxistischen Politökonomen des Kapitalismus als erster auf die relative Stabilisierung des Kapitalismus seit 1924 hinwies.

Varga wurde fast 85 Jahre alt. Zu seinem 80. Geburtstag veranstaltete das Institut für Weltwirtschaft und Internationale Beziehungen eine große Festversammlung, auf der Varga selbst den Hauptvortrag hielt, einen wissenschaftlichen Vortrag über den „Kapitalismus des 20. Jahrhunderts". Auch solche Festveranstaltung war für ihn eine Gelegenheit, die Wissenschaft zu fördern.

Es ist gut und richtig, daß das Institut für Weltwirtschaft und Internationale Beziehungen im Jahre, in dem Varga 95 Jahre alt geworden wäre, einige seiner wichtigsten Arbeiten in 3 Bänden herausgebracht hat. Der dritte Band enthält auch eine Auswahl-Bibliographie seiner wissenschaftlichen Veröffentlichungen in den Jahren 1912 bis 1965. Nur bereits veröffentlichte Arbeiten sind in diesen 3 Bänden gesammelt. Für den Forscher sind natürlich auch von ganz großem Interesse die zahlreichen Memoranda, Materialanalysen usw. für Lenin und Stalin, für die Kommunistische Internationale und andere Stellen, die einen Einblick in die ständige Beobachtung der Entwicklung der Welt des Kapitals und die ökonomischen wie politischen Schlußfolgerungen Vargas geben. Auch an die Veröffentlichung einer Auswahl dieser Arbeiten sollte man denken.

In der ersten Zeit nach dem Weltkrieg 1914/18, als Varga zunächst in der ungarischen Räteregierung Volkskommissar für Finanzen, später Vorsitzender des Obersten Volkswirtschaftsrats war, in der österreichischen Emigration und in der ersten Zeit seines Lebens in der Sowjetunion, seiner zweiten Heimat, die ihn 1920 in ihre Partei aufnahm, beschäftigte sich Varga auch mit Fragen der Politischen Ökonomie des Sozialismus, insbesondere mit Landwirtschaftsfragen. Obgleich er natürlich stets weiter Interesse für die Probleme der Politischen Ökonomie des Sozialismus zeigte, wandte er sich doch bald „hauptberuflich" der Politischen Ökonomie des Kapitalismus, von der mit einer Ausnahme die im folgenden zu besprechenden 3 Bände handeln, zu.

Der erste Band ist fast ausschließlich der Analyse der Allgemeinen Krise gewidmet.

Die einleitende Arbeit „Geld, seine Macht in Friedenszeiten und sein Versagen in der Kriegszeit" wurde vor dem Ausbruch des ersten Weltkrieges begonnen, aber erst im Kriege beendet; das Vorwort der Broschüre ist „Budapest, Dezember 1917" gezeichnet. Varga hatte sich schon zuvor gerade mit Geldfragen beschäftigt. Seit 1909 erschienen Artikel von ihm in „Die Neue Zeit", dem theoretischen Organ der deutschen Sozialdemokratischen Partei, darunter 1912 und 1913 zwei unter dem Titel „Goldproduktion und Teuerung" und 1916 einer über „Geld und Kapital in der Kriegswirtschaft". Es ist erstaunlich, wie Varga schon damals die marxistische Methodologie der Wirtschaftsanalyse beherrschte und historisch wie theoretisch, alles vom Klassenstandpunkt sehend, an die Problematik heranging. Wir müssen den Herausgebern dankbar sein, daß sie diese bisher nur in der ungarischen Sprache erschienene Broschüre „ausgegraben" und in die russische Ausgabe aufgenommen haben.

Dieser Broschüre folgt seine berühmte Arbeit „Die wirtschaftspolitischen Probleme der proletarischen Diktatur", in der er seine Erfahrungen in Ungarn verarbeitete, und die 1920 in Wien sowie 1921 in der „Bibliothek der Kommunistischen Internationale" (Bd. 8) in Hamburg erschien. Lenin hatte manches in diesem Buch kritisiert, zugleich aber sehr energisch darauf bestanden, daß es in der „Bibliothek" der K. I. erschien. „So, wie Lenin es tat, muß man mit einem solchen Buch umgehen", sagte Varga später einmal zu mir. „Man muß kritisieren, was falsch ist, und wenn das Nützliche entschieden überwiegt, für seine Verbreitung sorgen". Lenin nutzte auch die kritischen Bemerkungen Vargas über die Bauernpolitik der ungarischen Räteregierung auf dem II. Kongreß der Komintern in einer Polemik gegen Crispien von der USPD, der gegen die Verteilung des Bodens an die Bauern war. Auch wir haben nach 1945 aus der Vergangenheit gelernt, daß es nicht angeht, den kapitalistisch ausgebeuteten Bauern direkt in die Kollektivwirtschaft zu überführen. Das, was der Bauer, der unter kapitalistischen Bedingungen gewirtschaftet hat, zuerst von der Revolution verlangt, ist schuldenfreies Land zur „eigenen Bebauung".

Der dritte große Beitrag des ersten Bandes ist Vargas Buch „Die Krise der kapitalistischen Weltwirtschaft", und zwar nach der zweiten, um mehr als das Doppelte vermehrten und verbesserten Auflage von 1922 (Bibliothek der Kommunistischen Internationale, Bd. 25). Vor mir liegt die erste Auflage von 1921, ein Geschenk Vargas an meinen Vater, den er auch darin zitiert, und die erste Schrift von Varga, die ich gelesen habe. Das Vorwort zu dieser ersten Auflage führt uns direkt in die Zeit und Umstände ein, in der sie erschienen ist. Es sei zitiert: „Bei den Besprechungen zur Vorbereitung des III. Kongresses der III. Internationale erwies es sich als wünschenswert, eine vorbereitende Broschüre zum Punkt 'Weltwirtschaftskrise' zu verfassen, damit die Teilnehmer des Kongresses sich von vornherein mit dem Material etwas bekannt machen. Diese Aufgabe wurde mir zugewiesen. Die Broschüre mußte innerhalb vier Wochen fertig sein. Sicherlich eine viel zu kurze Zeit, um das Material in Rußland, wo die Nachwirkungen der 'geistigen Blockade' noch sehr stark fühlbar sind, zu sammeln und dieses sehr komplizierte Material gut durchzuarbeiten. Der Leser möge kleine Fehler in den Zahlen und andere Unvollkommenheiten diesen Umständen zuschreiben und entschuldigen! Auch die Art der Darstellungsweise wäre glatter und einheitlicher gewesen, wenn die Arbeit nicht in so kurzer Zeit hätte geschehen müssen."

Wie verschieden sind die Umstände, unter denen unsere Politökonomen des Kapitalismus heute arbeiten können! reichlich mit Material und Zeit zu Überlegungen versorgt – aber sind ihre Analysen auch besser?

Der zweite Band beschäftigt sich vor allem mit dem Thema der zyklischen Überproduktionskrisen. Es gab zwei Möglichkeiten des Übergangs vom ersten zum zweiten Band. Die eine wäre gewesen, einen Teil von Vargas Arbeit „Aufstieg oder Niedergang des Kapitalismus", Hamburg 1924, entweder am Ende des ersten oder am Anfang des zweiten Bandes zu veröffentlichen. Denn in dieser Arbeit gibt Varga nicht nur eine kritische Einschätzung der vorangehend zitierten Broschüre und der entsprechenden Diskussion auf dem Dritten Kongreß der Kommunistischen Internationale, sondern setzt sich auch mit den Ultralinken auseinander, die an keinen zyklischen Aufschwung mehr im Rahmen der Allgemeinen Krise des Kapitalismus glaubten. Die andere Möglichkeit ist die, die man gewählt hat: Man hat den ersten Teil des großen Werkes „Weltwirtschaftskrisen 1848/1935", das 1937 in Moskau erschien (und zwar als I. Band eines geplanten vierbändigen Werkes), als ersten Abschnitt des zweiten Bandes der Auswahl-Werke Vargas gebracht.

Das Thema des ersten von Varga geschriebenen Teiles dieser großartigen Datensammlung über die Wirtschaftsentwicklung von 1848 bis 1935, deren Analyse später der Varga-Schüler L. A. Mendelson in so gründlicher Weise übernahm, lautet: „Die Weltwirtschaftskrise von 1929 im Lichte vergangener Krisen". Varga arbeitet hier für die wichtigsten kapitalistischen Länder mit ständigem historischem Vergleich die Schärfe und auch die Eigenart der Krise von 1929/33 heraus. Es handelt sich dabei gewissermaßen um die historische Ergänzung seines grundlegenden Werkes „Die Große Krise und ihre politischen Folgen. Wirtschaft und Politik 1928–1934". Diese „historische Ergänzung" ist auch in der in Moskau 1962 unter der Redaktion von I. M. Lemin herausgegebenen Auswahl der Schriften Vargas zu Problemen des gegenwärtigen Kapitalismus und der Wirtschaftskrisen erschienen. Leider haben beide Herausgeber Änderungen an der ursprünglichen Arbeit vorgenommen, ohne sich ihrer Konsequenzen klar zu sein. So endet die Arbeit Vargas (ursprünglicher Text S. 61) mit einer Tabelle, in der der Index der industriellen Produktion der Sowjetunion (1913=100) mit 470,2 für 1934 und mit 573,6 (Fußnote bemerkt: „vorläufige Angabe") für 1935 gegeben wird. Entsprechend wird in der vorangehenden Tabelle eine Steigerung für 1935 gegenüber 1934 von 22,0 Prozent errechnet. In der Ausgabe von 1962 hat man (S. 57) die vorläufige Zahl von 573,6 für 1935 durch die „endgültige" von 563,0 ersetzt, aber vergessen, in der vorangehenden Tabelle die Steigerung von 22,0 Prozent entsprechend zu ändern. In der hier besprochenen Ausgabe hat man die Zahl für 1935 gar auf 537,0 gesenkt (S. 75), also gegenüber 1934 eine Steigerung von nur 14,2 Prozent; in der vorangehenden Tabelle aber steht immer noch die Steigerungszahl von 22,0 Prozent. Es steht jedem Herausgeber frei, soviele

Anmerkungen unter seinem Namen zum Text zu machen, wie er möchte; er hat aber nicht das Recht, von sich aus Änderungen im Text selbst vorzunehmen, ohne das anzuzeigen, und erst recht nicht, das so flüchtig zu tun, daß der ursprüngliche Autor, in diesem Fall Varga, als ein äußerst flüchtiger Statistiker erscheinen muß. Überprüfte doch Varga seine Zahlen stets mehrmals oder kontrollierte, daß sie von seinen Mitarbeitern mehrmals überprüft wurden.

Aus dem schon genannten Buch Vargas über die Große Krise werden die ersten fünf Kapitel abgedruckt. Da das Buch in allen seinen Ausgaben, der russischen, englischen und deutschen, eine große Seltenheit geworden ist, und da das Buch gewissermaßen ein Standardwerk der Krisenanalyse gewesen ist und bis heute geblieben ist, muß man den Herausgebern sehr dankbar sein, daß sie ihm so ausführlich Texte entnommen haben.

Wie großartig liest sich immer wieder der erste Absatz der Einleitung:

„Sechs Jahre sind seit dem VI. Kongreß der Kommunistischen Internationale vergangen. Sechs kurze Jahre genügten, um das Weltbild des Kapitalismus radikal zu ändern. Damals Stabilisierung, jetzt Vorabend des zweiten Turnus der Revolutionen und Kriege. Damals Prosperität, jetzt – nach einer vier Jahre dauernden, unerhört tiefen Wirtschaftskrise – eine Depression besonderer Art, ohne Aussicht auf eine neue Prosperitätsphase. Damals, auf Grundlage der Stabilisierung, frische Illusionen in der Arbeiterschaft über die Möglichkeit eines friedlichen Aufstiegs im Rahmen des Kapitalismus auf Grundlage der 'Wirtschaftsdemokratie', jetzt die rasch wachsende Erkenntnis, daß es nur einen Ausweg für das Proletariat gibt: den revolutionären Sturz der Herrschaft der Bourgeoisie. Niemals früher trat der Widerspruch zwischen den Produktivkräften und den Produktionsverhältnissen so kraß zutage! Niemals früher gab es einen so gewaltigen Ueberfluß an Gütern bei gleichzeitigem Elend und Hunger der arbeitenden Massen! Niemals früher war es so klar, daß die kapitalistische Gesellschaftsordnung gestürzt werden muß, damit die Menschheit menschlich leben könne!"

Weitere wichtige Beiträge in diesem Band sind der grundlegende Aufsatz über „Konjunkturforschung und Krisentheorie" aus dem Jahre 1927, die Broschüren „Neue Erscheinungen in der Weltwirtschaftskrise" von 1934 und „Die kapitalistische Welt vor einer neuen Krise", die 1938 erschien, ausgewählte und gekürzte Kapitel aus dem so überaus interessanten Buch „Veränderungen in der Wirtschaft des Kapitalismus als Ergebnis des zweiten Weltkrieges", das 1946 erschien, damals so heftig angegriffen wurde, und sich in so vielen Hauptpunkten als so richtig voraussehend erwies. Man freute sich schon 1962, daß diese Kapitel in die damalige Sammlung aufgenommen wurden. Wie hatte sich auch Varga damals darüber gefreut! Und wir sind froh, sie hier wiederzufinden. Den Abschluß des Bandes bildet der so schöne Aufsatz des über Achtzigjährigen im „Kommunist" Nr. 17, 1961, über „'Das Kapital' von Karl Marx und der gegenwärtige Kapitalismus" – eine ewige Warnung an alle Politökonomen des Kapitalismus, vor lauter Bäumen (neuen Erscheinungen) den Wald (die stets gültigen Grundlehren von Marx über den Kapitalismus) nicht zu sehen.

Der dritte Band, der den Kapitalismus nach dem zweiten Weltkrieg behandelt, beginnt mit der auch bei uns erschienenen Arbeit „Der Kapitalismus des zwanzigsten

Jahrhunderts“ (Moskau 1961). Sowohl der Anfang wie das Ende der Schrift sind eine Art Vermächtnis an die Politökonomen des Kapitalismus. Sie beginnt: „Die vorliegende Arbeit ist keine Geschichte des Kapitalismus. Sie zu schreiben würde den Rahmen dieser gedrängten Darstellung sprengen. Dem Leser soll vielmehr gezeigt werden, welche hauptsächlichen Wandlungen der Kapitalismus in den sechzig Jahren seit Beginn unseres Jahrhunderts durchgemacht hat. Wandlungen, die freilich nicht an seine Grundlagen rühren. Diese blieben unverändert.“ Noch einmal die Mahnung, die immer drängender wurde, je älter Varga wurde: Achtet auf das Neue, aber vergeßt nie, daß der Kapitalismus sich niemals im Grunde ändert!

Und am Schluß der Broschüre: kühn und mutig wie immer: Voraussagen sowohl für die künftige Gestaltung der zyklischen Krisen wie auch für den Kapitalismus allgemein:

„Die Zyklen werden zu einer Verkürzung tendieren, da beim gegenwärtigen Stand der Technik der moralische Verschleiß des fixen Kapitals schneller eintritt und der Bau von Fabriken sowie die Erneuerung und Erweiterung des fixen Kapitals rascher vonstatten gehen als früher. Davon zeugt die Wirtschaftskrise, die 1960 in den USA eingesetzt hat. Die Wirtschaftskrisen werden tiefer werden, als sie es in den ersten fünfzehn Jahren nach dem zweiten Weltkrieg waren. Die überaus komplizierten Verhältnisse des historischen Übergangs vom Kapitalismus zum Sozialismus gestatten es nicht, konkrete Prognosen zu stellen. Man kann jedoch mit ziemlicher Wahrscheinlichkeit voraussagen, daß das 20. Jahrhundert das letzte Jahrhundert der Existenz des Kapitalismus ist. Ende dieses Jahrhunderts wird es entweder überhaupt keinen Kapitalismus mehr geben oder es werden nur geringe Reste davon übrig geblieben sein.

Das 20. Jahrhundert wird in die Geschichte der Menschheit als das Jahrhundert eingehen, in dem der Kapitalismus zugrunde geht und der Kommunismus triumphiert.“

Wie lange haben Varga und ich über den ersten Satz diskutiert! meine Gegenargumente waren: da die Technik seit 150 Jahren die Tendenz hat, sich beschleunigt zu entwickeln, hätte es seit der ersten Krise eine Tendenz zur Verkürzung des Zyklus geben müssen, was aber nicht der Fall war; und weiter: für Marx war die Reproduktion des fixen Kapitals wohl der wichtigste, aber nicht der einzige Faktor, der die Länge der Zyklen bestimmte.

Daß aber die zyklischen Wirtschaftskrisen wieder tiefer werden als in der ersten Zeit nach dem zweiten Weltkrieg, das haben die letzten Jahre wahrlich bewiesen, darin waren wir uns auch völlig einig, und in dieser Auffassung standen wir fest zusammen gegen die große Mehrheit anderer marxistischer Ökonomen. Wie großartig war es für mich, meinen alten und so verehrten Lehrer rücksichtslos und ungestüm vor mir herschreitend diesen Kampf führen zu sehen, er in der Sowjetunion, ich in der Deutschen Demokratischen Republik, uns gegenseitig mit neuen Argumenten versehend und wann immer wir uns sahen, für mich die Freude zu haben, daß er zufrieden mit seinem alten Schüler war.

Und was die Voraussage für das Ende des Kapitalismus auf dieser Welt betrifft, so waren wir uns klar darüber, daß auch die größten Revolutionäre dieses immer wieder zu früh vorausgesehen haben, und doch meinten wir, daß man zu Beginn der sechziger Jahre – war doch gerade erst das Kolonialreich der Imperialisten politisch zusammengebrochen – eine solche Voraussage machen könnte. Und wenn seitdem fast 15 weitere Jahre vergangen sind, so sehe ich, auf Grund der Ereignisse in dieser Zeitspanne, keinen Grund, diese Voraussage Vargas heute als zu optimistisch einzuschätzen.

Ob es richtig war, das nächste Kapitel in die Auswahl aufzunehmen, mag zweifelhaft erscheinen. Es handelt sich um das Kapitel „Über die politische Ideologie des heutigen Imperialismus" der 2. Auflage seines Buches „Grundfragen der Ökonomik und Politik des Imperialismus", das Varga für sein schwächstes Buch hielt, und auch das ausgewählte Kapitel bringt nicht viel Neues. Er hat ja auch nicht zugelassen, daß aus diesem Buch irgendein Abschnitt in die Sammlung seiner Studien, die 1962 erschien, aufgenommen wurde.

An diese kurze Studie von etwa 50 Seiten schließen sich jedoch die großartigen „Skizzen zu Problemen der Politökonomie des Kapitalismus", die 1964 erschienen, und bei deren Herausgabe seine Schülerin E. L. Chmelnitzkaja so großes Verdienst hatte. Spätere Generationen sollen wissen, und darum sei hier davon berichtet, daß sie mir in dieser Zeit – ein Mitschüler zum anderen – anvertraute: „Er ist in der Polemik immer noch so ungestüm wie früher und es ist nicht leichter geworden, ihn etwas abzumildern." Dabei ging es natürlich nicht um den Kampf gegen den Feind, sondern um den Kampf gegen Dogmatismus und Opportunismus in den eigenen Reihen. Damals sah sie gerade das letzte Kapitel, das von der asiatischen Produktionsweise handelt, durch, in dem Varga einen Meinungsstreit, in dem er zu Ende der zwanziger und Anfang der dreißiger Jahre auf das heftigste engagiert und dann einfach durch Beschlüsse unterlegen war, nun siegreich beendete.

Natürlich hatte Varga öfter auch Unrecht im Meinungsstreit. Immer muß ja eine Seite im Meinungsstreit Unrecht haben. Aber niemals hat Varga einen Meinungsstreit gehabt, der nicht fruchtbar gewesen ist, der uns alle nicht vorwärts gebracht hat. Und dieser Meinungsstreit mit Varga dauert auch heute, zehn Jahre nach seinem Tode, noch an. In der Zeitschrift des Instituts für Weltwirtschaft und Internationale Beziehungen (wir zitieren nach der Übersetzung[2] in „Wirtschaftswissenschaft", Heft 4, April 1975, S. 605–613) hat A. Polesskij eine ausführliche Besprechung der drei Bände geschrieben, in der er bemerkt:

„In einer seiner letzten Charakterisierungen der allgemeinen Krise des Kapitalismus schrieb Varga folgendes: 'Die Vertiefung der allgemeinen Krise des kapitalistischen Systems tritt in Erscheinung in der Zunahme der Zahl jener Produktionszweige, die sich im Zustand einer chronischen Krise befinden – wie z. B. der Kohlenbergbau, die Textilindustrie, der Schiffbau, – oder die einer solchen Krise entgegengehen – wie die Metallurgie und Automobilindustrie'. (Bd. 3, S. 400 – J. K.) Das Leben hat diese Prognose nicht bestätigt. Erstens haben die aufgezählten Wirtschaftszweige ihr Wachs-

[2] Die Übersetzer haben erstaunlicherweise die Titel von Werken Vargas, die in deutscher Sprache erschienen sind und auch im Original deutsch von Varga geschrieben waren, aus dem Russischen übersetzt! So heißt zum Beispiel die zuerst in Wien 1920 erschienene Schrift von Varga „Die wirtschaftspolitischen Probleme der proletarischen Diktatur" in der Rückübersetzung der „Wirtschaftswissenschaft" „Probleme der Wirtschaftspolitik während der proletarischen Diktatur".

tum fortgesetzt, und dies auch in den Fällen, wo das Wachstumstempo abnahm. Und zweitens vertiefte sich die allgemeine Krise des Kapitalismus in der Sphäre der Wirtschaft nicht nur bei einer Abnahme des Wachstumstempos, sondern auch bei seiner Erhöhung, was zu Umweltkrise, Energiekrise, Rohstoffkrise und Valutakrise sowie zur Verschärfung der ungleichmäßigen Entwicklung sowohl in einzelnen Ländern wie auch in der gesamten kapitalistischen Welt führte. Aber all dies sind Erscheinungen, die sich erst im letzten Jahrzehnt vollständig ausprägten."

Es sei mir erlaubt, wie so oft im letzten Halbjahrhundert, mich als Mitstreiter neben meinen alten Lehrer Varga zu stellen und zu bemerken:

Selbstverständlich hat auch Varga immer die Meinung vertreten, daß sich unabhängig von der zyklischen Bewegung des Reproduktionsprozesses die allgemeine Krise des Kapitalismus vertieft. Ja, er war vor einem halben Jahrhundert der erste, der das erklärt und bewiesen hat. Sodann aber hat es sich heute bereits sogar unter bourgeoisen Ökonomen herumgesprochen, daß ein Teil gerade der Industrien, die Varga anführt, sich in einer „chronischen", in einer Strukturkrise befindet. Das Leben hat nicht nur auch diese These Vargas bestätigt, sondern die Bestätigung durch das Leben war so brutal, daß sogar eine Reihe bourgeoiser Ökonomen ihr zustimmen müssen.

Ist es nicht großartig, wie Varga heute noch, mitten im Meinungsstreit, unter uns lebt!

Wie dankbar müssen wir darum auch den Genossen vom Institut für Weltwirtschaft und internationale Beziehungen sein, daß sie das Erbe Eugen Vargas lebendig erhalten, nicht zum Wenigsten durch die Herausgabe dieser 3 Bände – hoffentlich als Vorläufer einer größeren Ausgabe, hoffentlich auch als Anregung für so manche analytische und konstruktiv kritische Studie seiner Konjunkturanalysen. Bestimmt aber als Beispiel für uns, wie man die Welt des Kapitals analysiert und gegen sie kämpft.

2. *Das Haupt einer Schule*

Zum 50. Jahrestag der Großen Sozialistischen Oktoberrevolution zeichneten einige Gesellschaftswissenschaftler der Deutschen Demokratischen Republik im „Jahrbuch für Wirtschaftsgeschichte" Porträts von Sowjetgesellschaftswissenschaftlern, die bedeutenden Einfluß auf die Entwicklung der Gesellschaftswissenschaften in der KPD und später in der DDR gehabt haben. Eines war Varga gewidmet. Ich gebe im folgenden meinen Beitrag etwas erweitert wieder.

Ein wirklich bedeutender sowjetischer Wirtschaftswissenschaftler hätte ihn besucht, meinte mein Vater im Jahre 1922. Eugen Varga hätte sich damals gewehrt, ein „sowjetischer" Wirtschaftswissenschaftler genannt zu werden. Er war zu dieser Zeit ein ungarischer Revolutionär, der hoffte und erwartete, bald im Zuge revolutionärer Bewegungen in seine Heimat zurückkehren zu können, und der „bis dahin" direkt der Sowjetunion und der Kommunistischen Internationale diente.

Als 1945 sein Heimatland befreit wurde, war er zum Sowjetwissenschaftler geworden und blieb in Moskau.

Für uns deutsche Genossen Wirtschaftswissenschaftler, die wir in dieser Eigenschaft unserer Partei vor 1933 dienten, war Varga auch damals schon ein Sowjetwissenschaftler, und darum darf ich als einziger Überlebender von ihnen, gerade über Eugen Varga schreibend, der Sowjetunion zum 50. Jahrestag der Großen Sozialistischen Revolution Dank sagen auch für das, was sie zur Erziehung und Heranbildung einer Reihe tüchtiger Genossen Wirtschaftswissenschaftler für unsere Partei im letzten Halbjahrhundert getan hat.

a. Der Lehrer

Wir deutsche Kommunisten nannten und nennen die Sowjetunion, die Kommunistische Partei der Sowjetunion unseren Lehrer und freuen uns, einen Lehrer zu haben, von dem wir lernen und dem wir uns in Schwierigkeiten des Lernens anvertrauen können.

Auch für den Wissenschaftler ist es ein gar nicht hoch genug zu schätzendes Glück, einen Wissenschaftler-Lehrer zu haben. Einen Lehrer, der Vorbild ist in der Art der wissenschaftlichen Forschung, einen Lehrer, dem man, auch wenn man ihm in diesem oder jenem entwachsen, in absoluter Dankbarkeit ergeben ist für das, was man von ihm erhalten.

Eugen Varga war solch ein Lehrer für nicht wenige Schüler. Und zugleich meinten wir – und mit wieviel Recht! –, durch ihn spreche die Sowjetunion zu uns, erziehe uns auch die Kommunistische Partei der Sowjetunion.

Wir hatten das Gefühl, daß er ein Lehrer eigener Art war – und auch damit hatten wir recht. Noch heute fühlen wir alten Schüler Vargas in aller Welt uns verwandt. Wie verwandt, zeigt ein merkwürdiges Erlebnis, das ich nach dem zweiten Weltkrieg hatte, und über das ich in meinen „Memoiren“ so berichtete: „Wohl 1950 lernte J. K. einen ungarischen Genossen, Arpad Haasz, kennen. Sie sprachen sich zum ersten Male in der Budapester Karl-Marx-Universität und diskutierten Probleme der kapitalistischen Weltwirtschaft. Haasz zeigte ihm verschiedene Statistiken, die er angefertigt. Nach kurzer Zeit sagte J. K.: ‘Sie sind doch wohl ein Schüler von Varga, das sind doch Vargas Methoden?’ – ‘Natürlich’, antwortete Haasz, ‘ich habe vor dem Kriege in Vargas Institut gearbeitet.’ Die Weltwirtschaftslage, die Tabellen, die Krisenprobleme waren vergessen, und tausend gemeinsame Erinnerungen an alte Genossen in der Komintern, in der KPdSU stiegen auf. Am Ende des ersten Zusammenseins nannten sie sich beim Vornamen und du. In den folgenden Tagen erfuhr J. K. von Haasz mehr über die Situation in der ungarischen Partei, als ein Dutzend offizieller Parteibesuche ihn gelehrt hätte. Bis zum Tode von Haasz sahen sie sich noch öfter, vergaßen ganz, daß sie sich erst 1950 kennengelernt, und gar nicht selten fragten sie sich gegenseitig: ‘Weißt du noch, 1930, als ...’, oder 1935 oder 1940, wann immer sie mit gemeinsamen Freunden dies oder jenes erlebt. Als Arpad erfuhr, daß er einen Gehirntumor hatte, schloß er mit einem Freund, den der gleiche Schlag zur gleichen Zeit traf, einen Wettbewerb, wer noch die meisten Artikel schreiben würde. Wenige Tage vor seinem Tode besuchte ihn J. K. im Krankenhaus, wo seine Frau Emmi das Zimmer mit ihm teilte. Er konnte nur noch wenig denken und sprechen, aber lächelte J. K. so zu, als wenn er wie früher alte Erinnerungen mit ihm austauschte. Beim Hinausgehen begleitete Emmi J. K. auf den Korridor, um ihm zu erzählen: 'Weißt du, er sagt mir ab und zu lateinische, russische, französische Sprichwörter, um mir zu zeigen, daß er sich immer noch geistig bewegen kann.' So stirbt ein alter Genosse ab."[3]

Zu Genossen wurden wir Schüler Vargas von unseren Parteien erzogen – jeder in seinem Lande oder in der Heimat aller Genossen, in der Sowjetunion. So manche von uns waren auch schon Genossen Wissenschaftler, als Varga unser Lehrer wurde. Zu Genossen Wissenschaftlern eines eigenen Typs aber, eben zu Varga-Schülern, wurden wir unter seiner Anleitung.

Was aber zeichnet die Varga-Schüler aus? Eine ihrer Eigenschaften hatte ich schon eben in der Erzählung meiner Treffens mit Arpad Haasz angedeutet. Es ist notwendig, ausführlicher auf sie einzugehen.

Marx und Engels haben uns gelehrt, theoretische und historische Forschung, Gedanken und Daten, Modell und Realität so zu verbinden, daß ein Ganzes daraus wird.

Als Lenin zu forschen begann, hatte sich die „Weltdatenverarbeitung" gegenüber der Zeit von Marx und Engels stark beschleunigt. Vergleichen wir die Statistik zur Zeit der Vorarbeiten für das „Kapital" und nach der Jahrhundertwende, dann sehen wir eine erstaunliche Entwicklung zur „Tagesaktualität." Und mit dieser Entwicklung wandelten sich gewisse Formen der marxistischen Analyse.

Finden wir bei Engels und Marx eine Fülle von Einzeldaten, Lohnzahlen, Sterblichkeitsraten, Auswanderungsziffern, um die Wirklichkeit zu kennzeichnen, jedoch kaum statistische Zusammenstellungen, so ist das ganz anders bei Lenin. Lenin ist es recht eigentlich, der die Statistik in die marxistische Analyse eingeführt hat – im Sinne der theoretischen Verarbeitung der Statistik und umgekehrt, der Überprüfung gedanklicher Überlegungen anhand von statistischen Daten. Dabei bahnte sich bereits eine Entwicklung an, die nach dem ersten Weltkrieg mit dem enormen Ausbau der Statistik und vor allem unter Vargas Führung sich vollendete.

Wie grundlegend diese Wandlung gegenüber der Zeit, als Engels und Marx schrieben, war, zeigt folgende Überlegung:

In der Einleitung von 1895 zu „Die Klassenkämpfe in Frankreich 1848 bis 1850" schrieb Engels (meine Unterstreichungen – J. K.):

„Der klare Überblick über die ökonomische Geschichte einer gegebenen Periode ist nie gleichzeitig, ist nur nachträglich, nach erfolgter Sammlung und Sichtung des Stoffes, zu gewinnen. *Die Statistik ist hier notwendiges Hülfsmittel, und sie hinkt immer nach.* Für die laufende Zeitgeschichte wird man daher nur zu oft genötigt sein, diesen *den entscheidendsten Faktor als konstant, die am Anfang der betreffenden Periode vorgefundene Lage als für die ganze Periode gegeben und unveränderlich zu behandeln* oder nur solche Veränderungen dieser Lage zu berücksichtigen, die aus den offen vorliegenden Ereignissen selbst entspringen und daher ebenfalls offen zutage liegen. *Die materialistische Methode wird sich daher hier nur zu oft darauf*

[3] *J. Kuczynski,* Memoiren. 2. Aufl. Berlin 1975, S. 212 f.

beschränken müssen, die politischen Konflikte auf Interessenkämpfe der durch die ökonomische Entwicklung gegebenen, vorgefundenen Gesellschaftsklassen und Klassenfraktionen zurückzuführen und die einzelnen politischen Parteien nachzuweisen als den mehr oder weniger adäquaten politischen Ausdruck dieser selben Klassen und Klassenfraktionen.

Es ist selbstredend, daß diese *unvermeidliche Vernachlässigung der gleichzeitigen Veränderungen der ökonomischen Lage,* der eigentlichen Basis aller zu untersuchenden Vorgänge, eine Fehlerquelle sein muß. Aber alle Bedingungen einer zusammenfassenden Darstellung der Tagesgeschichte schließen unvermeidlich Fehlerquellen in sich; was aber niemanden abhält, Tagesgeschichte zu schreiben."

Konnte Lenin schon vor dem ersten Weltkrieg eine echte Verbindung zwischen Statistik im Sinne von quantitativ gefaßter Wirklichkeit und Theorie vollziehen – mit dem Höhepunkt des „Imperialismus", der 1916 geschrieben wurde –, so war es Varga, der an der Spitze derer stand, die den entscheidenden Faktor der Zeitgeschichte aus einer konstanten zu einer dynamischen Größe machte und so eine zuvor unvermeidliche Fehlerquelle unserer Analyse verstopfte.

Varga lehrte uns am Beispiel Lenins, alle großen Fragen der laufenden Wirtschaftsentwicklung nach (!) gründlichstem Studium der Tatsachen in „Konsultation mit Marx" („am besten zuerst wieder im 'Kapital' nachlesen") theoretisch zu erfassen zu suchen.

Varga lehrte uns, Lenin nacheifernd, die Entwicklung wirtschaftlicher Vorgänge möglichst auch quantitativ, mit Hilfe der Statistik zu untersuchen.

Varga lehrte uns, und darin ist er bis heute *der* Meister, *das* Vorbild, die Tagesentwicklung der Wirtschaft, das, was man auch die Konjunktur der Wirtschaft nennt, statistisch zu analysieren und auf der Basis der Grundlehren von Marx, Engels und Lenin theoretisch zu synthesieren zur Zeitwirtschaftsgeschichte.

Wenn man die laufenden Wirtschaftsberichte der beiden deutschen Genossen, die in den Jahren vor 1933 als Funktionäre die hauptamtliche Aufgabe hatten, die Parteiführung entsprechend zu informieren, durchliest, wenn man die „Finanzpolitische Korrespondenz" von 1930 bis 1933 durchblättert, dann wird man deutlich den so fruchtbringenden Einfluß Vargas auf die Wirtschaftsanalysen in der KPD erkennen.

Die Vargasche Methode der Untersuchung der laufenden Wirtschaftsvorgänge bestand nicht zum wenigsten darin, daß man – erkenntniskritisch eine Selbstverständlichkeit, historisch nicht allzu häufig – zuerst die Tatsachen zu überprüfen und dann die Schlußfolgerungen zu ziehen hat, und nicht umgekehrt von vorgefaßten Meinungen (basierten sie auch auf Zitaten von Marx, Engels und Lenin) ausgehen darf, die man dann mit Statistiken zu illustrieren sucht. Einfach ausgedrückt: Die Synthese hat stets der Analyse zu folgen ... sonst ist es nicht nur unmöglich, die Wirklichkeit richtig zu erfassen, man übersieht dann vor allem auch neue Entwicklungstendenzen.

Die Analyse aber hat umfassend zu sein! Wie oft hat Varga uns eine Bemerkung Lenins im Vorwort zur französischen und deutschen Ausgabe des „Imperialismus" zitiert, die so lautet (Lenins Unterstreichungen): „Denn der Beweis für den wahren sozialen oder, richtiger gesagt, den wahren Klassencharakter eines Krieges ist selbstverständlich nicht in der diplomatischen Geschichte des Krieges zu suchen, sondern in der Analyse der *objektiven* Lage der herrschenden *Klassen* in *allen* kriegführenden Staaten. Um diese objektive Lage darstellen zu können, darf man nicht Beispiele und einzelne Daten herausgreifen (bei der ungeheuren Kompliziertheit der Erscheinungen des gesellschaftlichen Lebens kann man immer eine beliebige Zahl von Beispielen oder Einzeldaten ausfindig machen, um jede beliebige These zu erhärten), sondern man muß unbedingt die *Gesamtheit* der Daten über die *Grundlagen* des Wirtschaftslebens *aller* kriegführenden Mächte und der *ganzen* Welt nehmen."

Mindestens ebenso wichtig aber ist es, daß Varga uns stetig und ständig gezeigt hat, wie notwendig es ist, auf Grund einer umfassenden Analyse der Tatsachen zu theoretischen Schlußfolgerungen zu kommen. In dieser seiner wissenschaftlichen Praxis folgte er methodologisch natürlich ebenfalls den Klassikern, und nachdem er die oben gegebene Bemerkung von Lenin zur aufmerksamen Lektüre empfohlen, pflegte er auch auf den nachfolgenden Absatz unter besonderer Betonung des letzten Satzes hinzuweisen: „Gerade solche unwiderlegbaren zusammenfassenden Daten habe ich bei der Schilderung der *Verteilung der Welt* in den Jahren 1876 und 1914 (im Kapitel VI) und der Verteilung der *Eisenbahnen* der ganzen Welt in den Jahren 1890 und 1913 (Kapitel VII) angeführt. Die Eisenbahnen sind Ergebnisse der Hauptzweige der kapitalistischen Industrie, der Kohlen- und Eisenindustrie – Ergebnisse und zugleich anschaulichste Gradmesser der Entwicklung des Welthandels und der bürgerlich-demokratischen Zivilisation. Wie die Eisenbahnen mit der Großindustrie, mit den Monopolen, den Syndikaten, den Kartellen, den Trusts, den Banken, mit der Finanzoligarchie verbunden sind, das ist in den vorhergehenden Kapiteln des Buches gezeigt. Die Verteilung des Eisenbahnnetzes, die Ungleichmäßigkeit dieser Verteilung, die Ungleichmäßigkeit seiner Entwicklung – das sind Ergebnisse des modernen Monopolkapitalismus im Weltmaßstab. Und diese Ergebnisse zeigen, daß auf einer *solchen* wirtschaftlichen Grundlage, *solange* das Privateigentum an den Produktionsmitteln besteht, imperialistische Kriege absolut unvermeidlich sind."

Eng mit diesen hervorragenden Eigenschaften Vargas als Anleiter zur wissenschaftlichen Verarbeitung des laufenden Wirtschaftsgeschehens zum Nutzen von Partei und Arbeiterklasse ist bei ihm verbunden das, was Marx, besonders bei Ricardo, als „wissenschaftliche Ehrlichkeit" rühmt. Wissenschaftliche Ehrlichkeit in dem Sinne, daß keine subjektivistische Parteilichkeit, daß keine sogenannte revolutionäre Brille die Analyse stören darf: Nur die Tatsachen und ihre gesetzmäßigen Zusammenhänge sind Gegenstand der Analyse. Als Varga die Grunddaten zur Feststellung und Begründung der Tatsache der relativen Stabilisierung des Kapitalismus erforschte und die Parteien der Internationale mit ihnen bekannt machte, wurden heftigste Angriffe auf ihn geführt. Revolutionäre Ungeduld sowie ganz und gar nicht revolutionäre Unduldsamkeit veranlaßten Versuche zur Diskreditierung Vargas, richtiger: zu einer Diskreditierung der Wirklichkeit.

Damals schrieb Varga: „Es gibt keine 'linke' oder 'rechte' Analyse; es gibt keine 'opportunistische' oder 'revolutionäre' Perspektive. Es gibt nur 'richtige' oder 'unrichtige' Analysen; eine richtige oder eine unrichtige Perspektive. Und mag sich jemand für einen noch so guten Revolutionär halten, weil er die Perspektive des Sieges des Proletariats ständig in kürzester Zeit vor sich sieht: eine erfolgreiche revolutionäre Politik läßt sich nur auf Grundlage einer richtigen, den Tatsachen entsprechenden, Analyse und einer darauf sich gründenden Perspektive erreichen."[4]

Das sind Worte, deren Wiederholung auch heute noch gelegentlich Kühnheit erfordert. Man ist zwar heute von der späteren Irrlehre einer marxistischen Physik oder Biologie abgekommen, aber wie viele begreifen auch gegenwärtig noch nicht, daß, wenn wir von einer marxistischen Analyse sprechen, wir nur eine vom Geist der Gesellschaftswissenschaft durchdrungene Analyse meinen dürfen, nicht mehr und nicht weniger.

Wenn Lenin sagt: „Die Lehre von Marx ist allmächtig, weil sie wahr ist"[5] – dann können wir auch sagen: Jede richtige, das heißt der Wirklichkeit und darum der Wahrheit entsprechende Analyse, die wir machen, machen wir im Geiste von Marx.

In diesem Sinne Marxist sein zu wollen, ein echter marxistischer Wissenschaftler zu werden, hat Varga durch sein wissenschaftliches Wirken gelehrt.

Es war nicht immer leicht, der Lehre von Marx und Engels und Lenin, wie sie Varga speziell auch für den Erforscher der laufenden Wirtschaftsgeschichte uns vorgelebt, uns vorgewirkt hat, zu folgen. Viel zu oft wurde die Auffassung verbreitet: Wahr ist eine Lehre, weil sie von dieser oder jener Parteistelle beschlossen wurde – während man umgekehrt sagen muß: Ein Parteibeschluß wirkt nur machtvoll, weil er wahr ist.

Nur eine solche Haltung, die sich auf die Wirklichkeit, die sich auf ihre laufende Analyse orientiert, kann Wissenschaftler erziehen, die sich in der sich ständig verändernden Welt zurechtfinden und die darum der Partei, dem Fortschritt der Menschen mit Nutzen dienen können.

Wie viele Schüler von Varga sind, weil sie seinem Beispiel folgten, ihrer Partei von so manchem Nutzen gewesen und – das werden wir ihm nie vergessen! – konnten auch gerade durch ihre Arbeit der Sowjetunion, dem Sowjetvolk ein wenig von der großen Dankesschuld, die wir alle so tief empfinden, an sie zurückzahlen.

Vargas Tätigkeit als Lehrer, als Anleiter junger Wissenschaftler, als Schöpfer einer Schule wurde außerordentlich erleichtert dadurch, daß er 1927 zum Direktor des „Institut für Weltwirtschaft und Weltpolitik" an der Kommunistischen Akademie, seit 1936 an der Akademie der Wissenschaften der UdSSR, ernannt wurde.

Die Leitung eines wissenschaftlichen Instituts erfordert natürlich einen Forscher, der alle Eigenschaften eines guten Lehrers hat, der als Motor der wissenschaftlichen Forschung wirken kann.

Doch erfordert sie mehr. Vor allem gilt es auch, das Institut mit dem Geist echten wissenschaftlichen Meinungsaustauschs, echter, froher Meinungskritik und gegenseitiger Hilfe und Befruchtung zu erfüllen. Der Lehrer muß verstehen, sich und seine Art in solcher Weise unter den „mittleren Kadern" zu reproduzieren, daß diese wieder entsprechend auf die jüngeren zurückwirken können. Es geht jetzt nicht mehr

[4] Internationale Pressekorrespondenz (im folgenden: Inprekor), 5. Jg. 1925, S. 1017.

[5] *W. I. Lenin*, Werke, Bd. 19, Berlin 1962, S. 3.

allein um den Lehrer und seine Schüler, sondern um eine Organisation, eine Institution, die von einem besonderen Arbeitsgeist, einer spezifischen Art des Herangehens an Probleme, von einer eigenen Art des Verhaltens und Verhältnisses der Wissenschaftler untereinander erfüllt ist.

Zwanzig Jahre arbeitete Varga an der Schaffung eines solchen Instituts – mit großem Erfolg. Weltweit war der Erfolg der Arbeit des Instituts, international im besten Sinne des Wortes seine Wirkung, nicht zum wenigsten auch durch die Zeitschrift „Weltwirtschaft und Weltpolitik", tief war der Einfluß auf jeden einzelnen Mitarbeiter, oft schon nach kurzer Zeit seinen Charakter als Wissenschaftler wandelnd ... und auch so wirkend, daß, wer aus der Ferne, wie Erich Kunik als Leiter der Inform-Abteilung der KPD, ein Schüler Vargas geworden, nach Moskau verpflanzt, schnell, fast von einem Tag zum andern, in dem Arbeitsstil des Instituts heimisch wurde.

1947, im Gefolge einer durch Dogmatismus und Unduldsamkeit gegenüber echter marxistischer wissenschaftlicher Arbeit gekennzeichneten Kampagne, wurde das Institut geschlossen, wurde ein Teil von Vargas Lebenswerk zerstört, wurde der Sowjetwissenschaft auf dem Gebiete der Politischen Ökonomie des Kapitalismus zeitweise schwerer Schaden zugefügt.

Ausgangspunkt der Diskussion, die zunächst auf hohem wissenschaftlichen Niveau geführt wurde, war Vargas Buch „Veränderungen in der kapitalistischen Wirtschaft im Gefolge des zweiten Weltkrieges" (Moskau 1946). K. W. Ostrowitjanow, der den Vorsitz der drei Sitzungen zur Besprechung der in dem Buche aufgeworfenen Probleme hatte, begann seine zusammenfassende Abschlußrede so:

„Genossen! Ich möchte zunächst ein paar zusammenfassende Worte über unsere Diskussion sagen.

Die erste Frage, zu der ich sprechen möchte, betrifft die allgemeine Beurteilung des Buches des Genossen Varga. Mir scheint, und die Diskussion hat dies gezeigt, daß die überwiegende Mehrheit der Genossen, die hier das Wort ergriffen haben, mit nur wenigen Ausnahmen jene allgemeine Bewertung bestätigen, die ich in meiner einleitenden Ansprache gegeben habe, nämlich daß das Werk des Genossen Varga eine hervorragende wissenschaftliche und theoretische Untersuchung darstellt, und daß das Erscheinen des Buches ein wichtiges Ereignis an der theoretischen Front ist. Die Vorzüge dieses Buches bestehen erstens in dem kühnen Versuch, die Erscheinungen des Nachkriegskapitalismus einer theoretischen Betrachtung zu unterziehen und die Perspektive ihrer weiteren Entwicklung aufzuzeigen, zweitens in der eingehenden, konkreten Analyse der einzelnen Erscheinungen und Wesenszüge des modernen Kapitalismus auf der Grundlage eines umfassenden konkreten Tatsachenmaterials. Die Diskussion trug im wesentlichen den Charakter einer ernsten, grundsätzlichen und gleichzeitig kameradschaftlichen Kritik, wenn man von Übertreibungen und mangelnder Selbstbeherrschung auf dieser oder jener Seite absieht. Es haben sich nur sehr wenige Redner gefunden, die versuchten, das Buch des Genossen Varga als ein Werk anzusprechen, dessen Inhalt eine Tatsachenbeschreibung ohne theoretischen Wert sei, oder die es in oberflächlicher, nachlässiger und geringschätziger Weise kritisierten. Das Buch regt unbedingt zum Nachdenken an, bietet Material für interessante Schlußfolgerungen und Verallgemeinerungen und verdient eine ernste Behandlung.

Andererseits sind aber auch die Stimmen jener ohne Widerhall geblieben, die das Buch in Bausch und Bogen unter ihren Schutz nahmen. Als man Genossen Maslennikow den Vorwurf machte, er trete als Advokat auf, antwortete er, daß dort, wo es Staatsanwälte gäbe, auch Advokaten sein müßten. Ich glaube, daß hier weder eine Gerichtsverhandlung stattfindet, noch daß der Genosse Varga als Angeklagter vorgeladen ist. Hier findet eine wissenschaftliche Diskussion statt, in der es weder Staatsanwälte noch Advokaten geben darf.

Im Laufe dieser Diskussion ist es gelungen, ernste Mängel des Buches aufzudecken, strittige Probleme festzustellen und falsche Thesen zu kritisieren."[6]

Doch bald wurde aus der wissenschaftlichen Diskussion, insbesondere unter Leitung von N. A. Wosnesenski und A. A. Schdanow, eine üble Kampagne gegen Varga und seine Schüler, in der ihnen „bourgeoise Methoden", „Geist der Verbeugung und Verherrlichung vor dem kapitalistischen Ausland", „reformistische Ansichten", „unpatriotisches Verhalten" des ganzen (inzwischen aufgelösten) Instituts usw. vorgeworfen wurden.

Unter dem moralischen Druck der gesamten Atmosphäre erklärten sich mehr und mehr seiner Schüler gegen Varga und schließlich, insbesondere als die Presse des Monopolkapitals ihn als „Helden des Kampfes für wissenschaftliche Wahrheit" aufmachte, gab auch Varga eine sogenannte selbstkritische Erklärung ab.

Gewissermaßen aus Versehen erschien 1949 noch das großartige Buch von L. A. Mendelson über „Ökonomische Krisen und Zyklen im XIX. Jahrhundert", das dann auch bald als „voller Abweichungen" verurteilt wurde. In einem Artikel von A. Alexejew, I. Kosodojew, E. Lasutkin (Prawda 29. 9. 1950) wird zum Beispiel Mendelson vorgeworfen, daß er bemerkt hätte, daß die Monopole nicht nur eine Tendenz zu Stillstand und Fäulnis, sondern auch – und jetzt kommt die „Abweichung"! – potentielle Möglichkeiten zur Beschleunigung der Fortentwicklung der Produktivkräfte hätten. Man erkennt den Tiefstand oder richtiger Höchststand des vulgären Marxismus, mit dem die Varga-Schule zu kämpfen hatte. Man erkennt vor allem, welch tiefe Besorgnis die Schule bei solcher Unterschätzung des Feindes ergreifen mußte.

Andere Schüler Vargas wie W. Aboltin, E. L. Chmelnitzkaja, H. Eichners, L. J. Eventow, P. K. Figurnow, W. Kaplan, P. Lisouski, I. M. Lemin, W. Maslennikow, M. I. Rubinstein, A. J. Schpirt, I. A. Trachtenberg, S. Wischnew, konnten zumeist nur schwer arbeiten und veröffentlichen.

Nachdem Varga im Jahre 1953 sein Buch „Grundfragen der Ökonomik und Politik des Imperialismus", für das er den „Staatspreis" erhielt, und das allgemein sehr gut besprochen wurde, das er selbst aber als sein „dickstes und dümmstes Buch" charakterisierte, veröffentlicht hatte, konnten er und seine Schüler wieder wirklichen Fort-

[6] Diskussion über das Buch „Veränderungen in der kapitalistischen Wirtschaft im Gefolge des zweiten Weltkrieges" von E. Varga, Berlin 1948, S. 111 f. – im folgenden zitiert als „Diskussion".

schritt bringende Arbeiten veröffentlichen. So erschien Mendelsons Buch über die Krisen in einer zweiten, jetzt dreibändigen, Auflage – mit Varga, Trachtenberg und Arsumanjan als Redakteuren –, Trachtenberg veröffentlichte sein Buch über „Kapitalistische Reproduktion und Wirtschaftskrisen", Chmelnitzkaja begann die Veröffentlichung großartiger Aufsätze zum staatsmonopolistischen Kapitalismus. Varga und seine Schüler in der Sowjetunion blühten wieder auf – aber auch die Schule?

b. Der Meister der Konjunkturanalyse – Zeitwirtschaftsgeschichte

Varga hat viel und Bedeutsames geschrieben – über die Asiatische Produktionsweise, über die ungarische „Mairevolte" von 1912, über Agrarkrisen und Bettlerwesen – Bücher, Broschüren, Artikel, Rezensionen, Nachrufe.

Und doch gibt es eine Art von Arbeiten, die ganz unmittelbar mit ihm assoziiert ist: Das sind seine Konjunkturanalysen als regelmäßige, von der ganzen Welt erwartete Übersichten über das, was „in der letzten Zeit" in der Weltwirtschaft vorgegangen ist.

Ein beachtlicher Teil seiner Arbeit auf diesem Gebiet liegt in Form von Memoranden, Gutachten und ähnlichem in den Archiven der Kommunistischen Internationale.

Ein Großteil jedoch ist veröffentlicht worden und auch in die deutsche kommunistische Literatur eingegangen – beginnend mit „Wirtschaft und Wirtschaftspolitik im 1. Vierteljahr 1922" in „Internationale Pressekorrespondenz", Nr. 51, Berlin 1922, und endend mit „Wirtschaft und Wirtschaftspolitik im 1. Halbjahr 1939" in „Rundschau über Politik, Wirtschaft und Arbeiterbewegung", Nr. 44, Basel 1939 – die „Rundschau" war die Fortsetzung der „Inprekor".

Während all dieser Jahre hat Varga ähnliche Berichte zeitweise in der Zeitschrift „Kommunistische Internationale", in „Narodnoe chozjajstvo", „Socialističeskoe chozjajstvo" und „Mirovoe chozjajstvo i mirovaja politika" und anderswo geschrieben – jedoch geben allein „Inprekor"-„Rundschau" eine durchgehende Analyse für die Zeit von 1922 bis 1939. Mit ihren Übersetzungen ins Englische, Französische und in andere Sprachen hatten diese Analysen – zusammen mit denen auf den Tagungen der Kommunistischen Internationale – den größten Einfluß auf die Genossen in aller Welt.

Worin liegt die entscheidende Bedeutung dieser Berichte? Warum sind sie ein solches Vorbild für alle Marxisten? Natürlich sind sie überaus bedeutend allein schon durch die glänzende Verbindung von statistischer Materialhäufung mit theoretischer und perspektivischer Durchdringung der gegebenen Daten. Bewundernswert aber sind sie durch die Selbständigkeit der Urteilsbildung, selbständig und unbeeinflußt durch Wünsche, durch Parteiströmungen, durch bequeme Äußerungen der Bourgeoisie usw. Allein die Wirklichkeit, die Wahrheit bestimmt das Urteil des Marxisten Varga, weil er weiß, daß er nur als Interpret der Realität der Sowjetunion, dem internationalen Proletariat, der Wissenschaft dienen, sich als treuer Sohn von Engels und Marx und Lenin, als guter Lehrer junger marxistischer Wissenschaftler erweisen kann.

Illustrieren wir das an einem Beispiel.[7] In seinem ersten Heft 1926 hatte das deutsche Institut für Konjunkturforschung eine Übersicht über die Entwicklung der vorangehenden Jahre gegeben, in der es unter anderem heißt[8]:

„Tiefstand (Depression)	November 1923 bis Juni 1924
Aufschwung	Juli 1924 bis Januar 1925
Hochspannung	Februar 1925 bis September 1925
Krisis	Oktober 1925 bis Januar 1926
Tiefstand (Depression)	seit Februar 1926.

Dieser konjunkturelle Rhythmus zeigt einen gewissen Zusammenhang mit der weltwirtschaftlichen Konjunkturbewegung. Obwohl über deren Natur noch keine volle Klarheit gewonnen werden konnte, so will es doch scheinen, daß die Weltwirtschaft seit der letzten großen Krise von 1920/21 sich in einer lang andauernden Periode der Depression befindet, die sich selbst freilich wieder in eine Reihe von Auf- und Abwärtsbewegungen gliedert. Dieser im großen Konjunkturzyklus der Weltwirtschaft hervortretende kürzere Wellenschlag aber setzt sich in der kapitalarmen und darum überempfindlichen deutschen Volkswirtschaft in Bewegungen um, deren Intensität der des großen Zyklus entspricht.

Eine ausgesprochene Eigenbewegung war jedoch die Krisis, die die deutsche Wirtschaft von Oktober 1925 bis Januar 1926 durchgemacht hat – denn diese Periode war für die Weltwirtschaft eine Zeit der Stagnation mit vielleicht einer kleinen Aufwärtsrichtung – und erst seit Beginn des Jahres mündet die deutsche Wirtschaftsbewegung wieder in den depressiven Zustand der Weltwirtschaft ein."

Das heißt, hier wird – lange nachdem die Komintern den Beginn der relativen Stabilisierung des Kapitalismus festgestellt hat – von einer „langandauernden Periode der Depression" gesprochen und in allgemeinem „Pessimismus" gemacht: natürlich auch mit dem Hintergedanken, so jede Verbesserung der Lage der Arbeiter als unmöglich darlegen zu können.

Und nun hören wir Varga etwas später (mit seinen Hervorhebungen):

„In den letzten Monaten herrscht bei einem Teil der deutschen Bourgeoisie ein starker Optimismus in bezug auf die wirtschaftliche Zukunft Deutschlands. Ein Optimismus, der auch andere Kreise mitreißt. Die Verdoppelung der Börsenkurse im Laufe dieses Jahres; die kontinuierliche Zunahme der Spareinlagen; die starke Monopolbildung im Inland und die führende Stellung der deutschen Bourgeoisie in der internationalen Kartellbildung; die Aufnahme Deutschlands in den Völkerbund und der ständige Ratssitz: Dies sind die Grundlagen, die trotz der bis in die letzten Monate andauernden schweren Wirtschaftskrise die Meinung von dem gesicherten Aufstieg des deutschen Kapitalismus aufkommen ließ.

[7] Vgl. zum folgenden auch *J. Kuczynski,* Die Geschichte der Lage der Arbeiter unter dem Kapitalismus, Bd. 15: Studien zur Geschichte der zyklischen Überproduktionskrisen in Deutschland 1918 bis 1945, Berlin 1965.

[8] Vierteljahreshefte zur Konjunkturforschung, H. 1/1926, S. 47.

Insbesondere ist es aber der Rückblick auf den Weg, den der deutsche Kapitalismus seit drei Jahren zurückgelegt hat. Im Oktober 1923 schien der deutsche Kapitalismus unmittelbar vor dem Untergang zu stehen. Die Valuta in sprunghafter Entwertung sich dem Nullpunkt nähernd; die Zirkulation der Waren entblößt, da niemand Sachwerte gegen deutsches Papiergeld hergeben wollte. Hungernde, revoltierende Arbeiter. Die KPD bereitete sich zum Sturz der Bourgeoisie als akute Aufgabe vor ...

Die deutsche Bourgeoisie hat sich aus dieser verzweifelten Situation erfolgreich herausgearbeitet. *Verglichen mit dem Zustand vor drei Jahren hat der deutsche Kapitalismus einen gewaltigen Prozeß der Stabilisierung durchgemacht!* Nur Narren können das leugnen!

Bedeutet dies aber, daß dem deutschen Kapitalismus nunmehr ein lang andauernder Aufstieg bevorsteht, daß die schweren Widersprüche der deutschen Wirtschaft gelöst sind? Um auf diese Frage eine Antwort geben zu können, erscheint es notwendig, den Versuch zu machen, *die Wirtschaftsentwicklung Deutschlands in den letzten Jahren, die Lage der deutschen Wirtschaft im Rahmen der Weltwirtschaft und im Vergleich mit der Vorkriegszeit, neuerlich gründlich zu untersuchen* ...

Um das Ergebnis unserer Untersuchung gleich hier vorwegzunehmen: Trotz des zweifellos großen Fortschrittes der letzten drei Jahre hat die deutsche Wirtschaft pro Kopf der Bevölkerung weder in der Produktion noch im Konsum das Vorkriegsniveau erreicht, obwohl ein starker Zustrom von ausländischem Kapital mitgeholfen hat. Ungelöst ist der Widerspruch zwischen Produktions- und Verwertungsmöglichkeiten, ungelöst die Frage, wie das Millionenheer von Arbeitslosen Arbeit finden wird, unentschieden die Frage, ob der Reparationsplan ohne Erschütterung des deutschen Wirtschaftslebens durchführbar ist, unentschieden die Frage, ob die deutschen Fertigfabrikate in der notwendigen Quantität auf dem Weltmarkte Absatz finden werden ...

Ein zweiter Aufstieg der deutschen Wirtschaft bis zum Vorkriegsniveau und darüber hinaus ist in keiner Weise sichergestellt und unseres Erachtens höchst unwahrscheinlich. Er könnte nur stattfinden:

1. wenn ein allgemeiner Aufstieg des Weltkapitalismus stattfände, oder
2. wenn im Sinne des Leninschen Gesetzes über die ungleichmäßige, sprunghafte Entwicklung im Kapitalismus es Deutschland gelingen würde, gestützt auf neue technische Erfindungen (Kohlenverflüssigung, chemische Industrie) innerhalb der Niedergangsperiode eine sprunghafte, die anderen kapitalistischen Mächte überholende Entwicklung durchzumachen.

Keine der beiden Möglichkeiten erscheint uns als wahrscheinlich. Daher glauben wir, daß ein weiterer starker Aufstieg der deutschen Wirtschaft, eine neue Blüte, nicht eintreten wird!"

Und noch einmal zur letzten Fragestellung: „Das Problem der Weiterentwicklung des deutschen Kapitalismus bis zur Vorkriegshöhe und darüber hinaus ist bisher nicht gelöst. Alle Lösungsversuche laufen auf eine stärkere Ausbeutung des Proletariats hinaus. Ob die kapitalistische Lösung gelingen wird, hängt einerseits von der Entwicklung des Weltkapitalismus, andererseits von dem Grade und der Nachhaltigkeit des Widerstandes der deutschen Arbeiterschaft gegen die stärkere Ausbeutung ab."[9]

Was für eine Einsicht in die Verhältnisse und Weitsicht in die Zukunft! Klar und deutlich wird auf die Stärke des Aufschwungs hingewiesen – und zugleich doch mit einer klugen Einbeziehung der künftigen Entwicklung des Reproduktionsprozesses des Kapitals auf die Schwäche des Kapitalismus in Deutschland verwiesen. Faktisch gelang dem Kapital gerade noch die Reproduktion bis zum Vorkriegsniveau – aber nicht darüber hinaus. Und wenn es ihm gelang, das Vorkriegsniveau zu erreichen – dann, weil eines eintrat, was Varga in der letztzitierten Bemerkung als eine Bedingung nannte: „Der Grad und die Nachhaltigkeit des Widerstandes der deutschen Arbeiterschaft gegen die stärkere Ausbeutung" waren wegen der Spaltung der Arbeiterklasse und des Verrats der rechten Führung von Sozialdemokratie und Gewerkschaften, die mit dem Monopolkapital zusammenarbeiteten, nicht stark genug. Die weitgehende Erneuerung des fixen Kapitals ging auf Kosten der Arbeiter vor sich!

Ein Vierteljahr später (21. Februar 1927) stellt das Konjunkturinstitut, sich in jeder Richtung windend und unsicher wie je in der Einschätzung, fest:

„So schließen sich die verschiedenen Merkmale zu dem Konjunkturbild eines – zögernd – fortschreitenden Aufschwungs zusammen. Bei einem sehr wichtigen Punkte trifft diese Diagnose allerdings nicht zu; denn die Warenpreise – freilich nicht die Warenumsätze – haben eine leicht sinkende Tendenz. Das gilt namentlich von den reagiblen Warenpreisen. Dies dürfte auf weltwirtschaftliche Einflüsse zurückzuführen sein. In der Tat könnten der aufwärts gerichteten deutschen Wirtschaft Hemmungen erwachsen, wenn die depressive Konjunkturlage Europas länger andauern sollte."[10]

Ganz anders die klassenmäßige Einschätzung von Varga. Von einem „zögernden" Fortschreiten des Aufschwungs ist, entsprechend den Tatsachen, bei ihm nicht die Rede. Ganz anders schätzt er ein, differenzierend zwischen dem Reproduktionsprozeß des Kapitals und der Entwicklung der Lage der Arbeiter:

„Betrachten wir die Entwicklung der deutschen Wirtschaft im Jahre 1926 und insbesondere die Entwicklung der letzten fünf bis sechs Monate, so kann vom kapitalistischen Standpunkt aus wirklich von einem Aufschwung gesprochen werden. Die Produktion ist in fast allen Gebieten gestiegen. Die Arbeitsleistung ebenfalls; der Arbeitslohn aber ist unverändert geblieben, so daß die Ausbeutung der Arbeiterklasse und damit der Mehrwert ebenfalls gestiegen ist. Die Konkurse und Geschäftsaufsichten sind unter jene der Vorkriegszeit zurückgefallen. Die Kurse der Wertpapiere an der Börse zeigen seit einem Jahr eine fast ununterbrochene Aufwärtsbewegung. Der Bankzinsfuß wurde in den ersten Tagen 1927 auf 5 Prozent herabgesetzt. Kurzum, alle Bedingungen sind vorhanden oder scheinen zum mindesten vorhanden zu sein, um der deutschen Kapitalistenklasse hohe Profite zu sichern."[11]

Wie oft waren wir damals ganz ehrlich aber, was wir nie zugegeben hätten, der bürgerlichen Meinungsbildung folgend, geneigt, zu sagen und zu schreiben: „selbst

[9] „Inprekor", 6. Jg. 1926, S. 2287.
[10] Vierteljahreshefte zur Konjunkturforschung, H. 4/1927, S. 9.
[11] „Inprekor", 7. Jg. 1927, S. 276.

die bürgerliche Presse, selbst bürgerliche Wissenschaftler müssen zugeben ...", und dann malten wir ein dunkles Bild der Konjunktur ... so unsere Partei und das Proletariat desorientierend.

Wenn das etwas anders wurde, wenn es heute so manche marxistische Wirtschaftswissenschaftler gibt, die sich nicht von Wünschen beeinflussen lassen, die kühl und sachlich, echt revolutionär, echt marxistisch, so wie es unsere Parteien, so wie es die Ausgebeuteten in aller Welt von uns verlangen, die Wirklichkeit des Kapitalismus analysieren und entsprechende Schlüsse ziehen, dann ist das nicht zum wenigsten auch dem Vorbild Vargas zu verdanken.

Noch ein Beispiel sei gegeben, diesmal für die tiefe Einsicht, die solch rücksichtslos ehrliches Studium der Realität gerade auch für die Perspektive der Entwicklung vermittelt. In der Nummer der „Inprekor" vom 8. August 1929, nach einer Steigerung der deutschen Industrieproduktion vom ersten zum zweiten Vierteljahr um fast 10 Prozent, gab Varga folgende Analyse der Situation in Deutschland (datiert vom 15. Juli 1929):

„Die Wirtschaftslage Deutschlands wurde in den letzten Monaten durch eine Reihe einander widersprechender Kräfte außerordentlich kompliziert:

Die Wirtschaft wurde am nachdrücklichsten durch die von den Vereinigten Staaten ausgehende Knappheit an Leihkapital, die sich zeitweise fast bis zu einer Kreditkrise steigerte, beeinflußt. Die Reichsbank war gezwungen, am 25. April den Bankzinsfuß von 6,5 auf 7,5 Prozent zu erhöhen und gleichzeitig eine Krediteinschränkung vorzunehmen.

Neben dem starken Einfluß der amerikanischen Abzüge kurzfristig angelegten Leihkapitals aus Europa und insbesondere aus Deutschland war es die Krise der Pariser Reparationsverhandlungen in der zweiten Hälfte April, die den Kapitalmarkt und das ganze Geschäftsleben hindernd beeinflußte.

Die Lage besserte sich, nachdem die Pariser Verhandlungen zu einem positiven Abschluß kamen, womit der Zustrom von Auslandskapital wieder in Gang kam. Die Anleihe aus den Vereinigten Staaten, die das Reich nach dem starken Mißerfolg der inneren Anleihe erhielt, ermöglichte nicht nur, die Mark wieder auf die Goldparität zu bringen, sondern es gelang auch, einen Teil des bis zu einer Milliarde Mark betragenden Abflusses von Gold und Devisen aus der Reichsbank durch Goldkäufe in London zu ersetzen. Doch blieben die hohen Zinssätze bestehen und hinderten die langfristigen Investitionen und insbesondere die Bautätigkeit während der ganzen Zeit.

Andererseits ergab sich nach dem starken Rückschlag, den die langandauernde Kälte im ersten Vierteljahr verursacht hatte, ein gewisser Anstoß zu erhöhter Produktion, um verschiedene Bedürfnisse, die damals zurückgestellt werden mußten, nunmehr durch eine Mehrproduktion zu ersetzen. Auf diese Weise ergab sich ein ziemlich widerspruchsvolles Bild: ein Verharren in der nun seit mehr als einem Jahr andauernden Depression, aber mit einem gewissen Zeichen einer Besserung. Die Tatsache, daß, während die Produktion von Konsumtionsmitteln noch weiter in der Depression verharrt, die Besserung sich aber vor allem in der Produktion von Produktionsmitteln zeigt, deutet auf ein bevorstehendes Ende der Depression, vorausgesetzt, daß weltwirtschaftliche Einflüsse – die internationale Kreditkrise und vor allem die aus den Vereinigten Staaten drohende Wirtschaftskrise – der sich anbahnenden Aufschwungsbewegung kein vorzeitiges Ende bereiten."[12]

Die ganze Labilität der Lage des deutschen Kapitalismus kommt in dieser Analyse zum Ausdruck – nicht zum wenigsten auch seine außerordentliche Abhängigkeit vom Ausland. Zum Schluß eine großartige Verbindung von Analyse der Bewegung im Innern – eine Besserung – und der Weltsituation: Kreditkrise und drohende zyklische Krise in den USA, die die Entwicklung in Deutschland in völlig andere Bahnen lenken können.

So endet diese letzte Einschätzung Vargas vor dem Ausbruch der Weltwirtschaftskrise mit einer Prognose, die die Wirklichkeit in erstaunlicher Weise bestätigen sollte.

Die Kommunistische Internationale hatte im Sommer 1928 als Generalperspektive das Ende der Periode der Relativen Stabilisierung und die Krise vorausgesagt.

Der Marxist Varga hatte im Sommer 1929 die konkreten Bedingungen, unter denen in Deutschland die Krise ausbrechen würde, als eine unmittelbar bevorstehende Möglichkeit angegeben.

Und nun hören wir zwei Konjunkturprognosen des deutschen Instituts für Konjunkturforschung. Die erste ist datiert vom 24. August 1929, fast sechs Wochen nach der Analyse Vargas (meine Unterstreichung – J. K.): „Die Entwicklung der Konjunktur in den großen Industriestaaten der Welt ist in den letzten Monaten durch eine Einheitlichkeit gekennzeichnet, wie sie in dieser Stärke vielleicht noch zu keinem Zeitpunkt in den Nachkriegsjahren festzustellen war. Das soll nicht heißen, daß die Entwicklung in diesen Ländern bei genau der gleichen konjunkturellen Phase angelangt wäre; eine so starke Übereinstimmung war selbst in der Vorkriegszeit, in der die konjunkturelle Verbundenheit zwischen den einzelnen Ländern größer war als in der Gegenwart, nicht zu beobachten und wird aus den an dieser Stelle öfters dargelegten Gründen jetzt noch weniger eintreten können. Die Einheitlichkeit der Entwicklung besteht gegenwärtig vielmehr darin, daß *fast alle Länder sich fern von Krisis oder Depression in einer konjunkturell günstigen Lage, in einem Aufschwung oder einer Hochkonjunktur befinden und daß kaum Anzeichen auf eine starke Abwärtsbewegung oder gar eine Krisis hindeuten.*"[13]

Jedoch waren die Konjunkturpropheten des Instituts nicht einmal in der Lage zu sagen: Wenn man vom Rathaus kommt, ist man klüger – bzw. nach dem New Yorker Börsenkrach ist es leichter zu prophezeien, denn noch dreieinhalb Wochen nach dem Börsenkrach schrieb das Institut (meine Unterstreichungen – J. K.):

„In der internationalen Konjunkturbewegung sind in den letzten Monaten rückläufige Tendenzen deutlich hervorgetreten. Wichtige Länder, die bisher im Zeichen einer Hochkonjunktur oder einer beginnenden Belebung standen, weisen nunmehr Rückgangserscheinungen auf. Von entscheidender Bedeutung für die Konjunkturbewegung in den letzten Monaten war vor allem: der Konjunkturumschwung in den Vereinigten Staaten von Amerika, der Tendenzumschwung auf den internationalen

[12] Ebendort, 8. 8. 1929.

[13] Vierteljahreshefte zur Konjunkturforschung, H. 2/1929, T. B., S. 41.

Geld- und Effektenmärkten und der verschärfte Preisrückgang auf den Weltrohstoffmärkten ...

Bei längerem Anhalten des Abschwungs in den Vereinigten Staaten von Amerika muß wohl mit größeren Rückwirkungen auf die Weltwirtschaft gerechnet werden, *wenn auch bei den hohen Kapitalreserven der Vereinigten Staaten eine allgemeine Wirtschaftskrise wie in den Jahren 1920/21 nicht zu erwarten ist.*"[14]

Natürlich hat Varga auch Prognosefehler gemacht – sind wir doch immer noch erst am Anfang der Prognosewissenschaft, was die nichtsozialistische Wirtschaft betrifft. Und vielleicht werden wir auch niemals über einen Anfang hinauskommen können angesichts der Anarchie der kapitalistischen Wirtschaftsentwicklung und der enormen Schwierigkeit, auf Grund der Widersprüche der kapitalistischen Wirtschaft, das jeweilige Gewicht von Tendenzen und Gegentendenzen einzuschätzen. Aber wenn wir überhaupt einen sinnvollen Anfang gemacht haben, dann verdanken wir das der unermüdlichen Pionierarbeit Vargas – echter, Mut erfordernder Pionierarbeit, denn jede solcher Prognosen unterliegt zwei Gefahren: der Widerlegung durch die Wirklichkeit und dem Angriff derjenigen, denen die Prognose „nicht gefällt".

Wenn Danton de l'audace, de l'audace et encore de l'audace in der Revolution forderte, so gilt das ebenso für den Wissenschaftler, nicht zum wenigsten, wenn es sich um Wirtschaftsprognosen handelt. Varga hatte diesen Mut, und wenn wir ihn um seiner wissenschaftlichen Leistung willen ehren, so lieben und bewundern wir ihn wegen seines intellektuellen Mutes, der uns stets auch als ein Teil dessen erschien, was Lenin bolschewistischen Elan nannte.

Jedoch würden wir eine entscheidende Seite der Vargaschen Analysen und Prognosen übersehen, wenn wir nicht auf folgendes hinwiesen, was E. Altvater in der Einleitung zu einer Auswahlausgabe von Arbeiten Vargas sehr gut so charakterisiert: „Richtige Prognosen also wollte Varga erstellen, jedoch nicht in dem Sinn, wie sie heute vom Neopositivismus gefordert werden: als empirisch gesicherte Aussagensysteme über eine außerhalb des forschenden Subjekts befindliche Realität und deren Entwicklungen, die vom Forscher mittels empirischer Methoden erkannt werden können, vom Politiker aber manipuliert werden müssen, sondern eher im Sinne Bertolt Brechts: 'Eine Aussage oder Darstellung ist dann eine Wahrheit, wenn sie eine Voraussage gestattet – bei dieser Voraussage muß aber der Aussagende als Handelnder auftreten. Er muß auftreten als einer, der für das Zustandekommen des Vorausgesagten nötig ist.'* Die darin angelegte Vermittlung von Subjekt und Objekt, von objektiven Abläufen und subjektivem Handeln, macht jede Prognose zwieschlächtig: die objektiven Tendenzen der Entwicklung des Kapitals aufgrund der 'Naturgesetzlichkeit' kapitalistischer Reproduktion machen es möglich und für jede Prognose notwendig, sie 'richtig' und ohne revolutionären Eifer zu analysieren. Prognosen über die Entwicklung von Produktionskapazitäten, der Auslandsnachfrage, der langfristigen Wachstumsraten usw. lassen sich aus dem einschlägigen statistischen

[14] Ebendort, H. 3/1929, T. B., S. 41.

* *B. Brecht*, Gesammelte Werke 20 – Schriften zur Politik und Gesellschaft, Frankfurt 1967, S. 190 („Über Wahrheit").

Material und der Theorie kapitalistischer Reproduktionsbedingungen entwickeln. Aber die kapitalistische Reproduktion vollzieht sich nicht automatisch und widerspruchsfrei, vielmehr in zyklischen Bewegungen zwischen Konjunktur und Krise. Und darüber hinaus vollziehen sich die Zyklen in einem stagnierenden Kapitalismus, der 1929 vor der Weltwirtschaftskrise kaum das Produktionsniveau der Vorkriegszeit erreichen konnte. Wenn eine Gesellschaft nicht untergeht, bevor sie alle ihre Möglichkeiten voll entfaltet hat, dann war der Kapitalismus der 20er Jahre eine bereits dem Untergang geweihte Gesellschaftsordnung, ein 'sterbender' Kapitalismus, wie Varga schreibt, da nur noch minimales Wachstum stattfand. Wenn die objektive Möglichkeit der revolutionären Aufhebung des Kapitalismus besteht, dann aber wird das Brechtsche Postulat an die Prognose zu einer Notwendigkeit, soll die Revolution erfolgreich sein. Diese Vermittlung von objektiven und subjektiven Faktoren beschäftigt auch Varga, und er schreibt*: 'Was ist unter einer Krisenperiode zu verstehen? Wir verstehen unter einer Krisenperiode einen allgemeinen Zustand der kapitalistischen Gesellschaft, in dem die Produktivkräfte die für diese Gesellschaftsform höchste Stufe der Entwicklung ungefähr erreicht haben: wo gleichzeitig die inneren Widersprüche des Kapitalismus so tief, die Klassengegensätze objektiv so scharf und zugleich der Gewaltapparat der herrschenden Klassen so weit geschwächt ist, daß die Möglichkeit des Sturzes der Herrschaft der Bourgeoisie und die Erkämpfung der Diktatur des Proletariats objektiv gegeben sind ... Die Krisenperiode bedeutet natürlich nicht, daß der Versuch zur Machtergreifung in jedem Augenblick und an jedem Orte mit Aussicht auf Erfolg aufgenommen werden kann. Sie bedeutet auch nicht, daß die objektiven und subjektiven Bedingungen während der ganzen Dauer der Periode die gleich günstigen bleiben. Daher habe ich diese Periode mit einem anderen Ausdruck auch »Niedergangsperiode« genannt, um das langandauernde dieser Periode fühlbar zu machen.' Die Analyse der objektiven kapitalistischen Entwicklung und die Analyse der subjektiven Faktoren, zu denen auch der Schreiber zu zählen ist, müssen zu einer Einheit verschmelzen."[15]

Vargas Konjunkturanalysen und seine Wirtschaftsprognosen hatten stets einen letzten, einen Hauptzweck: die Weltarbeiterklasse über die objektiven ökonomischen Klassenkampfbedingungen zu informieren und so den subjektiven Faktor zu unterrichten, zu stärken durch Einsicht in die Realität von heute und deren mögliche bzw. wahrscheinliche Entwicklung morgen und übermorgen.

Diese so ganz enge Verbindung von Wirtschaftsanalyse und Klassenkampf war ihm von Anfang an eigentümlich. Schon zu Beginn des ersten Weltkrieges, noch ein guter linker Sozialdemokrat, sagte er 1915 in einem Aufsatz in der „Neuen Zeit", den er „Probleme der Kriegswirtschaft" betitelte, voraus, daß nach dem Kriege eine außerordentliche Konzentration des Kapitals stattfinden werde, daß dieser rapide Konzentrationsprozeß zu einer „Riesenkrise" führen werde, und daß diese Krise „die härteste Probe der Arbeiterschaft" bringen werde. Man sieht bereits in diesem so

* „Inprekor", 5. Jahrg. 1925, Nr. 21, 5. 2. 1925, S. 269 f.

15 *E. Varga,* Die Krise des Kapitalismus und ihre politischen Folgen, Frankfurt a. Main 1974, S. XV f.

ganz frühen Aufsatz mit der Gedankenfolge: Konzentration des Kapitals – Krise – Probe für die Arbeiterklasse, die ersten Keime des Charakters seiner späteren Analysen.

Man kann sich leicht vorstellen, welche Bedeutung Vargas Vierteljahrsübersichten über die Weltwirtschaft des Kapitals hatten, wie sie von der Führung, von allen Funktionären der Kommunistischen Parteien erwartet und dann studiert wurden, und mit welcher Aufmerksamkeit sie auch vom Feind verfolgt wurden. Wie oft wurde ich von diesem oder jenem Mitarbeiter des halbamtlichen Instituts für Konjunkturforschung in Berlin in jener Zeit gefragt: „Was sagen Sie zu Vargas neuem Bericht?"

c. Der „aktuelle" Grundlagenforscher

Seit 1909 schrieb Varga für das theoretische Organ der deutschen Sozialdemokratischen Partei „Die Neue Zeit" – drei Jahre zuvor war er der ungarischen Sozialdemokratischen Partei beigetreten. 1910 nannte Varga in einem Beitrag zur Festschrift für seinen Philosophielehrer an der Universität Budapest, Bernát Alexander, den Marxismus die „einzig gültige wissenschaftliche Methode in den Gesellschaftswissenschaften".

Noch war er kein ausgebildeter marxistischer Wissenschaftler – dazu erzogen ihn erst die Bolschewiki und Lenin ganz persönlich. Aber eine Grundeigenschaft des marxistischen Wissenschaftlers besaß er schon damals: den durch die Verbindung zum Proletariat geschulten Blick für die aktuellen Probleme, die man anpacken muß. So ist es nicht verwunderlich, daß er 1912 eine kleine Schrift über die Teuerung verfaßte, in der er sich mit der Unternehmerapologetik der Theorie der Lohn-Preis-Spirale auseinandersetzte, und im gleichen Jahr ein Büchlein über die ungarischen Kartelle herausbrachte.

Diese Wachheit für aktuelle Probleme bestimmte nicht nur seine Tagespropaganda und zeitwirtschaftswissenschaftliche Arbeit, sondern auch seine Grundlagenforschung. Varga war einer der aktuellsten Grundlagenforscher seiner Zeit. Was verstehen wir unter „aktueller" Grundlagenforschung? Wir meinen damit die Erforschung der Grundlagen einer Wissenschaft, deren Untersuchung im Gesamtrahmen der Forschung jeweils von der Geschichte gefordert wird.

Emil du Bois-Reymond rühmte in seiner Gedächtnisrede auf Hermann von Helmholtz dessen „unübertroffenes Geschick, diejenigen Fragen auszufinden und siegreich zu beantworten, die an jedem Punkte gerade die wichtigsten waren und deren Behandlung den besten Erfolg versprach". Genau das kann man auch von Eugen Varga als Politökonomen des Kapitalismus sagen.

Betrachten wir schon seine frühen Schriften, etwa die folgende Übersicht aus den Jahren 1915 und 1916[16]:

[16] Zit. nach: *Knirsch, P.*, Eugen Varga, Berlin 1961, S. 21 f.

„1915

19. Bulgária. [Bulgarien.]
 Budapest 1915. 51 S. (A háborus nagyhatalmak. Nr. 7.)
20. Olaszország. [Italien.]
 Budapest 1915. 104 S. (A háborus nagyhatalmak. Nr. 4.)
21. Die kapitalistische Entwicklung Ungarns und ihre Hemmungen.
 In: Die neue Zeit, Stuttgart, 33 (1915), Bd. 1, Nr. 6, S. 169–177.
22. Der Plan eines deutsch-österreichisch-ungarischen Zollverbandes.
 In: Die neue Zeit, Stuttgart, 33 (1915), Bd. 2, Nr. 8, S. 241–248.
23. Probleme der Kriegswirtschaft.
 In: Die neue Zeit, Stuttgart, 33 (1915), Bd. 1, Nr. 15, S. 449–461.
24. Besprechung von: Dr. Eduard Pályi, Deutschland und Ungarn, S. Hirzel, Leipzig.
 In: Die neue Zeit, Stuttgart, 33 (1915), Bd. 2, Nr. 20. S. 656.

1916

25. Az imperializmus gazdasági bîrálata. [Ökonomische Analyse des Imperialismus.]
 Budapest 1916. 26 S. (Huszadik szazad könyvtara, Nr. 59.)
26. Geld und Kapital in der Kriegswirtschaft.
 In: Die neue Zeit, Stuttgart, 34 (1916), Bd. 1, Nr. 26, S. 815–824.
27. Die Überschätzung der wirtschaftlichen Bedeutung des Kapitalexports und des Imperialismus (Auszug).
 In: Die neue Zeit, Stuttgart, 34 (1916), Bd. 2, Nr. 17, S. 512–517.
28. Ungarische Sozialdemokraten und Radikale über Mitteleuropa.
 In: Die neue Zeit, Stuttgart, 34 (1916), Bd. 2, Nr. 23, S. 661–667.“

Auch Lenin beschäftigte sich in diesen Jahren mit den Problemen der Theorie der Kriegswirtschaft und des Imperialismus. Lenins Schriften sind in die Theorie des Marxismus-Leninismus, sind in die Wissenschaft eingegangen. Vargas damalige Arbeiten werden leider nicht einmal in der anläßlich seines 80. Geburtstages in Moskau zusammengestellten Bibliographie genannt. Leider – denn unter einem Gesichtspunkt haben sie auch heute noch Bedeutung: als Beispiel für aktuelle Grundlagenforschung.

Kein Wissenschaftler kann ein fruchtbarer, der Partei, den Werktätigen nutzbringender Beobachter und Analytiker der Zeitgeschichte sein, ohne immer von neuem gerade die Elemente der Grundlagen der Gesellschaft zu erforschen, die einer Veränderung, einer neuen Nuancierung oder gar der Ersetzung zu unterliegen scheinen – wie umgekehrt kein gesellschaftswissenschaftlicher Grundlagenforscher erfolgreich arbeiten kann, ohne ständige Analyse der Zeitgeschichte.

Diese Doppelforschung, diese sich gegenseitig bedingende Erforschung der Grundlagen und der Tagesbegebnisse hat Varga während des ersten Weltkrieges begonnen. Sie war die Voraussetzung für den Erfolg seiner Arbeit im nachfolgenden Halbjahrhundert.

Diese Doppelforschung war es, die es ihm ermöglichte, frühzeitig das Herausbilden von „neuen Zuständen in der Welt“ zu entdecken, seine Entdeckungen theoretisch zu begründen und zu verteidigen und zu Bestandteilen unserer Wirtschaftsgeschichts-

schreibung zu machen. Zu solchen Entdeckungen gehören unter so manchen anderen:
Die Periode der Relativen Stabilisierung
Die Periode der Depression besonderer Art
Die grundlegende Wandlung in der Stellung Indiens und anderer vormals kolonialer und halbkolonialer Länder nach dem zweiten Weltkrieg.

Dazu kommen wichtige Arbeiten auf dem Gebiet des Studiums der Rolle des Staates im modernen Kapitalismus, des Studiums der Kriegswirtschaft (wiederaufgenommen 1938), der Agrarfrage und vor allem auch allgemein der Krisentheorie.

Derartige Arbeiten von Varga erschienen immer zu dem Zeitpunkt, zu dem es notwendig war, sich „gründlich von neuem" mit den angeschnittenen Problemen zu beschäftigen.

Nicht daß Varga die Probleme stets richtig oder gültig löste. Auch seine Schüler waren nicht selten mit diesem oder jenem, was Varga sagte und schrieb, nicht einverstanden. Aber in einem waren wir wohl immer mit ihm einverstanden: daß es wirklich die richtige Zeit war, sich mit diesen oder jenen Grundfragen wieder gründlich theoretisch zu beschäftigen und die entsprechenden Erscheinungen in der Realität zu analysieren.

Und ein weiteres muß man in diesem Zusammenhang sagen: So oft auch Varga in dieser oder jener Frage einen Fehler gemacht haben mag – seine antagonistischen Gegner unter den Marxisten, ich meine nicht die wissenschaftlichen Kritiker, sondern diejenigen, die ihm Revisionismus, nichtrevolutionäres, opportunistisches Herangehen an Fragen, die nicht zur Debatte stehen sollten, usw. vorwarfen, hatten unrecht mit ihren Vorwürfen. Wenn ich auch glücklich bin, niemals zu diesen antagonistischen Gegnern gehört zu haben, so sei doch hier offen festgestellt, daß ich so viel an der ersten Auflage seines Buches „Veränderungen in der Wirtschaft des Kapitalismus als Ergebnis des zweiten Weltkrieges" (Moskau 1946) auszusetzen hatte, daß ich seufzend feststellte: „Er ist doch recht alt geworden." Der Verlauf der Geschichte hat mir dann die wohlverdiente Ohrfeige gegeben.

Als Wissenschaftler ist Varga nie alt geworden – bis zu seinem Tode hat er voll erstaunlicher Frische und mit immer wieder überraschender Schärfe des Blickes die Weltereignisse um sich analysiert und synthesiert.

d. Der Mensch – der Revolutionär

Varga als Mensch. Das heißt, wir müssen von dem Revolutionär Varga spechen.

Dabei denken wir natürlich an seine Funktionen als Volkskommissar für Finanzen, als Volkskommissar für die gesellschaftliche Produktion und Vorsitzender des Präsidiums des Volkswirtschaftsrates in der ungarischen Räterepublik, an seine Arbeit in der Kommunistischen Internationale, auch an all die Kleinarbeit in der Sozialdemokratischen Partei Ungarns bis 1918 und in der Sowjetunion in den späteren Jahren, die er wie jeder Genosse leistete.

Aber all dies ist gewissermaßen nur die eine, fast möchte man sagen offizielle Seite des Revolutionärs.

Der Revolutionär will die Welt verändern: die Zustände und die Menschen.

Um die Menschen zu verändern, muß man den Weg zu ihnen finden.

Ein Mittel, den Weg zu ihnen zu finden, wenn man schreibt, ist so zu formulieren, daß die Menschen es verstehen. Varga schrieb stets so, daß seine Arbeiten revolutionär wirken konnten, daß die Menschen sie verstanden und sich auf Grund des Verstandenen verändern, klüger, besser gerüstet zu Urteil und Tat schreiten konnten. Charlotte Varga, über ein halbes Jahrhundert an seiner Seite, heute (1967) fast 60 Jahre in der Arbeiterbewegung, keine Wissenschaftlerin, mußte stets seine Arbeiten daraufhin lesen, ob sie allgemein verständlich waren, das heißt, ob ihr revolutionärer Inhalt auf die Werktätigen auch revolutionär wirken konnte. So schrieb und sprach Varga: revolutionär in Inhalt und Form!

Ein anderes Mittel, den Weg zu den Menschen zu finden, ist, Zeit und Gedanken für den einzelnen zu haben. Varga hatte immer Zeit, und je beschäftigter er war, um so mehr. Zeit für die Diskussion wissenschaftlicher Fragen, Zeit zur Besprechung politischer Ereignisse, Zeit auch für persönliche Probleme.

Zeit auch für persönliche Probleme, die der einzelne hatte – bis zur Aushilfe mit Geld und, in Zeiten allgemeiner Not, auch mit einer ordentlichen Mahlzeit und einem Kleidungsstück – oder sollten wir in letzterem Zusammenhang nicht doch richtiger die Genossin Varga nennen?

Keine Zeit hatte Varga für Intrigen, für Karrieremachen, Auszeichnungenerhaschen und ähnliche zeitraubende Tätigkeiten.

Seine Lebenshaltung war die einfache des Berufsrevolutionärs Leninscher Prägung. Noch im Alter, nach der Pensionierung, übernahm er eine Funktion, jedoch nicht das hohe mit ihr verbundene Gehalt, da seine Rente ihm reichte.

Wie jeder Mensch hatte Varga auch Schwächen; sie waren jedoch stets uninteressant.

Was jedem auffiel, was zur Nachahmung reizen sollte und mußte, das waren seine Stärken, seine großen Eigenschaften, die seinen Fähigkeiten erst zu der Ausbildung und Auswirkung verhalfen, die sie gehabt haben. Nennen wir einige besonders hervorragende noch einmal:

Revolutionäre Liebe zur wissenschaftlichen Wahrheit und intellektueller Mut zu ihrer Verbreitung. Ein revolutionäres Verhältnis zum einzelnen Menschen. Revolutionäre Bescheidenheit im persönlichen Leben.

Und doch werden manche fragen: Hatte er nicht auch etwas von Galilei? hat er nicht 1948 so manches abgeschworen, von dem er überzeugt war? hat er nicht, als ich ihn fragte, warum er so gar nicht mehr Politische Ökonomie des Sozialismus betreibe, mir geantwortet: „Solange man es nicht für richtig hält, sich wieder das Leninsche Prinzip 'Wir dürfen unsere Fehler nicht verheimlichen, weil der Feind das ausnutzen könnte. Wer das fürchtet, ist kein Revolutionär'[17] zu eigen zu machen, denke ich gar nicht daran."

Varga war kein Märtyrer. Varga wollte im Dienste der Weltrevolution und natürlich wie jeder echte Wissenschaftler auch aus eigenem Triebe die Wahrheit ans Licht

[17] *W. I. Lenin,* Rede am 1. Juli 1921 auf dem III. Kongreß der Kommunistischen Internationale in Werke, Bd. 32, Berlin 1961, S. 500.

bringen und durchsetzen. Wenn das im Augenblick auf Grund der Verhältnisse nicht möglich war, bzw. wenn ein Versuch scheiterte, dann konnte er warten, denn er wußte, daß die objektive Realität und auch Veränderungen in der gesellschaftlichen Atmosphäre, die kommen würden, auf seiner Seite waren. Und niemals hat er vor seinen Schülern neue Überlegungen verborgen. Wie oft hat er ihnen auch zu „geschickten Formulierungen" verholfen! gleichermaßen besorgt um die Wahrheit und seine Schüler.

Und wie wundervoll recht hat ihm seine eigene persönliche Geschichte gegeben! Am Ende seines Lebens konnte er noch seine „Skizzen zu Problemen der Politökonomie des Kapitalismus" beenden, in denen er so viele umstrittene Probleme der Vergangenheit wieder aufnahm und jetzt einer ihm richtig scheinenden Lösung zuführte oder nachwies, wie die Realität alte Lösungen von ihm bestätigt hat. Und wie richtig war es, daß unmittelbar nach Erscheinen des Buches „Novi Mir" (November 1964), wenige Wochen nach seinem Tode, eine Besprechung dieses seines letzten Buches unter der Überschrift „Gegen den Dogmatismus" brachte. „Gegen den Dogmatismus" auch ein Epitaph eines großen marxistischen Wissenschaftlers in jener Zeit, in der er gelebt und gewirkt hat!

3. *Der Charakter der Schule*

Im folgenden kommt es mir darauf an, die mir am wichtigsten erscheinenden Züge der Varga-Schule herauszuarbeiten, gewissermaßen als eine empirische Einführung in die folgende theoretische Betrachtung und auch etwa im folgenden Sinne: Zahlreiche Definitionen von Schulen gehen davon aus, daß diese einen lokalen Charakter haben; die Varga-Schule beweist, daß das nicht der Fall sein muß; Varga hat Schüler gehabt, die niemals in seinem Institut oder überhaupt in Moskau gearbeitet haben. Zahlreiche Definitionen von Schulen gehen davon aus, daß die Schulen aus Schülern bestehen, die von dem jeweiligen Haupt der Schule angelernt worden sind.[18] Die Varga-Schüler aber waren teilweise schon ausgewiesene Wissenschaftler, bevor sie sich ihm anschlossen oder wurden zunächst aus der Ferne einfach von seiner Arbeitsweise beeinflußt und bekannten sich dankbar zu diesem Einfluß.

Man kann sagen, bis 1927, bis zur Übernahme der Leitung des Instituts für Weltwirtschaft und Weltpolitik durch Varga, gab es kein wissenschaftliches Zentrum, das als Ausgangspunkt einer Schule dienen konnte. Varga hatte einzelne Schüler, wie die Chmelnitzkaja, aber von einer Varga-Schule – im Unterschied zu einem eifrigen Leserkreis seiner Berichte und Bücher – konnte keine Rede sein.

Das Institut betrachtete als seine Aufgabe die laufende Untersuchung der Weltwirtschaft. Was die Weltpolitik betrifft, so hatte es von Zeit zu Zeit tüchtige Mitarbeiter, hervorragend unter ihnen den Historiker A. S. Jerussalimski, aber es gab keine Varga-Schule für Weltpolitik. Und doch betrachteten sich auch die „Weltpolitiker" wie Jerussalimski, wenn er über den deutschen Imperialismus schrieb, oder

[18] Vgl. zu beiden Behauptungen betr. Schulen den Beitrag von *V. B. Gasilov,* Analyse der Interpretation des Terminus „wissenschaftliche Schule" in dem Protokoll des oben zitierten Moskauer Seminars im Januar/Februar 1973 – künftig zitiert als „Schulen".

I. M. Lemin mit seinem Buch „Von Versailles bis Locarno" als Schüler der geistig-wissenschaftlichen Haltung von Varga.

Die Weltwirtschaft wurde vor allem in dreierlei Weise untersucht: durch laufende Analyse der Konjunktur – mit der vierteljährlichen Krönung der Weltwirtschaftsübersicht, die vornehmlich von Varga vorgenommen wurde; durch Länderstudien, die vielfach ihre Vollendung in Büchern fanden; und schließlich durch Problemstudien, wie über die Rolle des Staates, der Monopole usw. im imperialistischen Stadium des Kapitalismus. Eine Reihe der Mitarbeiter des Instituts hatten in der Komintern gearbeitet oder unterbrachen ihre Arbeit im Institut, um wieder in den Apparat der Komintern zurückzukehren. Fast alle Mitarbeiter des Instituts, wie auch Varga, arbeiteten „nebenbei" für die Komintern, nicht wenige auch für die KPdSU als Wissenschaftler.

Die Schule Vargas ist gleichermaßen zu charakterisieren durch den Geist, die Haltung, mit der sie an die Arbeit ging, wie auch durch die Art, wie sie die Arbeiten durchführte. Dabei gilt es hier nicht Allgemeinheiten festzustellen, die sie mit zahlreichen anderen Schulen oder wissenschaftlichen Institutionen, wie etwa Lehrstühlen an Universitäten usw. in der Sowjetunion gemeinsam hatte. Es geht also nicht darum, etwa nachzuweisen, daß die Schüler Marxisten waren, der Partei ergeben, oder daß Varga ein hervorragender Institutsdirektor war.

Was den Geist und die Haltung betrifft, so war jeder echte Schüler Vargas ein Forscher, dem Marx, Engels und Lenin höher standen, als taktische Tagesströmungen der Meinungsbildung, und der zugleich zuerst die Realität untersuchte und erst darauf Marx, Engels und Lenin konsultierte. Die Untersuchung der Realität mußte, entsprechend der Praxis der Klassiker des Marxismus-Leninismus, umfassend sein. Bei Gegenwartsuntersuchungen mußten die laufenden Zeitschriften und Statistiken, die sich auf den Forschungsgegenstand bezogen, studiert werden. Daß man über ein imperialistisches Land, dessen Sprache man nicht kannte, schrieb, war natürlich eine Unmöglichkeit. Bei den Untersuchungen spielten die jeweiligen diplomatischen Beziehungen der Sowjetunion zu diesem oder jenem imperialistischen Lande keine Rolle. Entscheidend war stets, daß die Untersuchung direkt dem revolutionären Kampf der Arbeiterklasse zu dienen hatte. Und sie konnte so nur dienen durch rücksichtslose Aufdeckung der kapitalistischen Realität. Als Varga im Auftrage von Lenin 1921 im Ausland ein Forschungsinstitut einrichten sollte, hatte er bei ihm angefragt, an welche Stelle die Berichte gehen sollten, damit er sie entsprechend formuliere. Er hat uns oft von der Antwort Lenins erzählt, die jetzt auch gedruckt vorliegt: „Wir brauchen *volle* und *wahrheitsgetreue* Information. Und die Wahrheit kann nicht davon abhängen, für wen sie dienen soll."[19]

Es gibt Erlebnisse, die man nie vergißt. Und Varga hat sich bemüht, diese „Weisung" Lenins seiner Schule einzuprägen.

Zu dem Geiste, den Varga seinen Schülern für ihre Forschungen und Analysen mitzugeben wünschte, gehört auch der, in dem er sich gegen Vorwürfe des Opportunismus auf dem X. Plenum des EKKI im August 1929 wehrte, als er erklärte:

[19] *W. I. Lenin,* Briefe. Bd. VIII, Berlin 1973, S. 163.

„Die Polemik gegen mich hat sich hier, wie das zu sein pflegt, allmählich gesteigert und sich von Stufe zu Stufe weiterschreitend, bis zur Anklage des Revisionismus heraufgeschraubt. Es begann mit einer leisen Andeutung des Genossen Bela Kun; der Genosse Chitarow konstatierte schon eine Abweichung und es erreichte sein Finale in den pathetischen Worten des Genossen Kolarow. Ich muß den Genossen folgendes sagen: Genosse Manuilski hat in seiner Rede über viele Arten von Opportunismus gesprochen. Zu der vierten Art des Opportunismus zählt er, wenn Leute auf Grund ihres Studiums und ihrer Beobachtungen irgendeine Ueberzeugung gewinnen, aber diese ihre Ueberzeugung vor der Komintern verschweigen, weil sie fürchten, sich dadurch einer Anklage des Opportunismus auszusetzen. In diesen Fehler bin ich niemals verfallen und werde ich auch in Zukunft nicht verfallen. (Zuruf des Genossen Chitarow: Das bedeutet nicht, daß Sie heute andere Arten ablehnen.) Wenn ich zu der Einsicht gelange, daß irgend etwas Neues in der internationalen Lage, in der Weltwirtschaft, in der Arbeiterbewegung eingetreten ist, was eventuell nicht in das bisher von der Komintern für richtig gehaltene Gesamtbild hineinpaßt, so werde ich es immer der Komintern vorlegen, selbst auf die Gefahr hin, daß man sagt: Der Varga sagt wieder eine opportunistische Schweinerei. Der größte Opportunismus ist, seine Ueberzeugung zu verschweigen aus Furcht, nicht mit der herrschenden Linie im Einklang zu sein. Das ist die gefährlichste, eines Kommunisten unwürdige Art des Opportunismus. (Zuruf des Genossen Neumann: Nicht einer herrschenden, sondern einer bolschewistischen Meinung.) Ich werde das um so mehr tun, als in der Geschichte der Komintern mehrere Fälle vorhanden sind, in welchen irgendeine meiner Behauptungen beim ersten Anhören von vielen Genossen als Opportunismus bezeichnet wurde und die dann zu der Linie der Komintern geworden ist.“[20]

Der Einwurf von Heinz Neumann war typisch nicht für jene Zeit, sondern für die, die kommen sollte – daß die „herrschende Linie“ zugleich die einzig richtige vom Standpunkt des Marxismus-Leninismus ... eine Frühgeburt der Unduldsamkeit und des Dogmatismus, gegen die Varga und seine Schule stets soweit wie nur irgend möglich gekämpft haben, bis jene mehr und mehr zum Erliegen kamen, wofür allein schon Varga und seinen Schülern ein guter Platz in der Geschichte der Gesellschaftswissenschaft gebührt.

Wenn sich dieser Geist bis zum Ausbruch des Krieges in der Varga-Schule auch in der Sowjetunion halten konnte, obgleich der Geist des Einwurfs von Heinz Neumann mehr und mehr an Einfluß gewann, dann ist das der Tatsache zuzuschreiben, daß gerade auch Stalin so großes Vertrauen in Varga als Politökonomen des Kapitalismus hatte. Auch solche Tatsachen spielen natürlich für eine Schule eine Rolle.

All das änderte sich mit der Kampagne gegen die Varga-Schule 1947 und 1948. Schwer vergißt man den Seufzer eines jungen Mitarbeiters des Instituts, der nach der Auflösung des Instituts anderswo arbeitete, viel zu jung, um ein Varga-Schüler zu sein, und mir sagte: „Ach Genosse Kuczynski, Sie haben es gut, Sie sind nur Mitglied der Sozialistischen Einheitspartei, Sie können über ganz neue Gedanken

[20] Inprekor, 9. Jg. 1929, S. 1788.

schreiben und dabei Fehler machen. Wir Mitglieder der KPdSU müssen Beispiel für die ganze Welt sein und dürfen keine Fehler machen." Ganz erschrocken und gerührt war ich über diesen jungen Wissenschaftler, der wahrlich auch nicht einen Hauch der Varga-Schule verspürt hatte und doch so ein treues und ernstes und verantwortungsbewußtes Parteimitglied war.

Varga und so viele seiner Schüler hatten den Mut, Neues zu sehen und auszusprechen. Sie hatten, damit unauflöslich verbunden für jeden Gesellschaftswissenschaftler, auch den Mut, Fehler zu machen. Und somit übernahmen sie auch die moralische Verpflichtung, Fehler offen einzugestehen, wenn sie solche gemacht hatten – auch darin dem Beispiel der Klassiker des Marxismus-Leninismus folgend ... nur hatten sie eben viel öfter Gelegenheit, auch darin jenen zu folgen, als es ihnen jene vorzumachen hatten. In der gleichen zitierten Rede, in der sich Varga gegen den Vorwurf des Opportunismus verteidigen mußte, mußte er sich speziell auch gegen den (unberechtigten) Vorwurf wehren, daß er fälschlicherweise eine Verbesserung der materiellen Lage der Arbeiter in den imperialistischen Ländern während der vergangenen zwei Jahre festgestellt habe. Er sagte: „Zwischen mir und dem Genossen Kuusinen als Hauptreferenten und den hier auftretenden Genossen besteht keine Differenz darin, daß die Lage der Arbeiterklasse absolut schlechter geworden ist. Dagegen glaube ich, daß in der Frage des Reallohnes, also der Lebenshaltung im engeren Sinne, wie sie statistisch erfaßt wird, die Argumente, die hier vorgebracht wurden, nicht genügend sind, um zu beweisen, daß die Arbeiter, die voll beschäftigt sind, heute für ihren Wochenlohn eine geringere Masse von Gebrauchswerten kaufen könnten als vor einem Jahre oder vor zwei Jahren. Ich werde diese Frage noch eingehender studieren. Ich glaube, daß ich recht habe. Sollte es sich aber herausstellen, daß es nicht der Fall ist, so werde ich den Mut haben, meinen Fehler einzugestehen."[21]

Und am Schluß eben dieser Rede arbeitete er noch eine Lehre für alle seine Schüler heraus: „Ja, Genossen, ich glaube nicht, daß in diesem Saale ein einziger Genosse ist, der es unternimmt, die heutige so außerordentlich komplizierte internationale Lage so darzustellen, so zu formulieren, daß alle Genossen ohne Ausnahme damit einverstanden sind (Gelächter), außer, wenn er sich auf die allerallgemeinsten Züge beschränkt! Wenn man aber konkret herangeht, so ist die Sache so kompliziert, daß immer irgendwelche Verschiedenheiten in der Beurteilung vorhanden sein müssen. Aber das bedeutet noch lange nicht eine andere Linie und noch weniger einen Revisionismus, wie das Genosse Kolarow hier so pathetisch vorgetragen hat. (Beifall.)"[22]

Er brachte uns bei, so wie es die Klassiker stets waren, immer konkret zu sein, Allgemeinheiten, die er natürlich streng von theoretischen Verallgemeinerungen unterschied, zu hassen – er stellte sie mit Phrasen auf eine Stufe.

Darum liebte er auch so Statistiken, wobei er uns lehrte, sie nicht nur zu lesen, sondern sie auch zu interpretieren. Mit welcher Zufriedenheit billigte er einen Vortrag, den ich 1955 in Moskau gehalten hatte „Über die Verwendbarkeit der bürger-

[21] Ebendort, S. 1787.
[22] Ebendort, S. 1791.

lichen Statistik"[23], in dem ich mich gegen die bequeme Art wandte, solche bürgerlichen Statistiken, einfach schon deswegen für gefälscht zu erklären, weil sie nicht in ein „Interpretationsschema" paßten, obgleich sie völlig richtig die Wirklichkeit widerspiegelten, einfach weil die Bourgeoisie sie für ihre Herrschafts- und Ausbeutungszwecke ungefälscht brauchte. Viel wichtiger aber war eine andere Lehre, die Varga uns gab, und über die ich in meinen „Memoiren" schrieb: „Gumbel verdanke ich nach meinem Vater die meiste Kenntnis in der Kunst des Aufdeckens von betrügerischen Tricks der kapitalistischen Statistik. Später lernte ich vor allem von Eugen Varga, die kapitalistischen Statistiken trotz dieser Tricks zu einer gründlichen Analyse zu benutzen."[24] Man kann ohne Übertreibung sagen: bis in die fünfziger Jahre gab es kaum marxistische Politökonomen des Kapitalismus, die es so wie wir Schüler Vargas verstanden, kapitalistische Statistiken zu erfolgreicher Analyse der kapitalistischen Gegenwart zu benutzen. Es war diese Art, Statistiken zu handhaben, die mich Arpad Haasz als Schüler Vargas erkennen ließ. Es war auch diese Art, Statistiken zu handhaben, die mich zum Schüler Vargas machte, denn immer hatte ich mich um die statistische Analyse der kapitalistischen Wirtschaft bemüht und auch schon, auf Grund seiner Analysen, versucht, seinen Fußtapfen zu folgen. Natürlich reagierte die bourgeoise Ökonomie oft bitter und wütend auf unsere Art, sie durch richtige Analyse ihrer eigenen Statistiken zu schlagen. So besprach die englische Wirtschaftswochenschrift „Economist" ein 1937 von mir geschriebenes Buch u. a. so: „Die Mängel seines Buches liegen nicht so sehr in der statistischen Technik als vielmehr in einer bewußten und offen erklärten Parteinahme. 'Die Statistik ist eine hinterhältige maîtresse, die ihre Anbeter in die Irre führt', hat einmal jemand gesagt. Kuczynski aber ist kein eifriger Sucher nach der Wahrheit, der durch zu unkritisches Vertrauen in die Statistik irregeleitet wurde. Um das Gleichnis fortzusetzen: er ist kein Don Juan, den eine unbeständige maîtresse verführt und betrogen hat. Ganz im Gegenteil hat er sie kalt für seine eigenen Zwecke ausgebeutet, die Zwecke, die er im Vorwort erklärt: 'Das Buch ist geschrieben, um in die Hände der Arbeiter Berechnungen, basierend auf amtlichen Statistiken, zu legen, die ihnen im Kampf um höhere Löhne helfen, Gewerkschaftler zu unterstützen bei Verhandlungen für bessere Lebensbedingungen ... für all die ..., die bereit sind zu kämpfen für das allgemeine Wohl des Volkes und für soziale Gerechtigkeit.' "

Ich hatte Varga noch als Schuljunge kennengelernt; im November 1930 sah ich ihn nach Jahren wieder, jetzt als nicht mehr unbekannter Statistiker. Doch mit Recht sagte ich ihm, daß, wenn es das nach den Zunftregeln gäbe, ich mich ihm gegenüber wie ein „Amateur-Geselle" gegenüber einem Meister fühlte. Seit dieser Zeit hörte mein anonymer „Fernunterricht" bei Varga auf, und wannimmer ich etwas, das ihn interessierte, schrieb, wannimmer wir zusammen waren, erhielt ich auch ganz persönlichen Unterricht.

In meinen Memoiren fasse ich die Einwirkung Vargas auf seinen Schüler J. K. zusammen: „Den stärksten Einfluß wird Eugen Varga haben, den er als Schüler im

[23] Woprossi Economiki, Heft 12, Moskau 1955, S. 27–31.

[24] *J. Kuczynski,* Memoiren, a. a. O., S. 71.

Elternhaus kennenlernte und der für J. K. stets das Vorbild eines Genossen Wissenschaftlers, stets Lehrer gewesen und im Laufe der Jahre ein guter Freund geworden ist. Noch heute liebt und verehrt ihn J. K. als seinen eigentlichen Meister, der ihm beispielgebend ist in der Analyse der kapitalistischen Wirtschaft auf der eisern festen Grundlage von Marx, Engels und Lenin, in dem ständigen Bemühen, neue Erscheinungen des Kapitalismus zu beobachten und sowohl die Grundlagen wie auch das Neuerkannte fest gegen alle anderen Auffassungen in der Partei zu vertreten und lieber die schwersten Vorwürfe von 'höchster Autorität' einzustecken, als gegen seine Überzeugung zu schreiben – und das zu verbinden mit absoluter Parteidisziplin, das heißt schweigen zu können, wenn man seine Auffassung gegen eine Mehrheit vertreten und zu begründen versucht hat und sich nicht durchsetzen konnte."[25]

Bevor ich diese kurzen Ausführungen über den Geist, die Haltung der Schule Vargas abschließe, möchte ich noch auf ein Erlebnis des über siebzigjährigen Varga-Schülers eingehen, das so ganz den Geist der Schule erkennen läßt.

Im Jahre 1975 schrieb ich als erster einen Artikel zum 150jährigen „Jubiläum" der ersten zyklischen Überproduktionskrise[26] – eine Art historisch-statistischer Erinnerung, wie sie mich mein Vater schon als Kind gelehrt hatte, etwa, wenn wir feierten, daß die Eltern und wir Kinder zusammen 100 Jahre alt waren. Im gleichen Jahr aber schrieb ich auch einen Artikel zum 75jährigen „Jubiläum" der allgemeinen Krise des Kapitalismus.[27] Und das konnte nur jemand, der im Geiste Vargas die Realität zu beobachten gelernt hat, ganz undogmatisch, ganz unbefangen. Warum? Wieso?

Es begann mit einer kleinen Konferenz von Politökonomen des Kapitalismus zu Problemen des gegenwärtigen Kapitalismus, auf der der Referent festgestellt hatte, daß die allgemeine Krise mit der Großen Sozialistischen Oktoberrevolution begonnen hatte. Ich sprach in der Diskussion und führte dazu aus, daß die allgemeine Krise ein Produkt der Widersprüche des Kapitalismus wäre, und wenn die Oktoberrevolution später durchgeführt worden wäre, die allgemeine Krise doch ausgebrochen wäre. Ich wies darauf hin, daß wir in der Komintern stets formuliert hätten, die allgemeine Krise sei „mit dem ersten Weltkrieg und der Großen Sozialistischen Oktoberrevolution offen ausgebrochen", das aber hieße doch, daß sie vorher unter der Oberfläche geschwelt hätte. Die allgemeine Krise hätte mit dem Anfang des Stadiums des Imperialismus begonnen. Es sei Unsinn, wenn der sterbende Kapitalismus noch durch ein besonderes Stadium oder eine Periode der allgemeinen Krise gehen müsse. Viele stimmten mit mir darin überein, daß die allgemeine Krise ein Produkt der außerordentlichen Widersprüche des Kapitalismus und mit dem ersten Weltkrieg und der Großen Sozialistischen Oktoberrevolution offen ausgebrochen sei, aber keiner wollte ihren Beginn vor den ersten Weltkrieg legen.

Im Gegenteil: in einem Gutachten zu einer etwas späteren Schrift von mir ist zu lesen: „Genosse Kuczynski vertritt im Unterschied zu allen Genossen innerhalb und

[25] Ebendort, S. 107.
[26] „Marxistische Blätter", 13. Jg., Heft 1, Frankfurt am Main 1975.
[27] „horizont", 8. Jg., Heft 50, Berlin 1975.

außerhalb der DDR die Meinung, die allgemeine Krise des Kapitalismus sei identisch mit dem Imperialismus. Sie habe mit dem Übergang zum Imperialismus begonnen und sei mit der Oktoberrevolution verschärft worden."

Mir schien es einfach unsinnig, daß nicht jedem klar war, daß dem offenen Ausbruch eine Zeit des Schwelens unter der Oberfläche voranging, und daß dieses Schwelen natürlich mit dem Beginn des Imperialismus anfing. Aber da alle anderer Ansicht waren, seufzte ich vor mich hin, wie schön es wäre, wenn Varga noch leben würde, und ich mich mit ihm beraten könnte, oder die Chmelnitzkaja oder Mendelson oder Haasz. Aber ich war allein übrig geblieben.

Einige Monate später begann ich in Vorbereitung dieses Kapitels wieder viel Varga zu lesen, u. a. auch die erste so interessante wissenschaftliche Diskussion vom Mai 1947. Und da fand ich gegen Ende des Schlußwortes von Varga folgende Ausführungen: „Was hat der Genosse Ostrowitjanow gesagt? Er hat mich beschuldigt, daß ich die allgemeine Krise des Kapitalismus nicht restlos verstanden oder auf jeden Fall nicht genug gewürdigt hätte. Die allgemeine Krise des Kapitalismus kann man nicht auf ein bestimmtes Jahr, einen Monat oder gar einen Tag festlegen. Es gibt Genossen, die behaupten, die allgemeine Krise des Kapitalismus habe mit der Oktoberrevolution, mit dem Anfang der Spaltung der Welt in zwei Systeme begonnen. Genosse Stalin weist aber im Gegenteil darauf hin, daß der erste Weltkrieg ein Ausdruck der allgemeinen Krise des Kapitalismus gewesen sei. Wenn dem aber so ist, dann müssen wir sagen, daß die allgemeine Krise des Kapitalismus bereits damals bestand. Wenn eine Erscheinung ihren Ausdruck findet, dann muß sie auch existent sein. Das ist meine Auffassung. Wenn dem aber so ist, dann bedeutet dies, daß es schon vor 1914 eine allgemeine Krise des Kapitalismus gab. Ich bin der Ansicht, daß die erste Etappe der allgemeinen Krise des Kapitalismus mit der vollen Entwicklung des monopolistischen Stadiums des Kapitalismus zusammenfällt."[28]

Natürlich ist es nicht kennzeichnend für die Varga-Schule, daß sie die allgemeine Krise des Kapitalismus mit dem Sterben des Kapitalismus beginnen läßt. Kennzeichnend ist vielmehr die unbefangene Gründlichkeit im Durchdenken gerade auch gängiger Formulierungen, wenn man an die Realität und ihre Probleme herangeht. Und dafür ist diese „Geschichte von der Datierung der allgemeinen Krise des Kapitalismus" kennzeichnend. Kennzeichnend ist auch, daß weder Varga damals noch ich heute – und wir beide haben damit meiner Ansicht nach völlig recht – eine solche Erkenntnis des Beginns der allgemeinen Krise für irgendeine besondere wissenschaftliche Leistung hielten, sie war uns eine selbstverständliche Folge der bedeutenden wissenschaftlichen Leistung der Erkenntnis des offenen Ausbruchs einer allgemeinen Krise des Kapitalismus mit dem ersten Weltkrieg und der Großen Sozialistischen Oktoberrevolution und der genialen Leistung der Erkenntnis des Imperialismus als Stadium des sterbenden Kapitalismus.

Soweit zum Geist, zur wissenschaftlichen Haltung der Varga-Schule. Nun zu ihren spezifischen Leistungen.

[28] „Diskussion", S. 127.

Als erste und einzigartige Leistung sind die Vierteljahresberichte über „Wirtschaft und Wirtschaftspolitik“ in der Welt des Kapitals zu nennen. Sie wurden von Varga geschrieben, aber natürlich hatte er Mitarbeiter, und natürlich wurden sie nach Fertigstellung auch diskutiert, aber nicht auf lange vorher vorbereiteten Sitzungen, sondern sofort, denn sie mußten aktuell sein. Ihr Umfang entsprach oft dem einer Broschüre von 100 Seiten und mehr. Sie behandelten sowohl die spezifische Entwicklung in den Hauptländern des Kapitals wie auch Weltprobleme des Kapitals, wie auch theoretische Fragen, die die reale Entwicklung aufwarf.

Vor mir liegt der großartige Bericht über das vierte Vierteljahr 1929, der am 3. Februar 1930 erschien und dessen erster Abschnitt überschrieben ist „Krise in den Vereinigten Staaten – Krise der Weltwirtschaft“. Blättern wir ein wenig in den Fußnoten. In der ersten wird das Mitte 1929 in den USA erschienene zweibändige Werk „Recent Economic Changes“ mit seiner Versicherung, daß die USA voller Grundpfeiler ständiger Prosperität wäre, erwähnt. Die zweite Fußnote lautet:

„Ich selbst hatte in meiner Rede auf dem X. Plenum des EKKI. (Juli 1929), als die hochgelehrten Leiter der Konjunkturinstitute der Vereinigten Staaten von Amerika noch von der ‘Prosperität für immer’ schwatzten, erklärt:

‘Wir können mit Sicherheit behaupten, daß die amerikanische Hochkonjunktur das Jahr 1930 nicht umfassen wird. ...

Und ich fügte weiter hinzu:

Wir haben eine ganze Menge konkreter Anzeichen dafür, daß die gegenwärtige amerikanische Hochkonjunktur zu Ende gehen wird, bevor noch Europa und insbesondere die ärmeren Teile Europas in die Hochkonjunktur hineinkommen werden.’

Ich erwähne dies bloß deswegen, um die Ueberlegenheit der marxistischen Methode über die mit den reichsten materiellen Mitteln ausgestattete bürgerliche Wissenschaft zu demonstrieren.“[29]

Es gibt aber auch folgende Fußnote: „Ich hatte auf dem X. Plenum des EKKI. den Standpunkt vertreten, der von der Komintern zurückgewiesen wurde, daß Lebenshaltung und Reallohn der Arbeiterschaft identisch seien. Dies war tatsächlich unrichtig. Dies würde bedeuten, daß wir als zentrale Figur, als Repräsentanten der Arbeiterklasse den vollbeschäftigten Arbeiter setzen, was bei der unablässig fortschreitenden Ausdehnung der Arbeitslosigkeit absolut unrichtig wäre! Der vollbeschäftigte Arbeiter wird mit der immer weiter fortschreitenden organischen Arbeitslosigkeit immer mehr der Repräsentant der schmalen Schicht privilegierter Arbeiterverräter, der neuen Arbeiteraristokratie, die sich dem Kapital verkauft hat und eine gegenrevolutionäre Kraft bildet.“[30]

Natürlich habe auch ich den Brauch von Varga übernommen, auf eigene falsche Einschätzungen in der Vergangenheit hinzuweisen. Er ist leider mit dem Ende der Varga-Schule im Allgemeinen unter den marxistischen Wissenschaftlern verloren gegangen. Mit welch amüsierten Stolz stellten auch Varga und ich fest, daß die „Große Sowjetische Enzyklopädie“ in ihrer, der ersten so weit unterlegenen, zweiten

[29] Inprekor, 10. Jg. 1930, S. 266.

[30] Ebendort, S. 290.

Auflage zwar nicht an uns vorbeigehen wollte, aber in den betreffenden Artikeln doch ausdrücklich betonte, daß wir beide Fehler gemacht hätten .... das heißt doch offenbar, meinten wir, daß wir im Gegensatz zu den anderen, ohne Fehler genannten, zeitgenössischen marxistischen Gesellschaftswissenschaftlern schöpferische Wissenschaftler waren. Allerdings wurde zwischen uns beiden differenziert: meine Fehler erhielten keine nähere Kennzeichnung, dazu war ich zu unbedeutend. Vargas Fehler aber, und das empörte natürlich jeden echten marxistischen Wissenschaftler, wurden als „bourgeois-reformistischen Charakters" gekennzeichnet.

Den Fehler, den Varga in der soeben zitierten Fußnote anmerkte, hatte ich damals übrigens dadurch überwunden, daß ich die Lohnverluste durch Arbeitslosigkeit bei der Berechnung der Reallöhne mitberücksichtigte. Genau diese Reallohnberechnungen brachte positiv wertend Varga in dieser Vierteljahresübersicht mit der Fußnote: „Kuczynski ist kein Kommunist! Er ist ganz und gar in den Gedankengängen der AF. of L. befangen! Seine Daten sind keinesfalls in unserem Sinne politisch gefärbt."[31]

Auf einer Seite desselben Berichts werden hintereinander Marx über den Charakter von Aktienkursen und die amerikanische Wirtschaftszeitschrift „Annalist" für die Rendite amerikanischer Aktien zitiert. Auf einer anderen Seite wird darauf eingegangen, daß Lenin in „Die Entwicklung des Kapitalismus in Rußland" erklärt, wie der kapitalistische Markt sich im 19. Jahrhundert in Rußland ausweitete durch Verwandlung der für den eigenen Gebrauch produzierenden Bauern in Warenproduzenten und Lohnarbeiter, daß aber jetzt diese Methoden der Ausweitung des Marktes in den USA nicht mehr wirksam wären und darum die Wirtschaftssituation dort umso schlechter für das Kapital wäre.

Nicht, daß die Konjunkturanalysen vom marxistischen Standpunkt vorgenommen werden, ist charakteristisch für Varga. Das haben viele getan – Karski vor dem ersten Weltkrieg, Robert Dunn in den USA seit 45 Jahren, und so viele andere tuen es heute. Charakteristisch ist die so direkte Verbindung bzw. Entgegensetzung der laufenden bourgeoisen Statistiken bzw. Analysen mit den Werken der Klassiker.

Charakteristisch ist auch die Regelmäßigkeit und die Umfassendheit der Berichterstattung. Das alles ist mit dem zweiten Weltkrieg, als solche Berichterstattung unmöglich wurde, und mit der Auflösung des Instituts 1947 zu Ende gegangen. Sein Schüler Kuczynski hatte versucht, in ganz bescheidenem Maße eine ähnliche Übersicht speziell betreffend die Lage der Arbeiter aufzubauen – aber der Faschismus machte dem ein Ende; auch später unternahm Kuczynski immer wieder kleine Versuche in dieser Richtung. Auf diesem Gebiet der laufenden und regelmäßigen internationalen Konjunkturanalysen mit all den Eigenartigkeiten der Vargaschen Methodik war er wohl der einzige Schüler Vargas – eine Art Miniaturausgabe der Leistung nach.

Mehr Schüler hatte Varga auf dem Gebiet der laufenden Strukturanalyse des Kapitalismus. Unter ihnen ragte hervor Chmelnitzkaja, die wir alle liebten und bewunderten. Schon als ganz junges Mädchen hatte sie sich in der Revolution hervorgetan und war von Lenin ausgezeichnet worden. Kühn war sie in ihren Gedanken, klug und schön und voller Charme, bis zum letzten Tag ihres Lebens eine aktive

[31] Ebendort, S. 293 – 5 Monate später war ich Mitglied der KPD.

Bolschewistin und ein warmer Freund, voller Mitgefühl und Mitinteresse. Oft hatte sie es schwer im Leben gehabt, doch über alles hat ihr revolutionärer Lebensmut gesiegt. Sie ist auch wohl die der Dauer der geistigen Zusammenarbeit nach älteste Schülerin Vargas gewesen – schon aus Vargas früher Berliner Zeit. Sie hat jenen glänzenden Artikel über den staatsmonopolistischen Kapitalismus in der ersten Auflage der Großen Sowjetischen Enzyklopädie geschrieben, der, auch wenn die heutigen in der Geschichte der marxistischen Politischen Ökonomie wenig bewanderten Politökonomen ihn zumeist vergessen oder richtiger nie gelesen haben, ein Standardwerk zu diesem Thema geblieben ist, und von dem sie mit Recht noch 35 Jahre später sagte, daß sie nichts Wichtiges an ihm zu ändern hätte. In den letzten Jahren ihres Lebens wandte sie sich insbesondere Problemen des staatsmonopolistischen Kapitalismus in der BRD zu, stets über eine beschreibende Darstellung hinausgehend und auf dieses oder jenes theoretische Problem stoßend. Als ich sie das letzte Mal sah, war sie schon recht krank, vor allem wollte das Herz nicht mehr. Da sie auf der Liste der Propagandisten des Zentralkomitees stand und öfter auch in von Moskau entfernteren Orten sprach, was sie besonders anstrengte, nichts davon aber aufgeben wollte, meinte sie: „Wenn ich nur nicht gerade vor einer Lektion umkippe, am besten tue ich das nach meiner Rückkehr.“ Als Revolutionär und Mensch war sie wohl der größte Schüler Vargas, als Wissenschaftler hat sie keiner übertroffen.

Merkwürdig ergab es sich in der Varga-Schule: Varga hatte auf jedem seiner Arbeitsgebiete einen, nicht über ihn aber unter seinen Mitwirkenden hervorragenden Schüler: für die Strukturanalyse des Imperialismus Chmelnitzkaja, für die laufende Konjunkturbeobachtung Kuczynski und für den Krisenzyklus in der Geschichte des Kapitalismus L. A. Mendelson.

Mit Mendelson hatte Varga 1938 ein ganz außerordentlich interessantes Buch veröffentlicht: „Neue Daten zu W. I. Lenins ‘Imperialismus als höchstes Stadium des Kapitalismus’ “. Darin wird gewissermaßen Lenins Text ergänzt durch die seit dem Erscheinen seines Buches erschienenen Statistiken. Auf diese Weise wurde die außerordentliche Aktualität des Leninschen Werkes zwei Jahrzehnte nach seinem Erscheinen nachgewiesen. Schon ein Jahr zuvor hatte er zusammen mit Mendelson, Roginski, N. Trachtenberg und Chmelnitzkaja den ersten Band eines großangelegten Werkes „Weltwirtschaftskrisen 1848–1935“ herausgebracht, der, abgesehen von der Einleitung Vargas, praktisch nur aus Tabellen bestand – im Großformat über 800 Seiten, ein Werk, wie es weder vorher noch nachher von marxistischer Seite herausgebracht worden war.

Mendelson widmete sich fortan, soweit möglich, dem historischen Studium der Wirtschaftszyklen. Seinen 1947 in der Zeitschrift des Instituts erschienenen Artikel über „Krisen und Zyklen in der Epoche der allgemeinen Krise des Kapitalismus“ konnte ich noch zu Beginn des Jahres 1949 auf deutsch herausbringen; ein Versuch in dieser Richtung mit seinem 1949 erschienenen Buch über „Ökonomische Krisen und Zyklen im 19. Jahrhundert“ gelang nicht mehr. Von 1959 bis 1964 erschien dann die erste mehrbändige marxistische allgemeine Krisengeschichte, die bis zum Ausbruch der großen Krise geht – Mendelson starb, bevor er das Werk bis in die Gegenwart führen konnte.

Lange hatten wir uns aus unseren Schriften und durch Bemerkungen Vargas über uns gekannt. Persönlich sprachen wir uns erst nach der Katastrophe von 1948. Für die Öffentlichkeit war er gebrochen. Bei einem Vortrag vor einem recht großen Kreis versuchte ich vergeblich, ihn zu einem Diskussionsbeitrag zu veranlassen, indem ich vor der Versammlung darauf hinwies, wieviel besser er die mir gestellte Frage beantworten könnte. Er war schrecklich ruhig und still geworden. Zugleich aber arbeitete er ungestüm und verbissen an seiner so großartigen Geschichte der zyklischen Überproduktionskrisengeschichte, und wie klug, wie aufgeschlossen, wie schöpferisch konnte er auch später noch im vertrauten Gespräch sein!

Wenn ich sagte, daß jeder von uns profilierteren Schülern Vargas gewissermaßen ein Spezialgebiet hatte, auf dem wir mit einem gewissen Spezialerfolg arbeiteten, so heißt das nicht, daß wir uns nicht bemühten, auf allen Gebieten Vargas Tüchtiges zu leisten. Chmelnitzkaja arbeitete, wie schon anläßlich des Varga-Bandes erwähnt, auch historisch über Wirtschaftszyklen, Kuczynski schrieb sowohl eine Geschichte der Krisen wie auch eine Geschichte des monopolistischen und staatsmonopolistischen Kapitalismus in Deutschland, Mendelson untersuchte auch die Gesamtgeschichte des imperialistischen Stadiums vom ersten Weltkrieg bis zur Mitte der dreißiger Jahre. I. A. Trachtenberg, der älteste von uns, war zwar Spezialist für Geldfragen, verband diese Problematik jedoch mit Krisenproblemen und schrieb auch allgemeiner noch über Kapitalistische Reproduktion und Wirtschaftskrisen. Modeste Rubinstein, Spezialist für den amerikanischen Kontinent, war es, der mich dazu anregte, gegen den vulgären Anti-Malthusianismus zu schreiben, der uns so in den Entwicklungsländern geschadet hatte. A. J. Schpirt war (und sie) ein Spezialist für Afrika, zugleich aber wahrlich allgemein politökonomisch aktiv in seinen Schriften.

Varga liebte Spezialisten und haßte Nur-Spezialisten. Allein schon dadurch, daß er es für selbstverständlich hielt, daß wir immer wieder die Schriften der Klassiker, insbesondere das „Kapital", lasen, sorgte er sich um unsere allgemeine politökonomische Bildung.

Doch klingt das so, als ob wir wirklich seine Schüler in dem Sinne waren, daß er uns erst zu guten Politökonomen erzog. Bei einigen von uns, wie Chmelnitzkaja, die als junge Frau unter seinen Einfluß kam, war das der Fall. Andere wurden einfach durch seine Kritik und sein Beispiel zu einer bestimmten Forschungsmethodik veranlaßt, andere, die schon von sich aus zu dieser Forschungsmethodik neigten, wurden in ihrer Neigung durch ihn bestärkt und gefördert. Nur ganz wenige Mitglieder der Varga-Schule waren, als sie mit ihm zu arbeiten begannen, gewissermaßen natürliches Rohmaterial, das er solange „bearbeitete", bis sie tüchtige Politökonomen der Vargaschen Richtung waren.

Varga war darum, was seine Schule betraf, vor allem ein guter Lehrer durch Kritik, Problemaufwerfen und Beispiel – und nur darauf kam es für seine Schüler an. Alles andere, was man zusätzlich von einem Lehrer, etwa bei Studenten, verlangt, brauchten wir nicht mehr.

Die Schule Vargas wurde durch die Auflösung des Instituts und die sie begleitenden Umstände zerstört. Es gibt darum auch nur eine Generation dieser Schule. Eine zweite

Generation hätte eines Zentrums, also des Instituts, bedurft. Nicht daß das Institut die Heimstätte aller Schüler war – obgleich ich öfter dort war und auch dort Vorträge hielt, habe ich niemals länger im Institut gearbeitet –, aber es war das Zentrum der Schule, „Unser Zentrum". Nach der Auflösung des Zentrums blieben wir Schüler eng miteinander und natürlich mit Varga verbunden, unser Zentrum war Varga in seiner Wohnung, und als Nebenzentren fungierten unsere eigenen Wohnungen, in denen wir uns besuchten. Und wenn wir auf internationalen Konferenzen waren, trafen wir uns zu vertrautem Gespräch.

Was den Geist der Schule betrifft, so war ich der einzige Schüler Vargas, dem, Dank meiner Partei, das Glück beschert war, ein Institut zu leiten und ich habe mich bemüht, auch ihm den Geist, die wissenschaftliche Haltung Vargas, zu geben. In einer Beziehung konnte ich ihn noch weiterführen, indem ich seit einigen Jahren den Meinungsstreit auf noch breitere Basis gestellt habe und in meinen Büchern, wo es sich ergibt, den Wissenschaftler, mit dem ich im Meinungsstreit liege, selbst mit einem eigenen Beitrag zu Wort kommen lasse. Aber wenn man sich überlegt, was ich über den Geist der Vargaschen Schule gesagt habe, dann scheint es mir zwar, daß dieser wirklich unter den gegebenen Umständen etwas Besonderes, etwas Charakteristisches war, das uns erfüllte und zusammenschloß – aber eben nur unter den gegebenen Umständen. Denn im Laufe der Zeit wird dieser Geist, wird diese wissenschaftliche Haltung, so wie es mir auch notwendig erscheint, alle Gesellschaftswissenschaftler erfüllen, das heißt, in dieser Beziehung hätte die Varga-Schule letztlich, auch wenn sie nicht zerstört worden wäre, genau das Ende genommen, das die besten Schulen nehmen können: ihr Geist wäre auf den Wissenschaftsbetrieb als Ganzen übergegangen.

Nicht unähnlich wäre das Schicksal des Teiles der Schule gewesen, der sich mit Strukturstudien des Imperialismus, insbesondere mit dem Problem des staatsmonopolistischen Kapitalismus beschäftigte. Das Institut für Weltwirtschaft und Internationale Beziehungen in Moskau, das Institut für Politik und Wirtschaft in Berlin, entsprechende Forschungszentren der französischen und italienischen Kommunistischen Partei, einzelne Forscher wie Victor Perlo in den Vereinigten Staaten und Sam Aaronovitch in Großbritannien haben solche Studien aufgenommen und veröffentlichen seit Jahren zahlreiche wertvolle Analysen.

Auch braucht man nicht besorgt zu sein, daß nicht in absehbarer Zukunft wirklich ausführliche Krisengeschichten, bis zu den ersten Krisen zurückgehend, für einzelne Länder erscheinen werden.

Das einzige Gebiet, auf dem das Ende der Varga-Schule einen – nicht unersetzlichen, wohl aber – bisher unersetzten Verlust darstellt, ist das der regelmäßigen laufenden Konjunkturbeobachtung. Weder das Institut für Weltwirtschaft und Internationale Beziehungen in Moskau noch das Institut für Politik und Wirtschaft in Berlin haben die Arbeiten des Varga-Instituts in dieser Beziehung wieder aufgenommen, obgleich das Weltproletariat wahrlich solch regelmäßiger Weltwirtschaftsanalysen bedarf. In dieser Beziehung stellt das Ende der Varga-Schule einen ganz schweren Verlust dar, einen unersetzlichen Verlust auch insofern, als die Lücke von 1945 bis zur hoffentlich in absehbarer Zeit wieder aufgenommenen Berichterstattung nicht mehr gefüllt werden kann. Denn wir sind ja nicht nur daran interessiert, wie es damals, zwischen 1945 und der Wiederaufnahme, wirklich war, sondern auch daran, wie es die besten marxistischen Konjunkturanalytiker sahen.

Erinnern wir uns noch einmal an das, was ich in der Vorbemerkung von Fred Oelfsner zitiert hatte: „Die Geschichte hat uns gelehrt, daß immer, wo es im Marxismus-Leninismus 'Schulen gab', diese entweder von Anfang an Abweichungen waren oder zu Abweichungen wurden, mit denen sich die Partei auseinanderzusetzen hatte. J. Kuczynski wird sich daran erinnern, welche heftigen Diskussionen in den zwanziger Jahren gerade mit Varga geführt werden mußten." Denken wir auch daran, daß nicht wenige marxistische Wissenschaftler auch heute noch meinen: Schulen in den Naturwissenschaften – ja! in den Gesellschaftswissenschaften – nein!

Hat nicht die Geschichte der Varga-Schule gezeigt, daß diese Schule nicht nur nicht eine „Abweichung" war, sondern umgekehrt: daß sie eigentlich stets gegen Abweichungen von Geist und Haltung der Klassiker zur wissenschaftlichen Forschung zu kämpfen hatte, und daß solche Abweichungen anderer sie schließlich zerstört haben! Und hatte nicht die Schule Vargas noch nach ihrem Ende sich durchgesetzt, als die Führung von Partei und Staat Varga anläßlich seines Todes als einen hervorragenden marxistisch-leninistischen Politökonomen, als „Beispiel eines dem Kommunismus und dem Klassenkampf für den Sieg des Marxismus-Leninismus in der ganzen Welt Hingegebenen" charakterisierte.

Hat nicht die Geschichte der Varga-Schule gezeigt, daß Haupt und Mitglieder einer Schule treue Marxisten sein können, weit treuer als so manche andere Marxisten, die keiner Schule angehören! Hat nicht die Geschichte der Varga-Schule gezeigt, daß Haupt und Mitglieder einer Schule treue Leninisten, das heißt schöpferische Weiterentwickler des Marxismus sein können, weit treuer, also weit schöpferischer als so manche andere Marxisten, die keiner Schule angehören! Und all das, gerade weil sie einer Schule angehörten, die ein echter wissenschaftlicher Geist beseelte, die besondere Zweige der Wissenschaft mit besonderen Methoden vorwärts brachte, besondere Methoden, die sie selbst entwickelte, besondere Zweige, die ihnen mit Recht besonders wichtig erschienen!

Kapitel II

Zur Theorie der Schulen

1. Vorbemerkungen

In der Einleitung zur Kritik der Politischen Ökonomie spricht Marx über die verschiedenen Arten der Aneignung der Welt – über die wissenschaftliche, die künstlerische, die religiöse, die praktisch-geistige. Jede dieser Formen hat in der Geschichte der Menschheit eine große Rolle gespielt, oft die eine neben der anderen, wie auch heute noch etwa die wissenschaftliche und künstlerische, oft die eine die andere an Bedeutung verdrängend, wie etwa im europäischen Feudalismus die religiöse die wissenschaftliche und im Kapitalismus wie erst recht im Sozialismus die wissenschaftliche die religiöse.

Auch innerhalb einer Aneignungsform gibt es, selbst wenn sie dominiert, sehr verschiedene Entwicklungen – etwa so, daß die wissenschaftliche Aneignung der Natur große Fortschritte macht und die der Gesellschaft zurückbleibt, oder auch ein einzigartiges Miteinanderblühen, wie in den Gestalten von Marx und Darwin, von Lenin und Einstein. Auch geographische Verlagerungen des Zentrums der Blüte gibt es, allgemein in allen Formen der Aneignung, vom Fernen und Nahen Osten auf Griechenland und von dort wieder in die Welt der Araber und den Fernen Osten, und dann wieder zurück nach Europa.

Merkwürdig ungleichmäßig ist der Fortschritt der Menschheit in der Aneignung der Welt, in der sie leben, bald diese bald jene Art bevorzugend, bald eilig, bald langsam, bald hier, bald dort. Darum können wir auch folgendes beobachten: Engels nennt die alten Griechen „jenes kleine Volk, dessen universale Begabung und Betätigung ihm einen Platz in der Entwicklungsgeschichte der Menschheit gesichert hat, wie kein andres Volk ihn je beanspruchen kann“[1], und zugleich können wir sagen, die Geschichte der Menschheit kennt kein Jahrhundert, in dem die Wissenschaft über so große Einzelgestalten verfügt hat, wie das, in dem Marx, Engels und Lenin, Darwin und Einstein gewirkt haben.

Betrachten wir die Entwicklung der Wissenschaft in dem mehr als einem halben Jahrhundert, das seit dem Tode Lenins und der Formulierung der allgemeinen Relativitätstheorie vergangen ist, so können wir feststellen, daß eine Fülle von Talenten, großen und kleinen, unser Wissen enorm erweitert und nicht selten auch vertieft hat, daß der Strom unseres Wissens um die Welt der Natur und der Gesellschaft sich gewaltig verbreitert hat, aus Millionen Quellen gespeist, daß aber die Organisation

[1] *Marx/Engels,* Werke, Bd. 20, Berlin 1962, S. 333.

der Wissenschaft, die Form, in der sie sich bewegt, uns entglitten ist. Zum Anfang der siebziger Jahre schrieb ich über die heutige Wissenschaftsorganisation:

„J. D. Bernal vertrat die Ansicht, daß der Informationsfluß unter Wissenschaftlern zur Zeit der Renaissance besser war als heute. Bedenkt man, daß über 50 Prozent aller Wissenschaftler heute infolge von Rüstungsforschung und sicher weitere 20 Prozent durch Monopolzivilforschung an der Weitergabe sowohl ihrer Forschungsresultate wie auch vielfach schon an der Diskussion ihrer Forschungsprobleme verhindert sind, dann kann kein Zweifel bestehen, daß Bernal recht hat.

Entsprechend möchte ich sagen, daß die Organisation der Wissenschaft in der Zeit der Renaissance den damaligen Bedürfnissen der Wissenschaft weit besser entsprach, als sie es heute den gegenwärtigen Bedürfnissen gegenüber tut.

Afanasjew stellt fest: 'Das Zurückbleiben der Formen der Organisation der wissenschaftlichen Arbeit hinter den neuen Bedürfnissen, hinter der Breite und dem qualitativ neuen Niveau der wissenschaftlichen Forschungsarbeit ist ein ernstes Hemmnis für die Entwicklung der Wissenschaft und die Nutzung ihrer Erkenntnisse in der Produktion, in der Praxis.'[2]

Und Dobrow bemerkt: 'Die Diskrepanz zwischen dem gegenwärtig erreichten hohen Niveau des wissenschaftlich-technischen Fortschritts und den »empirisch-intuitiven« Organisationsformen, mit deren Hilfe die vielen Menschen und materiellen Ressourcen in die Entwicklung von Wissenschaft und Technik einbezogen werden, nimmt rasch zu.'[3]

'Empirisch-intuitive' Organisationsformen!, wie recht hat Dobrow mit dieser Kennzeichnung dessen, was heute noch so vielfach überall in der Welt üblich ist!

Natürlich sei nichts gegen 'empirisch-intuitives' Vorgehen an sich damit gesagt! Es hat in den letzten 5000 Jahren hinsichtlich der Organisationsformen der Wissenschaft im allgemeinen nicht versagt, es hat im großen und ganzen ausgereicht. Nur jetzt ist das nicht mehr der Fall. Die Wissenschaft hat sich quantitativ und vielfach auch in ihrer 'Arbeitsweise' so verändert, daß ganz bewußt und in ernster Überlegung, wissenschaftlich vorgehend, neue Organisationsformen geschaffen werden müssen, bzw. die 'empirisch-intuitiv' neu entstandenen Organisationsformen rational überprüft, wissenschaftlich durchdacht werden müssen.

In diesem Zusammenhang ist folgende Bemerkung von Robert Rompe kennzeichnend: 'Erfolgreich haben bis heute kleine Kollektive von Wissenschaftlern verschiedenen Profils gearbeitet, die häufig in geographisch recht entfernten Einrichtungen tätig waren. Das verbindende Glied war das gemeinsame wissenschaftliche Interesse an der Lösung eines bedeutenden fundamentalen Problems. Ein solches Kollektiv aus jüngerer Zeit, das durch einige Nobelpreise bekannt geworden ist, hat sich vor etwa 20 Jahren um Delbrück und Luria gebildet, die u. a. Watson und Crick zu ihren bekannten Untersuchungen der Struktur der DNS ermutigt und unterstützt haben. Diese »ganz locker organisierten« Kollektive mit hoher wissenschaftlicher Selbst-

[2] *W. G. Afanasjew,* Wissenschaft, Technik und Leitung in der sozialistischen Gesellschaft. Berlin 1971, S. 129.

[3] *G. M. Dobrow,* Wissenschaftswissenschaft, Berlin 1969, S. 301.

disziplin arbeiten nicht anders, als in der sogenannten ›Goldenen Zeit‹ der Mathematik und Physik in Göttingen und Berlin in den ersten 30 Jahren unseres Jahrhunderts gearbeitet wurde oder wie man in der Renaissance Spitzenleistungen der Wissenschaft erarbeitet hat. Aber mit solchen ›spezifischen‹ Organisationsformen kann man schwer eine Betriebstechnologie entwickeln und Ergebnisse der Wissenschaft mit ökonomischem Effekt in die Produktion überleiten – es sei denn, Kosten spielen eine sekundäre Rolle, was aber nur für wenige Prestigegebiete der Wissenschaft oder für Militärtechnik zutrifft.' "[4]

Es ist nur natürlich, daß unter diesen Umständen das Interesse für Wissensorganisation als einem „Engpaß" für den eigentlich inhaltlichen Prozeß der Wissenschaftsentwicklung immer stärker zunimmt und sich allen ihren Formen in Gegenwart und Vergangenheit zuwendet. Eine Art wissenschaftsorganisatorische Selbstbesinnung findet statt. Daher auch das seit einigen Jahren wachsende Interesse für Schulen in der Wissenschaft.

Jedoch war die Zuwendung des Interesses zu den wissenschaftlichen Schulen, wie schon im Vorwort zu diesem Bande angemerkt, zahlreichen Hindernissen ausgesetzt. Während auf dem Gebiete der Kunst nur eine kurze Zeit der Schulenfeindlichkeit herrschte – jede Schule wurde als „Abweichung" vom sogenannten sozialistischen Realismus betrachtet –, gab es nicht nur eine Jahrzehnte dauernde Ablehnung von Wissenschaftsschulen, die auch heute noch, was die Gesellschaftswissenschaften betrifft, teilweise verbreitet ist, sondern es wird auch, mit Recht, eine Hilflosigkeit dem Begriff der Schule gegenüber eingestanden, die doch sehr weit geht. So leitete zum Beispiel auf der schon erwähnten Moskauer Tagung vom Januar 1973 E. S. Bojko ihren Vortrag „Methodologische Betrachtungen über die Erforschung des Problems der Leitung einer wissenschaftlichen Schule" so ein:

„Wir stellen uns in diesem Beitrag die Aufgabe, die gegenständlich-historischen und sozialpsychologischen Faktoren der Leitung einer wissenschaftlichen Schule zu analysieren. Als konkretes Material hierfür dient uns die Geschichte der von Akademiemitglied A. A. Andronov geleiteten Gor'kier Schule der nichtlinearen Schwingungen. Diese Untersuchung ist Bestandteil einer Komplexuntersuchung zum Problem der Leitung in der Wissenschaft, insbesondere in einer wissenschaftlichen Schule.

Derartige wissenschaftswissenschaftliche Untersuchungen werden erstmalig unternommen; es ist deshalb natürlich, daß es zunächst auf eine wissenschaftliche Aufgabenstellung ankommt, d. h. daß gewisse notwendige Arbeitsbegriffe und Kriterien definiert und präzisiert werden, die Art und Weise des Herangehens an die Lösung des Problems festgelegt wird, die Forschungsmethodik ausgearbeitet sowie der Platz unserer Aufgabe innerhalb des komplexen Gesamtproblems der Leitung einer wissenschaftlichen Schule bestimmt werden.

Die Begriffe, mit denen wir in unserer Untersuchung und bei der Darlegung ihrer Ergebnisse operieren, müssen ständig von neuem präzisiert werden, so z. B., wenn wir einen Begriffsapparat erarbeiten wollen, der das Phänomen der wissenschaftlichen Schule adäquat zu beschreiben gestattet. Was ist in diesem Zusammenhang unter

[4] *J. Kuczynski*, Wissenschaft Heute und Morgen, Berlin 1973, S. 74 f.

'adäquat' zu verstehen? Ist es z. B. eine adäquate Bestimmung, wenn wir eine wissenschaftliche Schule als die Gesamtheit einer großen Zahl wechselseitig zusammenhängender und in Wechselwirkung stehender Erscheinungen, die zudem 'räumlichen' und zeitlichen Veränderungen unterworfen sind, definieren! Allgemein gesagt, sind beliebig viele – unter verschiedenen Gesichtspunkten vorgenommene – adäquate Beschreibungen dieses Phänomens möglich. Welche Variante der betreffende Forscher wählt, liegt voll und ganz in seinem Ermessen. Die Auswahl muß durch die Spezifik des Forschungsgegenstandes, durch die Aufgaben und Ziele der Untersuchung motiviert sein – in unserem Falle verfolgt die Untersuchung das Ziel, allgemeine Probleme der wissenschaftlichen Schule zu lösen, obgleich sie ganz und gar auf speziellem, konkreten Material der Geschichte einer einzigen wissenschaftlichen Schule aufbaut, also vom Einzelnen zum Allgemeinen fortschreitet – sowie durch die theoretische Basis, die der betreffende Forscher bevorzugt. Der Grad der Adäquatheit, mit dem das Phänomen der wissenschaftlichen Schule im Kontext unserer Untersuchung beschrieben wird, wird so durch mindestens zwei Umstände eingeengt: 1) Die Untersuchung erfolgt am Material der Geschichte einer konkreten wissenschaftlichen Schule; 2) die Untersuchung verfolgt das hinreichend eingeengte Ziel, gewisse spezielle Gesetzmäßigkeiten der Leitung einer wissenschaftlichen Schule abzuleiten. Der Vorzug eines solchen Herangehens besteht darin, daß zumindest einige Seiten des Phänomens der wissenschaftlichen Schule der Untersuchung zugänglich werden. Der Mangel – sofern man überhaupt von einem solchen sprechen kann, denn er ist durch die Aufgabenstellung determiniert – ist der, daß die aus den Untersuchungsergebnissen abgeleiteten Schlußfolgerungen nur für die betreffende wissenschaftliche Schule gültig sind. Dieser Umstand bestimmt den Platz unserer Aufgabe bei der Lösung des komplexen Problems der Leitung einer wissenschaftlichen Schule: Zusammen mit vielen analogen Untersuchungen der Geschichte anderer wissenschaftlicher Schulen verfolgt sie das Ziel, von speziellen Gesetzmäßigkeiten des Entstehens und Funktionierens wissenschaftlicher Schulen unter dem Einfluß jeweils konkreter Leiterpersönlichkeiten zum Aufbau eines allgemeinen Schemas für die Tätigkeit des Leiters einer wissenschaftlichen Schule überzugehen. Denn '... wie und mit welchen Mitteln kann ein allgemeines Tätigkeitsschema ausgearbeitet werden? Es ... ist nur dann produktiv, wenn es die theoretisch-experimentellen Daten über die verschiedenen konkreten Formen und Typen der Tätigkeit verallgemeinert.'[5] Die Möglichkeit, diesen Übergang vollziehen zu können, ist dadurch gegeben, daß wir zu unseren speziellen Ergebnissen gelangen, indem wir solche allgemeinen Aspekte einer jeden konkreten Leitung wie den sachlichen, den sozialen und psychologischen analysieren.

Von diesen Überlegungen ausgehend, führen wir eine Arbeitsdefinition des Begriffs 'wissenschaftliche Schule' ein. Da für diesen Begriff keine eindeutige, 'kanosierte' Definition vorliegt, sind wir gezwungen, unseren Standpunkt in dieser Frage hinreichend klar zu formulieren. Dies ist auch deshalb notwendig, um die Aufgabe richtig stellen und jede Zweideutigkeit in der Interpretation der Ergebnisse vermeiden

[5] *M. G. Jaroševskij:* Na putjach k obščej teorii tvorčestva. In: Chudožestvennoe i naučnoe tvorčestvo. Leningrad 1971, S. 22.

zu können. Um richtig verstanden zu werden, möchten wir uns eine kleine Abschweifung erlauben. Als Akademiemitglied L. J. Mandel'štam, aus dessen Schule A. A. Andronov hervorgegangen ist, in einer seiner Vorlesungen zur Schwingungstheorie zu definieren hatte, was eine Schwingung ist, sagte er: 'Definitionen zu geben ist eine schwierige und undankbare Aufgabe. Man gibt eine Definition, und nach zwei Jahren ändert man sie wieder. Ich halte etwas anderes für wichtig und zweckmäßig. Man sollte lieber allgemeine Ideen angeben und leitende Gesichtspunkte hervorheben.'[6] Wir schließen uns diesem Standpunkt an und werden im Folgenden einige 'leitende Gesichtspunkte' erörtern, die uns helfen sollen, sowohl das Allgemeine, das eine wissenschaftliche Schule von einer 'Nichtschule' unterscheidet, als auch das für jede konkrete wissenschaftliche Schule Spezifische definieren zu können.

In diesem Sinne kennzeichnen wir eine wissenschaftliche Schule durch folgende vier Hauptmerkmale:

1) Sie bearbeitet eine neue originelle Richtung in der Wissenschaft;

2) für alle Angehörigen der Schule gibt es einen gemeinsamen Aufgabenkreis, um dessen Lösung sie sich bemühen;

3) alle Angehörigen der Schule bedienen sich derselben Prinzipien und methodischen Verfahren, um die gestellten Aufgaben zu lösen;

4) die jungen Wissenschaftler stehen im unmittelbaren, engen und dauerhaften wissenschaftlichen Kontakt mit dem Leiter der Schule und werden so im weiten Sinne des Wortes im wissenschaftlichen Schöpfertum ausgebildet."[7], [8]

Zunächst wird aus diesen einführenden Bemerkungen klar, wie ganz am Anfang wir noch mit unseren Untersuchungen über Schulen stehen – bzw. wenn es schon ähnliche Untersuchungen in der Weltliteratur der Vergangenheit gibt, wie unbekannt sie uns geblieben sind, weil wir gerade erst beginnen, uns wieder ernstlich mit der Problematik der Schulen zu beschäftigen.

Zweitens geht Bojko an ihre Untersuchung genau in der gleichen Weise heran, wie wir es zu tun scheinen. Sie beginnt mit der Untersuchung einer spezifischen Schule, der Schule von A. A. Andronov, der Schule, deren Forschungsgegenstand die Theorie der linearen Schwingungen war. Und aus dieser Einzeluntersuchung sucht sie sowohl einen methodologischen und kategorialen Untersuchungsapparat wie auch Verallgemeinerungen ja sogar Gesetzmäßigkeiten zu gewinnen. Das ist natürlich unmöglich. Und das tut Bojko auch gar nicht, denn selbstverständlich kennt sie auch mehr oder weniger genau andere Schulen und hat auch Literatur mit Verallgemeinerungen über Schulen gelesen, so daß sie letztlich die Schule von Andronow nur benutzt, teils um zu illustrieren, teils um ihr allgemeines Wissen über Schulen zu präzisieren. Und wenn ich in diesem Band mit einem Kapitel über die Varga-Schule beginne, dann nicht, um im zweiten Kapitel Verallgemeinerungen aus der Varga-Schule abzuleiten, sondern um den Leser, der nicht mit dem, was Schulen sind, vertraut ist, irgendwie und konkret-anschaulich mit ihnen bekannt zu machen, sowie um gerade in der

[6] *L. J. Mandel'štam:* Lekcii po poptike, teorii otnositel'nosti i kvantovoj mechanike. Moskau 1972, S. 409.

[7] *Vgl.: K. A. Lange:* Organizacija upravlenija naučnymi issledovanijami. Leningrad 1971.

[8] „Schulen".

gegenwärtigen Diskussions-Situation zu zeigen, daß es auch marxistische Schulen der Gesellschaftswissenschaften gibt, und schließlich um einige Charakteristika herauszuarbeiten, die Schulen zumindest eigentümlich sein können.

Drittens scheint es mir wichtig und richtig, das vom Geiste Mandelschtams bestimmte Herangehen Bojkos hervorzuheben: sich weniger mit einer bis ins letzte gehenden Definition, als mit der „allgemeinen Idee und dem leitenden Gesichtspunkt" der Schulen zu beschäftigen.

Viertens, und das hängt wohl mit dem soeben Bemerkten zusammen, möchte ich zwar nicht so weit wie Bojko gehen, daß es „beliebig viele – unter verschiedenen Gesichtspunkten vorgenommene – adäquate Beschreibungen dieses Phänomens" der wissenschaftlichen Schule gibt, wohl aber meine ich, daß wir, da wir noch so am Anfang unserer Untersuchungen stehen, und da wir noch keine gesellschaftswissenschaftlichen Schulen unter den Verhältnissen des Sozialismus wirklich gründlich untersucht haben bzw. untersuchen können, uns bei der Definition dessen, was wir unter einer wissenschaftlichen oder spezifischer, einer gesellschaftswissenschaftlichen Schule verstehen, auf einige Allgemeinheiten beschränken sollten und auch mit einer gewissen Willkür vorgehen müssen, wohlwissend, daß später weit konkretere und auch in den Allgemeinheiten präzisere, adäquatere Definitionen gegeben werden müssen. Falsch scheint es mir darum auch, wenn Bojko schon so weit gehen will, Gesetzmäßigkeiten zu finden. Davon sind wir noch weit entfernt, zumal gar nicht feststeht, ob es überhaupt Gesetzmäßigkeiten in der Entwicklung von Schulen gibt – was selbstverständlich nicht bedeutet, daß sie zufällige Erscheinungen sind.

Fünftens schien es mir wichtig, auch die Definition von Bojko zu geben, denn schon unsere Einleitungsstudie über die Varga-Schule hat gezeigt, daß ihr viertes Hauptmerkmal keineswegs zutrifft. Auch braucht das erste Hauptmerkmal keineswegs immer vorhanden zu sein.

Wie weit sind wir noch in der Erforschung dessen, was wissenschaftliche bzw. gesellschaftswissenschaftliche Schulen sind, zurück, wenn es notwendig scheint, einem theoretischen Kapitel ein konkretes voranzustellen, um erst einmal den Gegenstand als Einzelerscheinung vorzuführen, und das Kapitel selbst mit einem ausführlichen Zitat aus den Betrachtungen eines Mitforschers zu beginnen, um zu zeigen, wie tastend noch unsere Bemühungen sein müssen.

Erfreulich aber ist es, festzustellen, daß auf der Moskauer Tagung allgemein die Bedeutung von Schulen nicht nur in der Vergangenheit, sondern auch in der sozialistischen Gesellschaft festgestellt wurde.

B. M. Kedrow bemerkte zum Beispiel:

„Wissenschaftliche Schulen sind jene grundlegenden Zellen der Wissenschaft, in denen sich ihre neuen Kräfte formieren und sich eine ständige Wechselwirkung zwischen alten und jungen wissenschaftlichen Kadern, zwischen Lehrern und ihren Schülern und Nachfolgern vollzieht. Sie sind deshalb gleichsam *wesentliche Organisationsformen in der Entwicklung der Wissenschaft.*

Als überzeugende Bestätigung dessen mag die Entwicklung der Wissenschaft in unserem Lande in den Jahren der Sowjetmacht dienen. In knapp sechzig Jahren vollzog sich ein überaus interessanter Prozeß der Umwandlung von wissenschaftlichen

Schulen, die bereits im alten Rußland entstanden waren, in neue Schulen, die die sowjetische Wissenschaft berühmt gemacht haben und heute wichtige Perspektiven ihrer weiteren Entwicklung bestimmen."[9]

Schulen scheinen Kedrow als „wesentliche Organisationsformen in der Entwicklung der Wissenschaft" – wahrlich mit Recht! wie ungenügend wir aber über sie nachgedacht haben, deutet E. M. Mirski in den einleitenden Ausführungen seines Vortrags an: „Die wissenschaftliche Schule gehört – neben anderen Vereinigungen von Wissenschaftlern im Prozeß ihrer Tätigkeit – zu jener Gruppe von Erscheinungen, über deren Wichtigkeit weitaus größere Klarheit besteht als über ihr Wesen. Tatsächlich enthält das umfangreiche, von den Wissenschaftshistorikern gesammelte und sorgfältig bearbeitete Material viele nützliche und lehrreiche Daten über bedeutende naturwissenschaftliche Schulen der letzten drei Jahrhunderte. Diese Daten lassen insbesondere keinen Zweifel daran, daß jede der beschriebenen Schulen in einer bestimmten Periode einen wesentlichen Einfluß auf die Entstehung und Entwicklung des entsprechenden Wissenszweiges ausgeübt hat. Indes ist es weitaus schwieriger, dieses Material zu den heute existierenden begrifflichen Vorstellungen über die Struktur und Dynamik der wissenschaftlichen Gemeinschaft in Beziehung zu setzen; letzteres ist aber seinerseits eine Voraussetzung dafür, das Problem auf die strukturelle Ebene übertragen zu können und die Frage beantworten zu können, wie sich das Phänomen der wissenschaftlichen Schule in die Gruppe solcher Struktureinheiten der wissenschaftlichen Tätigkeit z. B. 'unsichtbares Kollektiv', 'sozialer Kreis', 'geschlossene Gruppe' usw. oder andererseits 'Lehrstuhl', 'Laboratorium', 'Forschungsinstitut', 'wissenschaftliches Zentrum', 'wissenschaftliche Assoziation', 'Problemrat' und andere in verschiedenem Maße institutionalisierte Typen wissenschaftlicher Vereinigungen einordnet."[10]

Die Studien über bedeutende naturwissenschaftliche Schulen der letzten drei Jahrhunderte stammen zum allergrößten Teil von bürgerlichen Wissenschaftshistorikern. Was die marxistische Wissenschaft allein leisten kann, die Untersuchung der Struktur und Dynamik der Schulen als Teil der Gemeinschaft der Wissenschaftler, damit beginnt sie eben erst.

K. A. Lange führte in seinem Vortrag aus:

„N. I. Rodnyj bezeichnet die wissenschaftlichen Schulen als 'Schmieden' neuer Wissenschaftlergenerationen und betonte, daß sie 'kein Anachronismus, sondern eine ständige Institution der sich entwickelnden Wissenschaft, eine Bedingung für ihren Fortschritt und für die erfolgreiche Heranbildung schöpferischer Wissenschaftler und deren Leiter' sind.[11] In Fortführung dieser These ist hinzuzufügen, daß sich unter den Bedingungen der gegenwärtigen wissenschaftlich-technischen Revolution und der Umwandlung der Wissenschaft in eine unmittelbare Produktivkraft die Rolle und Bedeutung wissenschaftlicher Schulen sowohl in ihrer 'klassischen' wie auch in ihrer gegenwärtigen Erscheinungsform noch erhöht haben. Auf staatlicher Grundlage

[9] „Schulen"

[10] „Schulen"

[11] *N. I. Rodnyj:* Naučnye kollektivy i naučnye školy. In: Problemy dejatel'nosti učenogo i naučnych kollektivov; vyp. IV. Leningrad 1971, S. 169–170.

müssen deshalb heute 'klassische' wissenschaftliche Schulen an Einrichtungen des Hochschulwesens planmäßig neu erstehen, denn hier werden die Grundlagen gelegt für 'die Fähigkeiten zu einer breiten Erfassung der Erscheinungen, für das Aufzeigen unvermuteter Wege der Forschung und die schnelle Aneignung neuer Methoden, neuer Forschungsrichtungen und Wissensgebiete, für die Fähigkeit, von bestimmten Forschungsarbeiten zu anderen, aussichtsreicheren überzugehen'.[12] Ebenso planmäßig müssen sich gegenwärtige wissenschaftliche Schulen herausbilden und entwickeln, indem sich die schöpferischen Beziehungen zwischen Forschungsinstituten und entsprechenden Hochschuleinrichtungen erweitern und vertiefen. Wir sind der Auffassung, daß optimale Bedingungen für die Entwicklung gegenwärtiger wissenschaftlicher Schulen besonders an den wissenschaftlichen Zentren der Akademie der Wissenschaften der UdSSR oder an großen Akademie-Forschungsinstituten bestehen. Wissenschaftliche Schulen sollten hier in Übereinstimmung mit den Hauptforschungsrichtungen eines wissenschaftlichen Zentrums oder Instituts sowie mit den realen Bedürfnissen der sich in der betreffenden Region des Landes entwickelnden Wissenschaft gebildet werden.

Die gezielte Entwicklung 'klassischer' und 'gegenwärtiger' wissenschaftlicher Schulen muß mit der langfristigen Perspektivplanung von Wissenschaft und Technik sowie mit der sozialökonomischen Planung der Entwicklung einzelner Republiken und Regionen des Landes abgestimmt werden. Dabei gilt es zu beachten, daß die Interessen des wissenschaftlich-technischen Fortschritts erfordern, bei der Sicherung 'der proportionalen Entwicklung aller Zweige der Natur-, technischen und Gesellschaftswissenschaften wissenschaftlich begründete Tempi des vorrangigen Wachstums der Zahl der Spezialisten auf solchen führenden Zweigen festzulegen, von denen die entscheidenden Erfolge der Wirtschaft, Wissenschaft und Kultur abhängen'.[13] In diesem Zusammenhang halten wir es für erforderlich, im Rahmen des Systems der Forschungsleitung Methoden und Formen für eine aktive Einflußnahme auf die Herausbildung und Entwicklung wissenschaftlicher Schulen an den Hochschulen sowie auf der Basis wissenschaftlicher Zentren und großer Akademie-Institute auszuarbeiten."[14]

Lange geht also so weit, Schulen gewissermaßen planmäßig züchten zu wollen, um den wissenschaftlichen Fortschritt zu fördern. Das ist meiner Ansicht nach unter den gegenwärtigen Verhältnissen ein verfehltes Unternehmen, zumindest für die Gesellschaftswissenschaften, und ich freue mich, daß W. Heyde ausdrücklich gewarnt hat: „Wissenschaftliche Schulen können nicht administrativ 'gebildet' werden."[15]

Aber für sie alle sind wissenschaftliche Schulen vor allem naturwissenschaftliche Schulen, auch wenn sie, wenn es sich um ferne Zeiten handelt, gesellschaftswissenschaftliche Schulen, zumeist philosophische, nicht ausdrücklich ausschließen, sie ge-

12 *S. R. Mikulinskij:* Vorwort zum Buch: A. Tuško, S. Chaskelevič: Naučnye issledovanija – organizacija i upravlenie, Moskau 1971, S. 13–14.

13 *D. M. Gvišiani, S. R. Mikulinskij:* Naučno-techničeskaja revoljucija i social'ny progress. In: Kommunist, No. 7/1971, S. 27.

14 „Schulen"

15 „spektrum", 4. Jg., Heft 4, Berlin 1973, S. 17.

legentlich erwähnen. In einem Rundtisch-Gespräch, das die Akademie-Zeitschrift „spektrum" über „Tradition und Erneuerung" abhielt, wurde ausdrücklich die Frage gestellt: „Wie verhält es sich mit unseren Überlegungen für die gesellschaftswissenschaftlichen Disziplinen, für die Philosophie?" Es ist interessant, wie vorsichtig und in mancher Beziehung gewunden die drei ersten Antworten waren:

„*Prof. Herneck* Gab es eine Hegelsche Schule? Natürlich. Eine Kantische Schule? Selbstverständlich. Lenin spricht ausdrücklich von Schulen und – 'Schülchen' in der Philosophie, etwa von Mach und den Empiriokritizisten. Wir haben allerdings in der Vergangenheit so gut wie gar nicht von Schulen in der marxistisch-leninistischen Philosophie gesprochen, weil wir daran interessiert sind, die Einheitlichkeit unserer Weltanschauung um keinen Preis in Frage zu stellen . . .

Prof. Hörz . . . und nicht dem Pluralismus in die Hand zu arbeiten. Die Schulenbildung vor Marx war im Grunde nichts anderes als der Ausdruck verschiedener Denkweisen über weltanschauliche Fragen, natürlich einseitig und ideologiebestimmt durch die Interessen der herrschenden Klasse. Grob vereinfacht könnte man sagen: Mit der einheitlichen wissenschaftlichen Weltanschauung des Marxismus-Leninismus erübrigt es sich, über solche Schulen zu sprechen. Aber so, glaube ich, will Professor Herneck seinen Einwand nicht verstanden wissen.

Prof. Leibnitz Zweifellos unterscheidet uns von den vormarxistischen und letztlich durch Ausbeuterinteressen bestimmten Schulen zunächst die wissenschaftliche Grundlegung. Insofern wurde unsere Philosophie zu einer wissenschaftlich begründeten Theorie, die sich – um ein Wort von Einstein zu apostrophieren – seit der Sozialistischen Oktoberrevolution auch im Experiment bewahrheitet hat."

Doch dann endlich ein offenes und klar sehendes Bekenntnis zur gesellschaftswissenschaftlichen Schule: „*Prof. Hörz* Sie sprechen mir aus dem Herzen. Unsere Philosophie ist durch ihr wissenschaftliches Fundament in der Lage, bestimmte Probleme anderer Zweige der Naturwissenschaft, der Sprachwissenschaft, der Geschichte usw. zu untersuchen. Hier sehe ich Ansatzpunkte, um Arbeitshypothesen und Methodiken zu entwickeln, neue Fragestellungen zu suchen, Schüler heranzubilden, also Dinge zu tun, die eine Schule auszeichnen. Ob sie dann da und dort wirklich entsteht als ein Zentrum besonders produktiven und schöpferischen philosophischen Forschens für den Sozialismus, das beantworten wir am besten ebenso wie die Kollegen aus den Naturwissenschaften, nämlich retrospektiv."[16]

Dabei muß man aber bedenken, daß Herbert Hörz als Philosoph speziell interessiert an naturwissenschaftlichen Fragen ist, also sich schneller als andere Gesellschaftswissenschaftler an den Schulenbegriff gewöhnen konnte.

Von „reinen" Gesellschaftswissenschaftlern haben sich bei uns relativ früh Helmut Steiner und Harry Maier für wissenschaftliche Schulen eingesetzt. Helmut Steiner, Soziologe und Wissenschaftstheoretiker, erklärte auf dem schon erwähnten Liebig-Colloquium: „Die wissenschaftlichen Schulen – und dabei besonders die lokalen Gemeinschaften unter ihnen – sind ein Beispiel für den Funktionsmechanismus kollektiven Schöpfertums, der dialektischen Einheit von kognitiven und sozialen Pro-

[16] Ebendort, S. 15 f.

zessen innerhalb dieses Funktionsmechanismus, der Persönlichkeitsentwicklung aller Beteiligten und der sozialen Rolle der Leiter wissenschaftlicher Kollektive. Es gilt deshalb, unter aktuellen Problemstellungen der rationalen Gestaltung der Forschungsarbeit in Gruppen die wissenschaftliche Arbeitsweise, d. h. den Erkenntnisprozeß in Gruppen auf Grund von dokumentarischem Material zu studieren und für aktuelle Fragestellungen aufzubereiten."[17]

Harry Maier schrieb in einem damals noch heftig umstrittenen Artikel in „Neues Deutschland":

„Eine wichtige Art von Kollektiven sind wissenschaftliche Schulen, wie sie unter dem Einfluß überragender Forscherpersönlichkeiten entstehen. In solchen Schulen herrscht meist ein hohes Anforderungsniveau, das Bemühen jedes einzelnen 'Schülers', dem 'Meister' in Fleiß, Hartnäckigkeit, Leistungswillen und Verantwortungsbewußtsein nachzustreben und ihn zu übertreffen. Wissenschaftliche Schulen haben dazu beigetragen, das wissenschaftliche Ethos, unerbittliche Anforderungen an Leistungsniveau und wissenschaftliche Redlichkeit in einer Vielzahl von Forschergenerationen herauszubilden. Solche Schulen sind ohne Zweifel gerade heute, unter sozialistischen Bedingungen, von großer Bedeutung.

Erwähnt seien nur die sowjetischen naturwissenschaftlichen Schulen, wie sie sich um solche Wissenschaftlerpersönlichkeiten wie Kurtschatow, Jemeljanow, Bogoljubow, Oparin[18], bei den Wirtschaftswissenschaftlern um Eugen Varga[19], bei der ökonomisch-mathematischen Modellierung um Kantorowitsch, Nemtschinow und Nowoschilow herausgebildet haben. In der DDR – um nur zwei zu nennen – sei auf die wissenschaftshistorische Schule um Jürgen Kuczynski und die philosophische um Georg Klaus verwiesen. Die Entstehung von Schulen ist selbst ein schöpferischer Prozeß, in dem sich Ideen herausbilden, spezifische Forschungsmethoden und moralische Haltungen ausprägen."[20]

Irgendwelche gründlichere Untersuchungen gesellschaftswissenschaftlicher Schulen im Sozialismus liegen meines Wissens nicht vor. Alles, was andere, die ich zitiert habe, und ich selbst über das kümmerliche Anfangsstadium marxistischer Untersuchungen über Schulen gesagt haben, gilt doppelt und dreifach für gesellschaftswissenschaftliche Schulen.

Im folgenden wollen wir den, glaube ich, ersten marxistischen Versuch machen, etwas Allgemeines über den Charakter speziell gesellschaftswissenschaftlicher Schulen in Vergangenheit und Gegenwart, in vorsozialistischen Gesellschaftsordnungen und in der sozialistischen Gesellschaft zu sagen, wobei wir uns bei aller Würdigung gewisser Unterschiede nicht bemühen werden, gerade diese herauszuarbeiten nach dem primitiven Schema „im Sozialismus ist alles ganz anders", weil wir dann uns der Möglichkeit begeben würden, den Begriff der gesellschaftswissenschaftlichen Schule allgemein zu bestimmen, und sodann, weil es, wie die zahlreichen Definitionen von Sowjetwissenschaftlern zeigen, viele Charakterista gibt, die allen Schulen

[17] *H. Steiner*, a. a. O., S. 16.

[18] *K. Hager*, Wissenschaft und Technologie im Sozialismus, Berlin 1974, S. 74.

[19] *J. Kuczynski*, Gesellschaftswissenschaftliche Besinnungen, Berlin 1973, S. 16.

[20] „Neues Deutschland", 22./23. Februar 1975, S. 10.

gemeinsam sind. Ja, man muß sogar feststellen, daß die Definitionen sowjetischer Wissenschaftler (soweit sie mir bekannt sind), mit Recht meiner Ansicht nach, nicht zwischen vorsozialistischen und sozialistischen wissenschaftlichen Schulen unterscheiden. Man mag einwenden, daß die sowjetischen Wissenschaftler, wenn sie von wissenschaftlichen Schulen sprechen, gewissermaßen unbewußt nur an naturwissenschaftliche Schulen denken. Aber wenn es richtig ist, daß die Ideologie eine immer größere Rolle in den Naturwissenschaften spielt, dann wäre das Argument nicht stichhaltig. Natürlich unterscheiden sich alle Schulen im Sozialismus von den vorsozialistischen Schulen dadurch, daß sie marxistisch-leninistisch sind, aber das unterscheidet sie nicht von einander im Sozialismus, und außerdem ist die Ideologie nicht notwendigerweise (!) das entscheidende Merkmal für Schulen der Vergangenheit und Gegenwart, obgleich ihre Mitglieder natürlich irgendeine Ideologie haben. So gehörten zu den Begründern der Ökonometrie (die, was unser Argument aber nicht stört, wohl keine ausgesprochene Schule waren) sowohl bürgerliche wie auch dem Marxismus zumindestens so nahe stehende Politökonomen, daß sie bald ausgezeichnete Marxisten wurden.

Überhaupt muß man folgendes bedenken: Es kann sehr gut sein, daß die Ideologie in einer Schule einheitlich auf religiösem Gebiet ist (die „kleindeutschen Historiker“ waren wohl alle sehr ausgesprochen Protestanten), oder die Mitglieder einer Schule denken alle als Materialisten bzw. als Idealisten, oder sie alle haben die gleiche politische Haltung (wie die Erbauer der ersten Atombomben in den USA 1942/44 wohl alle gegen den deutschen Faschismus eingestellt waren), oder sie glauben nicht an Gesetzmäßigkeiten (wie etwa die Windelband-Rickert Schule auf dem Gebiet des gesellschaftlichen Lebens) – ohne daß es eine einheitliche „Gesamtideologie“ gibt.

2. *Das Haupt der Schule*

Die Überschrift nimmt gewissermaßen schon eine Entscheidung vorweg – nämlich die Frage, ob eine gesellschaftswissenschaftliche Schule ein Haupt haben muß.

Daß Schulen auf allen Gebieten ein Haupt haben müssen, möchte ich zwar nicht behaupten. Wer war das Haupt der Impressionisten in der Malerei? oder sind sie gar keine Schule sondern eine Richtung gewesen? und was ist der Unterschied zwischen einer Schule und einer Richtung? Wie steht es mit den Mathematikern des „Bourbaki-Kreises“ in Frankreich? waren sie eine Schule oder ein Kreis? und was wäre der Unterschied? Heinrich Grell jedenfalls betrachtet sie als eine Schule.[21] Also eine Schule mit mehreren Lehrern? warum nicht? und gewissermaßen ohne Direktor? warum nicht?

Also eine Ausnahmestellung für die Gesellschaftswissenschaften? Ich weiß nicht, ob nur für die Gesellschaftswissenschaften, bei religiösen Schulen ist es wohl ähnlich. Jedenfalls meine ich, daß, im allgemeinen zumindest – natürlich gibt es auch hier Ausnahmen –, gesellschaftswissenschaftliche Schulen ein Haupt haben müssen, da

21 „spektrum“, a. a. O., S. 11.

die Haltung zur wissenschaftlichen Forschung, der subjektive Faktor, das Persönliche des Leiters eine so besondere Rolle für sie spielt. Wenn darauf hingewiesen wird, daß manche Schulen nach ihrer Denkrichtung benannt werden, wie etwa die „Currency School", von der ja auch Marx so spricht, dann bedeutet das nicht, daß sie nicht ein Haupt hatten. Marx betrachtet ganz offenbar Lord Overstone (Samuel Jones Loyd) als Haupt der „Currency School" und nennt ihn auch den „theoretischen Vater" der auf Grund der Lehren dieser Schule erlassenen Gesetze.

In gewisser Beziehung arbeitet das sehr klar M. G. Jaroschewski in seinen Ausführungen auf dem schon so oft genannten Moskauer Seminar heraus. Den letzten Abschnitt seines Beitrags betitelt er „Persönliches und Wissenschaftlich-Soziales in einer Schule" und beginnt ihn so:

„Hier stoßen wir auf eine Frage, die einer speziellen Analyse bedarf. Zunächst sei daran erinnert, daß die Gründung einer Schule durch einen Wissenschaftler und sein Beitrag zum Wissenschaftsfortschritt nicht identisch sein müssen.

Um von einem Leiter ('Lehrer', 'Meister') sprechen zu können, ist Voraussetzung, daß 'Schüler' oder 'Gesellen' vorhanden sind, die unter seiner Leitung ein gemeinsames Programm bearbeiten. In diesem Sinne war Helmholtz nicht Leiter einer Schule, obgleich seine Arbeiten zu revolutionären Umwälzungen in der Physiologie führten, während Ludwig oder Foster, deren individuelle Beiträge zum wissenschaftlichen Fortschritt weitaus geringer waren als der von Helmholtz, in der Wissenschaft dennoch eine hervorragende Rolle spielten, weil sie große physiologische Schulen schufen.

Man könnte drei Kategorien von Forschern unterscheiden. Die einen hatten keine wissenschaftliche Schule und führten ihr Forschungsprogramm bzw. ihre -programme individuell und nur individuell durch. Die zweite Kategorie dagegen brauchte ständig andere Forscher um sich und bildete einen Anziehungspunkt besonders für junge Wissenschaftler. Zu ihr gehörten z. B. B. K. Ludwig, I. P. Pavlov, H. Hall u. a. Schließlich bilden diejenigen Forscher eine weitere Gruppe, um die sich eine wissenschaftliche Schule (als Forschungskollektiv) nur während einer bestimmten Periode ihres Schaffens bildet, nämlich dann, wenn ein entsprechendes Forschungsprogramm vorliegt, während andere Programme von ihnen im Alleingang bearbeitet werden. Zu dieser Gruppe gehörten Sečenov und Wundt.

Die Analyse der Tätigkeit letzterer ist von besonderem Interesse. An ihr läßt sich nämlich verfolgen, wie das Entstehen einer Schule von den Bedürfnissen der Logik der Wissenschaftsentwicklung abhängt, denn unter deren Druck werden Wissenschaftler, die unter anderen Umständen keine Schule begründet haben, zu einem bestimmten Zeitpunkt zu Organisatoren und Leitern einer solchen, um später, wenn das Programm abgearbeitet ist, erneut ihren eigenen individuellen Weg zu gehen. ...

Ein Wissenschaftler wird unter der direkten Einwirkung nicht nur von Ideen, sondern auch anderer Wissenschaftler, deren Persönlichkeitseigenschaften, Denkstile, Motivationen, Einstellung usw. geformt.[22] Polanyi war der Auffassung, daß in

[22] Vgl. *M. G. Jaroševskij:* logika razvitija nauki i dejatel' nost'ucenogo, in: Voprosy filosofii, 1969, Nr. 3.

der Wissenschaft der direkte Kontakt zwischen 'Meister' (Lehrer) und 'Gesellen' (Schüler) vor allem deshalb notwendig sei, weil in der Forschungsarbeit immer nichtformalisierbare Komponenten enthalten sind, die sich der Geselle nicht anders als durch direkte Kommunikation mit dem Subjekt der Forschung aneignen kann. Diese Komponenten lassen sich nicht durch (schriftlichen oder mündlichen) Text übertragen, da sie nicht verbalisierbar sind und aus diesem Grunde weder dem Forscher selbst, von dessen innerer psychischer Organisation sie nicht zu trennen sind, noch anderen bewußt werden. Polanyi hatte rein intellektuelle Komponenten im Auge.[23] Wie wir gesehen haben, wirkt der Lehrer oder Leiter indes mit seinem gesamten Persönlichkeitsprofil auf jene ein, die sich um ihn konzentrieren."[24]

Heyde hebt ebenfalls die Rolle des Hauptes der Schule hervor:

„Das zentrale Problem wissenschaftlicher Schulen sind die Persönlichkeiten, die ihr das Gepräge geben und wissenschaftlichen Stil herausbilden. Eine wissenschaftliche Schule wird auch in der heutigen Zeit, in einem sozialistischen Lande, immer mit dem Namen eines hervorragenden Wissenschaftlers verbunden sein. Entwickelt sie sich an einer Universität oder Hochschule, werden Hochschullehrer die führenden Vertreter (Leiter) einer wissenschaftlichen Schule sein, deren Profil prägen und durch ihre schöpferische Arbeit gestalten.

Natürlich können auch in anderen Bereichen wissenschaftlichen Lebens durch das Wirken hervorragender Persönlichkeiten wissenschaftliche Schulen entstehen."

Man sieht, für ihn ist das Haupt der Schule „das zentrale Problem" und ich meine, daß er recht hat, was die Gesellschaftswissenschaften betrifft. Zugleich definiert er das Ideal eines Schulhauptes in der sozialistischen Gesellschaft so: „Der Leiter muß wissenschaftliche, politische und menschliche Autorität besitzen, die echte Vorbildwirkung hervorruft, von Administration soweit wie möglich befreit sein, dafür aber außergewöhnliche Fähigkeiten zur Wissenschaftsorganisation besitzen. Die Identität mit dem staatlichen Leiter kann gegeben sein, ist aber nicht Voraussetzung."[25]

Die Persönlichkeit des Hauptes prägt oft nicht nur den Charakter der Schule sondern bestimmt auch ihre Dauer. B. A. Frolov, der sich mit dem Problem der „Motivation und Kontinuität in der wissenschaftlichen Schule" beschäftigt hat, lenkt unsere Aufmerksamkeit auf eine Reihe von bezüglichen Problemen. Er bemerkt:

„Das erste, was bei der konkreten sozial-psychologischen Analyse eines wissenschaftlichen Kollektivs auffällt, wenn wir es unter dem Gesichtspunkt betrachten, welche Perspektiven es hat, zu einer wissenschaftlichen Schule zu werden, ist die Einstellung des Leiters des Kollektivs zu den Persönlichkeitscharakteristika seiner Mitarbeiter.

Der Leiter einer der produktivsten Gruppen, die wir in einem großen Forschungszentrum untersucht haben, ist der Meinung, daß die prinzipiell neue, an der Nahtstelle mehrerer wissenschaftlicher Disziplinen entstandene wissenschaftliche Richtung

[23] Vgl.: *M. Polanyi:* Personal Knowledge, Chicago 1958.

[24] „Schulen"

[25] „spektrum", a. a. O., S. 19.

(die elektronenmikroskopische Morphokinetik), die von der Gruppe übernommen wurde und von ihr aktiv bearbeitet wird, eine fruchtbare Grundlage dafür sei, daß sich eine wissenschaftliche Schule herausbildet und daß dieser Prozeß bereits begonnen habe. Auch andere Mitarbeiter dieser Gruppe vertreten eine analoge Meinung. Es geht ihnen um die Entwicklung der elektronenmikroskopischen Morphokinetik und die technische Ausstattung für deren Ausarbeitung. Der persönlichkeitspsychologische Kontext der Tätigkeit der Gruppenmitglieder interessiert sie weit weniger. Eine spezielle Untersuchung dieses Kontextes führte zu dem Schluß, daß der Gruppenleiter bei der Auswahl der künftigen Mitarbeiter nicht nur auf solche Persönlichkeitscharakteristika Wert legt, die mit seinen eigenen identisch sind, sondern auch auf solche, die von seinen eigenen verschieden oder ihnen sogar entgegengesetzt sind. Von seinem engsten Mitarbeiter und Schüler sagt der Leiter: 'Er ist ein Mensch verwandten, jedoch anderen Denkens.' Dabei betreffen die Unterschiede nichts weniger als die Denkstruktur selbst: Der Leiter geht deduktiv, sein Schüler hingegen induktiv vor. Den Leiter befriedigt ein solcher, sich wechselseitig ergänzender qualitativer Unterschied in den geistigen Potenzen der beiden führenden Mitarbeiter der Gruppe. In der Tat ist dieser qualitative Unterschied eine der Quellen der kollektiven Motivation, die die schöpferische Produktivität der Gruppe erhöht."[26]

Frolov berichtet dann von einer anderen, der soeben betrachteten in ihrem wissenschaftlichen Charakter entgegengesetzten, Schule, in der das Haupt die Schüler einfach als „Ausführende seines Programms" betrachtet und sagt:

„In einer solchen Gruppe wird darauf orientiert, daß der Mitarbeiter (oder der Schüler) sich nur die theoretischen und praktischen Forschungsprozeduren, die der Leiter ausführt, aneignen und sie auf neue Forschungsobjekte übertragen soll (d. h. er soll den Leiter gewissermaßen nachahmen, indem er sich einem immer breiteren Bereich des gegenständlichen Inhalts der Tätigkeit zuwendet, der vom Leiter selbst schon nicht mehr unmittelbar erfaßt werden kann). Die Möglichkeit prinzipiell anderer Herangehensweisen an das Forschungsobjekt (die sich in der historischen Entwicklung der Wissenschaft zwangsläufig ergibt bzw. von benachbarten wissenschaftlichen Richtungen, Schulen oder einzelnen Wissenschaftlern bereits sogar realisiert wird) ist in dieser Orientierung nicht vorgesehen.

Eine solche Situation ist in der Geschichte der Mathematik[27], Geologie[28] und anderer Wissenschaften recht häufig anzutreffen. Den Leitern derartiger Schulen mangelt es gleichsam an der Breite philosophischer Reflexionen über den Gegenstand ihrer Forschung, am realen oder gedanklichen Dialog mit dem Vertreter eines anderen Standpunktes. Es ist angebracht, an dieser Stelle an Goethes Worte in einem seiner Gespräche mit Eckermann zu erinnern. Er sagte dort über die Schule von

[26] Vgl. *B. A. Frolov:* Motivacija tvorčeska v naučnom kollektive, Moskau 1973, S. 159 f.

[27] *P. S. Aleksandrov:* Mathematische Entdeckungen und ihre Aufnahme, in: Wissenschaftliche Entdeckungen. Probleme ihrer Aufnahme und Wertung, hrsg. in deutscher Sprache von L. Kannengießer und G. Kröber, Berlin 1974; *I. B. Pogrebysskij:* Über die Bewertung mathematischer Entdeckungen, in: Ebenda.

[28] Vgl.: *N. V. Belov:* Soperniki ili druz'ja? in: Nauka segodnja, Moskau 1969, S. 230–241.

Cuvier: 'Er wird sehr unterrichtete Schüler erziehen, aber wenig tiefe', denn 'er besitzt fast gar keine Philosophie'.[29]

Wie wir heute feststellen können, erwies sich die Schule Cuviers – des Begründers der Paläontologie – als kurzlebig, weil die weitere Entwicklung der Paläontologie den Weg über die Evolutionslehre ging, die von Cuvier und denen seiner Schüler, die an den theoretischen Prinzipien ihres Lehrers festhielten, nicht anerkannt wurde....

Nicht zufällig ist für die in wissenschaftlicher Hinsicht größten und produktivsten Schulen, wie für die von Rutherford[30] oder Pavlov[31], die vielseitige Erörterung aller möglichen und vernünftigen Varianten des Herangehens an das Forschungsobjekt charakteristisch. Hier hängt die wissenschaftliche Kontinuität mit einer ganz anderen persönlichkeitspsychologischen Motivation zusammen. Ein Schüler Pavlovs, Akademiemitglied A. D. Speranskij, betonte, daß ein Nachahmen des Lehrers in allem nur zur Karikatur führt; der Schüler setzt die Sache des Lehrers dann würdig fort, wenn er sich selbst als ganzheitliche unwiederholbare Persönlichkeit treu bleibt: 'Vom Lehrer muß man viel, Vieles und gierig lernen. Keinesfalls aber sollte man ihn nachahmen; das Resultat wäre dann eine einzige Karikatur.'[32]

Diese These entspricht voll und ganz den Traditionen einer anderen weltbekannten wissenschaftlichen Schule, nämlich der von E. Rutherford. Die Einstellung Rutherfords als Haupt der Schule und als Lehrer gegenüber seinen Schülern ist bezeichnend. Akademiemitglied P. L. Kapica erinnert sich: 'Die bemerkenswerteste Eigenschaft Rutherfords als Lehrer war seine Fähigkeit, eine Arbeit zu orientieren, die Initiative eines Wissenschaftlers zu unterstützen und die erzielten Ergebnisse richtig einzuschätzen. Was er an den Schülern am meisten schätzte, waren Selbständigkeit des Denkens, Initiative, Individualität ... Dabei muß gesagt werden, daß Rutherford alles tat, um in einem Menschen dessen Individualität zum Vorschein zu bringen ... Er war zu großen Opfern bereit, nur um in einem Menschen Unabhängigkeit und Originalität des Denkens zu erzielen, und wenn diese sich schließlich in der Tat zeigten, umgab er den Betreffenden mit Fürsorge und förderte seine Arbeit'.[33]"[34]

Aus diesen Ausführungen ergibt sich ein zweites Argument für die Bedeutung des Hauptes der Schule, das auch für die gesellschaftswissenschaftlichen Schulen gilt: Die Wichtigkeit der Beziehungen zwischen Haupt und Schülern oder sachlicher formuliert: zwischen Leitung und Mitarbeitern.

Diese Problematik erinnert uns an eine Formulierung von Marx über die wissenschaftliche Arbeit: „Nebenbei bemerkt, ist zu unterscheiden zwischen allgemeiner

29 *J. P. Eckermann:* Gespräche mit Goethe in den letzten Jahren seines Lebens, Leipzig 1948, S. 567.

30 Vgl. *P. L. Kapica:* Moi vospominanija o Rezerforde, in: Rezerford – učenyj i učitel', Moskau 1973, S. 27–42.

31 Vgl.: *V. L. Merkulov:* I. P. Pavlov – organisator naučnych issledovanij, in: XIII. Meždunarodnyj kongress istorikov nauki. Kollekvium: Ličnost' učenogo v istorii nauki, Moskau 1971, S. 1–9.

32 Vgl.: *V. N. Cernigovskij:* Večno staraja i novaja problema, in: Priroda, (1972) 10, S. 117.

33 *P. L. Kapica:* a. a. O., S. 35 f.

34 „Schulen"

Arbeit und gemeinschaftlicher Arbeit. Beide spielen im Produktionsprozeß ihre Rolle, beide gehn ineinander über, aber beide unterscheiden sich auch. Allgemeine Arbeit ist alle wissenschaftliche Arbeit, alle Entdeckung, alle Erfindung. Sie ist bedingt teils durch Kooperation mit Lebenden, teils durch Benutzung der Arbeiten Früherer. Gemeinschaftliche Arbeit unterstellt die unmittelbare Kooperation der Individuen."[35]

Wolkow führt dazu aus:

„Die allgemeine Arbeit ist vom Standpunkt des lebendigen Arbeitsprozesses aus gesehen immer individuell, sie ist immer an die Persönlichkeit des betreffenden Menschen mit all dessen schöpferischen Besonderheiten gebunden. Die allgemeine Arbeit ist tatsächlich allgemein, wenn sie hinsichtlich der geistigen Voraussetzungen und des Resultats betrachtet wird, denn das geistige Ergebnis (das wissenschaftliche oder künstlerische) ist nach einem treffenden Ausdruck von B. Schenkman 'das lebendige Sein der menschlichen Allgemeinheit, kristallisierte Allgemeinheit'[36] ...

Die wissenschaftliche Tätigkeit ist ungeachtet ihres gesellschaftlichen Charakters und der Tatsache, daß sie die Form des kollektiven Schöpfertums annimmt, ihrem Wesen nach immer individuell."[37]

Ungeachtet ihres gesellschaftlichen Charakters! auch zu diesem „Doppelcharakter" der wissenschaftlichen Arbeit hat sich Marx geäußert: „Allein auch wenn ich *wissenschaftlich* etc. tätig bin, eine Tätigkeit, die ich selten in unmittelbarer Gemeinschaft mit anderen ausführen kann, so bin ich *gesellschaftlich,* weil als Mensch tätig."[38] 1844 sieht Marx noch „selten" die Möglichkeit zu gemeinschaftlicher Arbeit, im „Kapital" wohl überhaupt keine Möglichkeit mehr.

Nehmen wir nun das Beispiel der von Frolov charakterisierten Schulen, in denen die Schüler nur die Methoden, „die theoretischen und praktischen Forschungsprozeduren" des Leiters übernehmen und gewissermaßen mechanisch auf immer neue Forschungsgebiete anwenden – haben wir da nicht ein Phänomen, das dem von Marx als bestenfalls selten für die Wissenschaft geeignet betrachteten Kollektiv mit unmittelbarer Kooperation der Individuen, mit gemeinschaftlicher Arbeit, entspricht?

In diesem Jahrhundert haben sich in den Naturwissenschaften die Verhältnisse so verändert, daß häufig auch Kollektive dieser Art wichtige Arbeit leisten können. Auch schon in der Zeit von Marx gab es auf dem Gebiet der Naturwissenschaften solche Kollektive, wie das Beispiel der Schule von Cuvier und später das von Wundt zeigt. Gerade aber diese beiden Schulen zeigen auch, daß gemeinschaftliche im Gegensatz zu allgemeiner Arbeit in der Wissenschaft bestenfalls nur zu kurzlebigen Schulen führen kann. Solche Schulen enthalten bereits viele Elemente der modernen Wissenschaftsfabrik, die schulfeindlich ist, und die selbstverständlich nichts mit „vergesellschafteter Wissenschaft" zu tun hat.

Auf dem Gebiet der Gesellschaftswissenschaften aber scheinen mir Schulen, die die „unmittelbare Kooperation der Individuen unterstellen", nur ganz selten möglich.

[35] *K. Marx,* Das Kapital. Dritter Band. In: Marx/Engels, Werke, Bd. 25, S. 113 f.

[36] Siehe Woprossi filosofii, 1966, Nr. 12.

[37] *G. N. Wolkow,* Soziologie der Wissenschaft, Berlin 1970, S. 253 ff.

[38] *Marx/Engels,* Werke, Ergänzungsband, Erster Teil. Berlin 1968, S. 538.

Für die Gesellschaftswissenschaften scheinen mir die Ausführungen von Marx noch immer voll zuzutreffen. Eine gesellschaftswissenschaftliche Schule, die nicht in ihren wichtigsten Mitarbeitern schöpferisch ist, sondern nur ein Schema anwendet, scheint mir unmöglich. Natürlich können auch gesellschaftswissenschaftliche Kollektive, die gemeinschaftliche Arbeit leisten, tüchtige wissenschaftliche Arbeiten bringen. Man stelle sich einen Wissenschaftler vor, der ein umfassendes statistisches Schema zur Erfassung aller Streiks in allen Teilen der Welt in der ersten Hälfte des 19. Jahrhunderts ausgearbeitet hat und nun ein Kollektiv von 20 Mitarbeitern daran setzt, alle Streiks zu erfassen. Sind die Mitarbeiter tüchtig und fleißig, so kann das Resultat der Arbeit ein ganz großartiges wissenschaftliches Werk sein. Und doch würde es mir falsch erscheinen, in diesem Fall von einer Schule zu sprechen.

Von einer gesellschaftswissenschaftlichen Schule kann man meiner Ansicht nach nur sprechen, wenn in ihr, wie Marx es nennt, allgemeine Arbeit von ihren wichtigsten Mitgliedern geleistet wird, das heißt, wenn das Haupt es seinen Schülern ermöglicht, schöpferische Arbeit zu leisten und damit unter Umständen auch Häupter einer Schule zu werden – wobei es dann natürlich die verschiedensten Varianten geben kann, mit der berühmtesten von Aristoteles, der erst mit dem Tode von Plato seine eigene Schule gründete ... aber inwiefern noch als Schüler von Plato?

E. S. Bojko stimmt in diesem Punkt mit mir überein. Zwar geht sie meiner Meinung nach viel zu weit, wenn sie meint: „Die Funktion der Lehre wissenschaftlichen Schöpfertums im weiten Sinn des Wortes kommt unseres Erachtens nur der wissenschaftlichen Schule und keinen anderen formellen oder informellen wissenschaftlichen Vereinigungen zu.“[39] Aber auf der anderen Seite scheint es mir richtig, nicht von einer Schule zu sprechen, wenn nur das Haupt schöpferisch arbeitet.

Kedrow vertritt den gleichen Standpunkt:

„In der Wissenschaft sind Situationen wie die folgende nicht selten. Volle zwei Jahre hindurch vermochte Rutherford nicht die Aufgabe zu lösen, wie ein geladenes Elektron um den Atomkern kreisen kann, ohne dabei Energie auszustrahlen, was im Widerspruch zur Maxwellschen Theorie stand. Der junge dänische Physiker Niels Bohr erörterte gemeinsam mit seinem Lehrer Rutherford wiederholt dieses Paradoxon, bis ihm der geniale Gedanke kam, hierbei die Quantentheorie anzuwenden, d. h. davon auszugehen, daß das Elektron Energie nur in ganzen Portionen ausstrahlt und absorbiert. Die Aufgabe wurde gelöst, und die Lösung bedeutet einen Triumph nicht nur für Bohr, sondern auch für Rutherford, der das Denken seines Schülers beharrlich darauf orientiert hatte, vor der Wissenschaft stehende Schwierigkeiten zu überwinden.

Viele hervorragende Wissenschaftler, die in unserem Lande neue wissenschaftliche Schulen und Richtungen begründet haben, sind so verfahren, so z. B. auch A. F. Ioffe, der Begründer einer großen Schule sowjetischer Physiker, aus der viele Persönlichkeiten der sowjetischen Wissenschaft, unter ihnen auch Akademiemitglied N. N. Semenov, hervorgegangen sind. Über Semenov erschien von einem seiner Schüler, dem inzwischen verstorbenen Akademiemitglied V. V. Voevodskij, ein Aufsatz, in dem

39 „Schulen“

das Bild des Leiters einer wissenschaftlichen Schule gezeichnet wird, der von dem unerschütterlichen Glauben erfüllt ist, daß keine – selbst die schwierigste – Aufgabe sich auf die Dauer der Lösung widersetzen kann. Aus dieser Haltung entspringt ein unversiegbarer wissenschaftlicher Optimismus und das große Interesse an den Schülern. N. N. Semenov legte Wert darauf, seinen Schülern eben diese Eigenschaften anzuerziehen und bildete auf diese Weise eine ganze Plejade hervorragender Wissenschaftler aus, die auf dem Gebiet der chemischen Kinetik an Problemen der von ihm geschaffenen Theorie der Kettenreaktionen arbeiteten."

Aber geht er nicht auch etwas weit, wenn er ferner feststellt:

„Der Leiter einer Schule muß die Fähigkeiten besitzen, seinen Schülern Gefühl für das Neue, Fähigkeit zum Neuerertum anzuerziehen.

Ohne dieses Gefühl kann die Wissenschaft nicht vorangebracht und können an ihrem lebendigen Organismus nicht die 'Wachstumspunkte' ausfindig gemacht werden, die die Perspektiven der weiteren wissenschaftlichen Entwicklung eröffnen. Vor jeder wissenschaftlichen Schule steht früher oder später die Frage nach ihrem weiteren Schicksal: Wer wird die Initiative für die weitere Entwicklung der wissenschaftlichen Ideen ergreifen, wie wird er das tun, und wie wird er das vom Begründer der betreffenden Schule begonnene Werk fortsetzen? Das ist die Frage nach der Lebensfähigkeit der betreffenden wissenschaftlichen Richtung, nach der Fruchtbarkeit des Baumes, der vom Begründer gesetzt wurde, nach der Vitalität der Ideen, die von ihm geäußert und von seinen Schülern aufgegriffen wurden.

Dieser Entwicklungsprozeß kann die äußere Form einer 'Kettenreaktion' annehmen, die in einer bestimmten Schule ihren Anfang nimmt und sich sodann in weitere Schulen verzweigt, die aus der ersteren hervorgehen. Die Wissenschaft lebt und funktioniert auf der Grundlage 'erweiterter Reproduktion' der Wissenschaftlergenerationen. Die Front der Erkenntnis, an der der Mensch den Angriff auf die Natur führt, erweitert sich ständig; die Wissenschaftler dringen in immer tiefere Geheimnisse der Natur und der Materie ein. Folglich entstehen auch unaufhörlich neue Wachstumspunkte, deren Bearbeitung die Bildung neuer wissenschaftlicher Schulen erfordert, die ihrerseits die jungen Wissenschaftler um die strategisch perspektivreichen Richtungen des wissenschaftlichen Fortschritts zusammenschließen.

Es ist deshalb ganz natürlich, daß viele Wissenschaftler, die aus guten wissenschaftlichen Schulen hervorgegangen sind, im Laufe der Zeit selbst zu Begründern neuer wissenschaftlicher Schulen werden und die besten Traditionen ihrer Lehrer fortsetzen. Das ist auch der Grund, warum sich im wissenschaftlichen Fortschritt jene Kontinuität durchsetzt, die eine wichtige Gesetzmäßigkeit in der Entwicklung der modernen Wissenschaft ausmacht. ...

Jeder wahre Wissenschaftler freut sich, wenn seine Nachfolger seine Ideen und Arbeiten weiterverfolgen, weitergehen als er, ihn übertreffen, etwas Neues bringen, das die wissenschaftliche Erkenntnis vertieft und ihren Horizont erweitert. Als man einigen Schülern I. P. Pavlovs vorwarf, daß sie vom Buchstaben der Pavlovschen Lehre abgegangen seien, widersprach das zutiefst dem Begriff des wissenschaftlichen Fortschritts. Nur ein Dogmatiker kann glauben, daß man in der Wissenschaft voranschreiten kann, ohne vom Buchstaben dessen abzugehen, was der Lehrer geschrieben hat. Die Entwicklung wissenschaftlicher Schulen verläuft prinzipiell anders, als die Dogmatiker es sich vorstellen."[40]

So zweifellos es mir ist, daß man von gesellschaftswissenschaftlichen Schulen nur sprechen darf, wenn nicht nur das Haupt in ihr schöpferisch arbeitet, so zweifelhaft ist es mir, ob man die Lebensfähigkeit einer wissenschaftlichen Richtung, die Fruchtbarkeit des Baumes, den das Schulhaupt gepflanzt, die Vitalität seiner Ideen daran messen kann, ob in der Form erweiterter Reproduktion immer neue Schulen aus alten entstehen.

Eine Schule kann ohne Schande, ja bisweilen zum Ruhm ihres Hauptes zu Ende gehen, wenn ihre Ideen oder Methoden Allgemeingut der Wissenschaft geworden sind, oder wenn die Thematik erschöpft ist, oder auch wenn die Schule zwar schöpferische Wissenschaftler beherbergt, von denen aber keiner die Fähigkeit besitzt, Haupt einer Schule zu werden. Mit Recht bemerkt Herneck von den wohl größten deutschen Physikern der letzten 100 Jahre: „Nicht jede schöpferische Persönlichkeit eignet sich dazu, eine Schule ins Leben zu rufen. Einstein hat in seiner Züricher Zeit nur einen Doktoranden gehabt, in Berlin allerdings sehr viele Hörer. Planck hatte wohl einzelne namhafte Schüler, aber keine Schule in unserem Sinne. Überhaupt besaß Planck wenig Kontakt zu seinen Studenten. Er hielt seine Vorlesung, und wenn nicht ein Hörer kam und den Herrn Geheimrat mit einer Frage aufhielt, dann verschwand er sehr rasch wieder aus dem Universitätsgelände. Planck war nicht Mittelpunkt eines Schülerkreises wie Born oder Sommerfeld. Vielleicht hängt das mit der Typologie der Gelehrten zusammen, wie sie Ostwald mit den beiden Hauptgruppen der 'Klassiker' und der 'Romantiker' zu erfassen versuchte. Ein typischer 'Romantiker' mit ungeheurer Ausstrahlungskraft war Liebig; Sommerfeld und Bohr waren das in ähnlicher Weise. Aber Einstein und Planck waren im Ostwaldschen Sinne 'Klassiker' reinsten Wassers, und 'Klassiker' bilden in der Regel keine Schulen. Dies gilt auch für Helmholtz. Hier spielen psychologische und charakterliche Faktoren eine Rolle. Wir sind uns natürlich einig darüber, daß von der Tatsache, daß Planck und Einstein keine wissenschaftliche Schule gestiftet haben, nicht im geringsten das Urteil über ihre bahnbrechenden Leistungen bestimmt sein kann."[41]

Schöpfertum ist eine Voraussetzung dafür, daß man zum Haupt einer Schule werden kann. Doch garantiert Schöpfertum natürlich nicht die Fähigkeit, Haupt einer Schule zu sein.

Ebenso sind die Fähigkeit, Begeisterung für die wissenschaftliche Arbeit zu wekken, und zugleich die Gabe, diese Arbeit zu organisieren, Voraussetzungen dafür, daß man Haupt einer Schule sein kann, aber sie sind notwendige Voraussetzungen auch für den wissenschaftlichen Leiter einer jeden anderen wissenschaftlichen Institution.

Ja kann und sollte man nicht alle positiven Eigenschaften eines Wissenschaftlers als Mitglied einer Wissenschaftlergemeinde aufzählen und nachweisen, daß jede von ihnen wichtig für das Haupt einer Schule ist, keine von ihnen, auch nicht eine Kom-

[40] Ebendort

[41] „spektrum", a. a. O., S. 13.

bination von zweien und dreien jedoch ein wahres Schulhaupt garantieren kann? Das ideale Schulhaupt – keineswegs der ideale Wissenschaftler! – ist eine Kombination ihrer aller.[42]

Keineswegs der ideale Wissenschaftler! Denn bei aller Bedeutung, die wir mit Recht den Schulen zuweisen, wäre es nicht richtig zu sagen, daß der wissenschaftliche Fortschritt allein von ihnen abhängt, oder daß Wissenschaftler, die das Haupt von Schulen sind, notwendigerweise, gewissermaßen selbstverständlich mehr für die Gesellschaft leisten als andere.

Es ist leider üblich geworden, vorschnell Gesetzmäßigkeiten finden zu wollen. So beginnt zum Beispiel B. M. Kedrow seinen Vortrag, aus dem wir so gern bisher zitiert haben, mit folgender Feststellung: „Eine der wichtigsten Gesetzmäßigkeiten der Wissenschaftsentwicklung – in diesem Beitrag geht es um die Naturwissenschaften – ist die strenge Kontinuität der Ideen, Konzeptionen und Forschungsmethoden, die den Inhalt einer jeden Wissenschaft ausmachen. Der Entwicklungsprozeß der Wissenschaft ist das Werk von Menschen verschiedener Generationen, die das von ihnen akkumulierte 'geistige Kapital' gewissermaßen von Mann zu Mann weiterreichen. In diesem Zusammenhang stellt sich das uralte Problem des Verhältnisses von Lehrer und Schüler, von älterer und jüngerer Generation in der Wissenschaft, der Begründer neuer wissenschaftlicher Richtungen und ihrer Nachfolger, kurz: das Problem wissenschaftlicher Schulen."

Und doch ist es eine Grundlehre der Dialektik, daß die Diskontinuität genau so gesetzmäßig ist, wie die „strenge Kontinuität". Die Einseitigkeit Kedrows ist umso merkwürdiger als er in dem unmittelbar folgenden Absatz Marx und Engels zitiert, die so klar die Entwicklung in Kontinuität und Diskontinuität aufzeigen: „Für die Entwicklung der Wissenschaft gilt voll und ganz, was Marx und Engels in der 'Deutschen Ideologie' über die Kontinuität im Entwicklungsprozeß der Gesellschaft schrieben: 'Die Geschichte ist nichts als die Aufeinanderfolge der einzelnen Generationen, von denen jede die ihr von allen vorhergegangenen übermachten Materiale,

[42] *E. S. Bojko* („Schulen") zählt zum Beispiel folgende notwendige Eigenschaften eines Schulhauptes auf:

„1) Der Leiter einer wissenschaftlichen Schule ist der Generator der grundlegenden Ideen.
2) Will das Haupt der Schule seine Funktion als Lehrer erfolgreich erfüllen, so muß er sich auf eine bestimmte, exakt umrissene wissenschaftliche Richtung konzentrieren; anderenfalls kann er nicht in alle Details der von seinen Schülern untersuchten Aufgaben eindringen. Zugleich darf er kein enger Spezialist werden, sondern muß über tiefgehendes, vielseitiges, enzyklopädisches Wissen auf seinem eigenen sowie auf den angrenzenden Wissenschaftsgebieten verfügen.
3) Der Leiter einer wissenschaftlichen Schule muß pädagogisches und thetorisches Talent besitzen.
4) Er muß ein hervorragender Organisator sein.
5) Der Leiter einer wissenschaftlichen Schule muß über bestimmte Persönlichkeitseigenschaften verfügen (Willensstärke, Zielstrebigkeit, Anziehungskraft, Prinzipienfestigkeit usw.).
6) Der Leiter einer wissenschaftlichen Schule muß eine Wertorientierung haben, die zu einer maximal effektiven Tätigkeit des von ihm geleiteten Kollektivs beiträgt."

Kapitalien, Produktionskräfte exploitiert, daher also einerseits unter ganz veränderten Umständen die überkommene Tätigkeit fortsetzt und andrerseits mit einer ganz veränderten Tätigkeit die alten Umstände modifiziert ...'."[43][44]

Nun besteht kein Zweifel, daß die größten Schulhäupter ebenso zur Kontinuität wie zur Diskontinuität des wissenschaftlichen Prozesses beigetragen haben, die größten Wissenschaftler allgemein, die so oft nicht zu Schulhäuptern wurden, aber wohl mehr zur Diskontinuität, das heißt zur Revolution, als zur Kontinuität.

Zwar hat Jaroschewski recht, wenn er bemerkt: „In diesem Zusammenhang sei auf ein wichtiges wissenschaftswissenschaftliches Problem verwiesen, das den wissenschaftlich-sozialen Aspekt der Forschung betrifft: das Verhältnis zwischen einer Schule und der gesamten Gemeinschaft der Wissenschaftler, die – in der Kuhnschen Terminologie – die betreffende 'disziplinäre Matrix' repräsentieren. Eine Schule löst sich nicht nur aus der gesamten Gemeinschaft heraus, sondern stellt sich ihr auch in bestimmter Hinsicht entgegen, wenn andere Schulen und andere Zentren entstehen, die ein anderes kategoriales Profil haben. Je stärker diese Unterschiede im Profil sind, um so energischer verteidigt eine Schule den 'Kern' ihrer Anschauungen gegenüber anderen Schulen."[45]

Aber das bedeutet noch nicht, daß in einem solchen Fall Diskontinuität vorliegt. Die Kontinuität kann in sehr verschiedenen, einander sich sogar „feindlich" gegenüberstehenden, Richtungen stattfinden. Man darf doch nicht vergessen, daß man von verschiedenen sokratischen Schulen spricht, daß die Hegelschule sich in Althegelianer und Junghegelianer spaltete – zu welch letzteren Marx und Engels zeitweilig gehörten –, daß von den Junghegelianern sich, wiederum mit Marx und Engels unter ihnen, die „Feuerbachianer" ausgliederten, und daß schließlich Marx und Engels eine eigene Schule gründeten ... Engels spricht noch in der Vorrede zur amerikanischen Ausgabe von 1887 der „Lage der arbeitenden Klasse in England" von den „Sozialisten der Schule von Marx".[46]

Zweifellos legte jede der sokratischen, legten die beiden Hegelschulen größten Wert darauf, daß sie eine Kontinuität zur Lehre des Hauptes, also von Sokrates bzw. Hegel, darstellten. Bei den Feuerbachianern ist das schon zweifelhafter. Was aber die „Marx-Schule" betrifft, so möchte ich zunächst sagen, daß man zweifellos berechtigt ist, von ihr als solcher in früheren Zeiten zu sprechen. Später jedoch sprengte sie natürlich ihren Rahmen als Schule, ergriff die Massen der Arbeiterklasse und wurde zu einer Weltmacht. Und doch! noch im Nachwort zur zweiten Auflage des „Kapital" von 1873 hebt Marx hervor, daß er sich – vor allem, um dessen überhebliche Kritiker zu treffen – im „Kapital" „als Schüler" von Hegel „offen bekannte".

Man sieht, daß die Frage der Kontinuität und Diskontinuität gerade in der Wissenschaft in Bezug auf Schulen nicht sehr einfach ist. Jedoch besteht kein Zweifel, daß bei den sechs größten Wissenschaftlern der näheren Vergangenheit – Marx,

[43] *Marx/Engels*, Werke, Bd. 3, Berlin 1958, S. 45.
[44] „Schulen"
[45] „Schulen"
[46] *Marx/Engels*, Werke, Bd. 2, Berlin 1957, S. 632.

Engels, Lenin und Darwin, Planck, Einstein – natürlich die Diskontinuität im Fortschritt der Wissenschaft durch ihre Leistungen entscheidend war. Ganz allgemein kann man überhaupt sagen: Bei den bedeutendsten Wissenschaftlern erregt unsere besondere Aufmerksamkeit das Element der Diskontinuität. Ja, ihre wissenschaftliche und damit gesellschaftliche Bedeutung beruht gerade auf dem Element der Diskontinuität in ihrem Schaffen.

Während wir darum vom Haupt einer Schule eine Fülle von Eigenschaften verlangen, unter ihnen auch bedeutendes wissenschaftliches Schöpfertum (und damit auch wohl ein gewisses, aber nicht notwendigerweise charakteristisches Element der Diskontinuität), sind wir uns gleichzeitig klar darüber, daß die Schulhäupter keineswegs zu den ganz wenigen ganz großen Wissenschaftlern ihrer Zeit zu gehören brauchen. Von den sechs soeben genannten, war nur einer, und zwar nur zeitweise, Haupt einer Schule: Marx.

3. *Methodologie und Forschungsgebiet, Theorie, Problematik*

In seiner Studie über „Soziale und kognitive Bedingungen wissenschaftlicher Schulen in Geschichte und Gegenwart“ zitiert und kommentiert Helmut Steiner den sowjetischen Wissenschaftswissenschaftler Rodnyj:

„Rodnyj hebt drei Charakteristiken wissenschaftlicher Schulen hervor: 'Erstens: Die wissenschaftliche Schule stellt sich als ein wissenschaftliches Kollektiv mit einem wissenschaftlichen Leiter dar, der der Autor eines bestimmten Forschungsprogramms ist. Wissenschaftliche Programme solcher Art vereinigen in sich eine Zusammenstellung von Problemen, auf deren Lösung sich das Kollektiv mit einer ganz bestimmten Art des prinzipiellen Herangehens orientiert. Das Vorhandensein solcher Lösungswege setzt beim Leiter der wissenschaftlichen Schule eine theoretische Konzeption voraus, die im Arbeitsprozeß korrigiert und bereichert wird. ... Zweitens: Für die Mehrheit wissenschaftlicher Schulen ist im Unterschied zu anderen wissenschaftlichen Kollektiven eine annähernde Gleichwertigkeit der Forschungsaufgaben einerseits und der Ausbildung origineller Forscher andererseits charakteristisch. ... Zweifellos erweisen sich diejenigen wissenschaftlichen Schulen mit dem größten Einfluß auf die Entwicklung der Wissenschaft, die sich gleichermaßen aktiv der Lösung der Forschungsaufgaben wie auch der Ausbildung neuer Generationen von Wissenschaftlern widmen ... Drittens: Für wissenschaftliche Schulen ist ein bestimmter Arbeitsstil, der auch bei einem Wechsel der Problematik unverändert bleibt, charakteristisch.'[47]

Anknüpfend an eine entsprechende Aussage des englischen Nobelpreisträgers, Sir H. Krebs, sieht Rodnyj im Arbeitsstil die eigentliche Anziehungskraft einer wissenschaftlichen Schule. Er faßt deshalb auch das eine Schule objektiv charakterisierende 'Klima' oder die ihr eigene Arbeitsatmosphäre synonym mit dem sie kennzeichnenden Arbeitsstil. Arbeitsweise, Arbeitsstil und Arbeitsatmosphäre sind für ihn deshalb

[47] *N. I. Rodnyj,* Naučnye školy. „Priroda“, 1972, Nr. 12, S. 84/85.

nahezu identische, auf jeden Fall außerordentlich eng miteinander verbundene Begriffe.[48]"[49]

Ich glaube, daß der Wert, den Rodnyj, Krebs und Steiner auf „Klima, Arbeitsatmosphäre, Arbeitsstil" legen, völlig rechtfertigt, daß ich die systematische Behandlung der Schulen mit einem Abschnitt über das Haupt einer Schule begonnen habe, denn natürlich hängen diese zuerst und zuzweit und zudritt vom Haupt der Schule ab. Hervorragende Mitglieder der Schule können auf Forschungsprogramme, Methodologie usw. einer Schule einen erheblichen Einfluß haben, die, nennen wir es, Arbeitsatmosphäre aber hängt praktisch ausschließlich vom Haupt einer Schule ab, das auch die besten Bemühungen seiner hervorragenden Schüler in dieser Richtung leicht zerstören und umgekehrt, schlechte Eigenschaften hervorragender Schüler auf diesem Gebiet, durchaus erfolgreich kompensieren kann.

In diesem Abschnitt haben wir die Methodologie als erstes genannt, sie vor das Forschungsgebiet gestellt. Das scheint uns aus verschiedenen Gründen richtig.

Einmal halten wir prinzipiell die Methodologie für den wichtigsten Teil der wissenschaftlichen Forschung – ganz allgemein, nicht natürlich in jedem Einzelfall. Denken wir zum Beispiel an das, was Lenin über das wissenschaftliche Werk von Marx gesagt hat: „die Marxisten entlehnen der Marxschen Theorie vorbehaltlos nur die wertvollen Methoden, ohne die eine Aufhellung der gesellschaftlichen Verhältnisse unmöglich ist, und sehen folglich das Kriterium für ihre Beurteilung dieser Verhältnisse keineswegs in abstrakten Schemata und ähnlichem Unsinn, sondern darin, ob diese Beurteilung richtig ist und mit der Wirklichkeit übereinstimmt."[50]

Keine einzige spezielle Theorie von Marx und Engels muß notwendigerweise bestehen in alle Ewigkeit, nur auf ganz wenigen Forschungsgebieten der Gesellschaftswissenschaften haben sie – während sie auf praktisch allen großartige Anregungen gaben – ausführlicher gearbeitet, und auch auf diesen nur in beschränktem Maße – etwa auf dem Gebiet der Politischen Ökonomie systematisch nur auf dem der Politischen Ökonomie des Kapitalismus. Aber ihre Methodologie ist der Schlüssel für alle Gebiete der Gesellschaftswissenschaften und wird es auch für immer bleiben, selbst wenn die Wirtschaft nur noch ein kleines Segment der gesellschaftlichen Aktivität des Menschen geworden ist, da gerade auch diese Tatsache dann „in letzter Instanz" bestimmend für die Gesellschaft geworden ist.

Warum betrachten sich Marx und Engels stets irgendwie als Schüler von Hegel? Doch nicht wegen irgendwelcher Theorien Hegels, nicht einmal wegen irgendwelcher Eigenschaften Hegels als Schulhaupt. Einzig und allein die Methodologie der Hegelschen Aneignung der Welt, und auch hier nur die dialektischen und historischen Methoden sind es, die sie zu Schülern Hegels machen – auch wenn sie die Methodologie noch so sehr vertiefen und in gewisser Weise vom Kopf auf die Beine stellen. So sehr sind sie wahre Schüler von Hegel, daß Lenin mit Recht verlangt, man müsse Hegel lesen, bevor man das „Kapital" wirklich verstehen könne.

Natürlich gibt es auch Schulen, die keine eigene Methodologie entwickeln, die

48 Ebenda, S. 85.

49 „Schulen"

50 *W. I. Lenin,* Werke, Bd. 1, Berlin 1961, S. 189.

eine alte Methodologie auf ein neues Forschungsgebiet anwenden. Zumeist aber wird auf diese Weise auch die Methodologie zumindest modifiziert und so angereichert.

Dabei kann die neue Methodologie bisweilen nur in „ganz einfachen Tricks" bestehen. Nehmen wir etwa einen entscheidenden Bestandteil der Vargaschen Methodologie der Analyse der kapitalistischen Wirtschaft: die Regelmäßigkeit: alle Vierteljahr erschien eine solche Analyse. Die Regelmäßigkeit mußte bei einem ehrlichen, auch über eigene Fehler souverän urteilenden Wissenschaftler wie Varga natürlich auch zu einem kontinuierlichen Kommentar der marxistischen Analyseform und der persönlichen Fähigkeit zur Analyse führen: man mußte an Hand laufender Vergleiche die enorme Überlegenheit der marxistischen über die besten bürgerlichen Analysen, gleichzeitig Grenzen auch der marxistischen Möglichkeiten zu Schlußfolgerungen und Prognose, sowie eigene Fehler in vorangehenden Analysen aufzeigen. Man erkennt an diesem Beispiel, welch enormen Einfluß selbst ein so primitives Element der Methodologie wie die Regelmäßigkeit der gesellschaftswissenschaftlichen Beobachtung – eine Selbstverständlichkeit in den meisten Naturwissenschaften – auf die wissenschaftliche Entwicklung hat.

Wir erkennen aber auch, wie bestimmte Elemente der Methodologie, die einer Schule eigen sind und den Schülern zu Selbstverständlichkeit geworden sind, verloren gehen können, auch heute noch, auch im Sozialismus. Denn mit dem Ende der Varga-Schule ist dieser Teil der Methodologie verloren gegangen – die Fortsetzung auf vor allem quantitativ so kleinem Niveau durch einen einzigen Schüler der vergangenen Varga-Schule ist nur ein schwacher und vereinzelter Abglanz der Vargaschen Leistungen.

Von ganz großer Bedeutung war auch die zuerst von Lenin praktizierte Durchdringung der Statistik mit dem Geiste von Marx, die bei Lenin zur marxistischen Lehre von der Gruppierung führte und auf breitester Basis von Varga und seiner Schule aufgenommen wurde. Ich erinnere nur an die Methode von Varga zur Berechnung der Mehrwertrate aus bürgerlichen Statistiken und ihre Vertiefung durch Kuczynski, an Kuczynskis Anwendung der Leninschen Methodologie der Gruppierung auf die Jahresgruppierung in langen Zeitreihen, bei der er in Wirtschaftszyklendurchschnitte statt in Zehnjahresdurchschnitte teilte. Seiten über Seiten könnte man mit Fortschritten auf dem Gebiete der Methodologie, die Varga und seine Schule gebracht haben, füllen.

Zwar: wenn man die Größe und Eigenart der Varga-Schule charakterisieren will, dann muß man in erster Linie nennen die „Atmosphäre", die sich nicht nur in seinem Institut, sondern überall in der Welt, wo seine Schüler arbeiteten, ausbreitete, aber doch wohl gleichberechtigt daneben, ihre Methodologie.

Mir scheint darum, daß beim Studium der Schulen auf dem Gebiete der Gesellschaftswissenschaften der Methodologie einer Schule weit mehr Aufmerksamkeit gewidmet werden muß, als das bisher geschehen ist.

Das heißt natürlich nicht, daß es nicht auch gesellschaftswissenschaftliche Schulen gibt, die sich durch ihr Forschungsgebiet charakterisieren lassen. Doch scheint mir, daß das öfter in naturwissenschaftlichen als in gesellschaftswissenschaftlichen Schulen der Fall ist.

Es ist viel häufiger Verbindung von Forschungsgebiet und Theorie, die gesellschaftswissenschaftlichen Schulen besonderen Charakter gibt. Und auch da muß man unterscheiden zwischen „Anhängern einer Theorie“ und einer Schule. Sismondi war wohl der hervorragendste Vertreter der Unterkonsumtionstheorie, das heißt der Theorie, die Wirtschaftskrisen im Kapitalismus auf Unterkonsum zurückführt. Dieser hervorragende Gesellschaftswissenschaftler, der von 1773 bis 1842 lebte, hatte niemals eine spezielle „konjunkturtheoretische Schule“ gegründet, fand aber bis in das 20. Jahrhundert Anhänger seiner Konjunkturtheorie. Herbert Spencer hatte mit seiner naturwissenschaftlich begründeten Soziologie einen ganz großen Einfluß in der ganzen gesellschaftswissenschaftlichen Welt der zweiten Hälfte des 19. Jahrhunderts, ohne deswegen Haupt einer Schule zu sein. Ich habe mich viel mit sogenannten langen Reihen in der Wirtschaftsgeschichte beschäftigt und einige auch selbst berechnet (insbesondere für Löhne und Lebenshaltungskosten). Auch in den Zeiten des kältesten Krieges, in denen die Gesellschaftswissenschaftler aller Branchen in der Welt des Kapitals nicht nur meine Arbeiten ablehnten sondern auch mich persönlich mieden, zollte man mir Achtung, ja, gab mir bisweilen ein herzliches Willkommen von Seiten anderer Konstrukteure langer Reihen – Walther G. Hoffmann, der beste und eifrigste Errechner langer Reihen in der BRD sprach mir von einer „Bruderschaft der Langreiher“. Aber niemals hat es eine Schule der „Langreiher“ gegeben, auch nicht in England, wo zuerst solche langen Reihen berechnet wurden, auch nicht in den USA, für die die meisten langen Reihen konstruiert worden sind. Mit einigen hervorragenden Mitgliedern der Varga-Schule habe ich nicht korrespondiert, obgleich wir uns immer freuten, uns zu sehen, wenn wir uns trafen. Es gibt aber wohl keinen hervorragenden Berechner langer Reihen in der Welt, mit dem ich bis 1968 nicht irgendwann korrespondiert habe. Wie eng in gewisser Weise also kann das Arbeitsgebiet die Wissenschaftler binden – ohne daß diese Bindung irgend etwas mit einer Schule zu tun hat.

Umgekehrt aber kann eine Methodologie, die eine Schule ausmacht, die verschiedensten Forschungsgebiete der Gesellschaftswissenschaften vereinen. Das heißt, ich würde hinsichtlich der Bedeutung für die Schulenbildung unter Gesellschaftswissenschaftlern das Forschungsgebiet nach der „Arbeitsatmosphäre“ und der Methodologie erst an dritte Stelle setzen. In diesem Zusammenhang ist es interessant, Formulierungen von I. A. Arschawski zu zitieren, der meint, daß „das erste und wichtigste Merkmal einer wissenschaftlichen Schule darin besteht, daß der an der Spitze des von ihm geschaffenen Kollektivs stehende Leiter originelle Ideen oder Theorien hervorbringt, auf denen aufbauend eine in der Wissenschaft völlig neue Forschungsrichtung entsteht ... Das bearbeitete Problem braucht dabei gar nicht unbedingt neu zu sein. Sind der Leiter und die sich um ihn gruppierenden Schüler jedoch durch solche gemeinsamen schöpferischen und theoretischen Prinzipien miteinander verbunden, die z. B. eine neue Interpretation oder eine neue Art und Weise der Erforschung eines bereits bekannten Problems betreffen, oder schließen sie sich auf der Grundlage einer vom Leiter entwickelten neuen Theorie zusammen, die einem schon bekannten Problem prinzipiell neue Aspekte abgewinnt, so ist es auch in einem solchen Falle berechtigt, das entsprechende Kollektiv eine Schule zu nennen."[51], [52] Hier wird deutlich gesagt, daß weder das Forschungsgebiet im weiteren Sinne noch die Problematik im engeren Sinne neu zu sein brauchen.

Nicht unähnlich, ja noch weitergehend argumentiert A. M. Cukerman. Seiner Meinung nach brauchen weder Methodologie noch Forschungsgebiet eine Schule zu einen. Es genügt unter Umständen der „Geist", den der Leiter der Schule einflößt. Von der Schule Terentjews sagt er: „Die wissenschaftliche Thematik der Schüler Terent'evs und die Methoden, mit denen sie arbeiten, sind verschieden; sie alle vereint jedoch das Streben, chemische Aufgaben auf nichttriviale Art zu lösen, nach verborgenen und fernliegenden Analogien zu suchen sowie das Bedürfnis, ihren wissenschaftlichen Arbeiten praktische Anwendungen zu erschließen. In diesem Sinne können wir von einer wissenschaftlichen Schule A. P. Terent'evs sprechen."[53] – nichttriviale Art und Analogieensuche – auch das gehört zum „Geist". In dieser Richtung argumentiert auch in gewisser Weise Jaroschewski, wenn er schreibt: „Obgleich die Tätigkeit der Individuen in der wissenschaftlichen Sozietät durch die Struktur der Gemeinschaft determiniert ist, zeichnet sie sich durch einen nicht wiederholbaren persönlichen Stil aus, der das geistige und moralische Antlitz der Gruppe prägt. Bekanntlich hängt eine Schule von den Persönlichkeitseigenschaften ihres 'Lehrers' ab; das wissenschaftliche Selbstbewußtsein assoziiert eine Schule voll und ganz mit der Person ihres Leiters. Man versuche, sich die Schule von Liebig oder Pavlov, Wundt oder Bohr unabhängig von den Persönlichkeitscharakteristika der Leiter dieser Schulen vorzustellen. Nicht selten deckt sich die Biographie einer Schule mit der Biographie ihres Leiters: mit dessen Weggang hört auch die Schule auf zu existieren."[54]

Während ich mit Jaroschewski soweit übereinstimme, daß eine gesellschaftswissenschaftliche Schule ohne ein Haupt mir nur selten möglich erscheint, muß man sich doch sehr ernstlich folgende Überlegung von Steiner durchdenken, der als erstes Charakteristikum einer Schule nennt:

„Eine wissenschaftliche Schule entwickelt sich auf einem neuen Gebiet der Theorie oder Methodologie und Methodik im Prozeß der Differenzierung und Integration der Wissenschaften. Das kann sich sowohl innerhalb einer Wissenschaftsdisziplin oder bei der interdisziplinären Zusammenarbeit am Beginn oder selbst in der Vorbereitungsphase einer neuen Wissenschaftsdisziplin oder eines Spezialgebietes vollziehen.

Nur von einem solchen Ausgangspunkt kann die soziale Funktion wissenschaftlicher Schulen in der *objektiven* Wissenschaftsentwicklung bestimmt werden. Die Persönlichkeitseigenschaften des Leiters einer wissenschaftlichen Schule werden nur auf einem solchen unabdingbar notwendigen theoretisch oder methodisch neuen und erweiterungsfähigen Konzept wirksam."[55]

[51] *I. A. Aršavskij:* Rol' A. A. Uchtomskogo – učenogo i ličnosti v sozdanii fiziologičeskoj školy Leningradskogo universiteta, XIII. Meždunarodnyj kongress istorii nauki, Moskau, 18–24 August 1971. Moskau 1971, S. 18.

[52] „Schulen" [53] „Schulen"

[54] „Schulen"

[55] „Schulen"

Das, was Steiner hier richtig herausarbeitet, ist, daß es eine Theorie oder eine Methodologie sein kann, die eine Schule auszeichnet. Allerdings scheint er zu übersehen, daß eine Schule sich auch bilden kann auf Grund der Anwendung einer altbekannten Theorie oder altbekannten Methode auf ein altes Forschungsgebiet, auf das sie bisher nicht angewandt wurden – also etwa die Anwendung der Wahrscheinlichkeitsrechnung in der Biologie.

Recht hat Steiner auch, daß nur so, wie er es vorschlägt, (mit meiner zusätzlichen Bemerkung) die „soziale Funktion wissenschaftlicher Schulen in der objektiven Wissenschaftsentwicklung bestimmt werden kann".

Wie aber, wenn in einer Zeit des Dogmatismus, von denen wir viele in den letzten 3000 Jahren bis in die Gegenwart des Sozialismus erlebt haben, das Haupt einer Schule echten wissenschaftlichen Meinungsstreit bewahrt oder wieder einführt. Das ist weder eine Methodologie, noch ein Forschungsgebiet, noch eine Theorie. Das gehört zu dem, was wir Arbeitsatmosphäre, Arbeitsstil nennen. Und auch das kann in einer solchen Zeit bisweilen eine Schule charakterisieren, ja sie geradezu begründen.

Man darf darum, meiner Ansicht nach, nicht glauben, daß allein die objektiven Faktoren als Basis der Wirksamkeit des Hauptes eine Schule konstituieren. Es kann auch der subjektive Faktor des Schulhauptes sein, der überhaupt die Entwicklung der objektiven Faktoren zeitweise (!) zuläßt. Und da Schulen an sich nur zeitweise existieren, weil sie entweder sich in dem allgemeinen wissenschaftlichen Betrieb auflösen oder nach Erfüllung ihrer Aufgabe absterben, kann die zeitweise so überwiegende subjektive Rolle des Hauptes einer Schule mit der ja auch nur zeitweisen Existenz einer Schule voll und ganz zusammenfallen.

Ich würde darum abschließend zu den gesellschaftswissenschaftlichen – nicht etwa allgemein zu wissenschaftlichen – Schulen sagen:

Eine gesellschaftswissenschaftliche Schule muß im allgemeinen ein Haupt haben. Da das Haupt wissenschaftlich schöpferisch sein muß – das Minimum solchen Schöpfertums ist in relativ wenig schöpferischen Zeiten des Dogmatismus die Sicherung des Meinungsstreits –, wird die Schule, sei es in der Entwicklung einer Methodologie, eines Forschungsgebiets, einer Theorie, einer Problematik schöpferisch sein. Entscheidend für den Charakter einer Schule kann aber unter bestimmten Umständen allein die vom Haupt einer Schule ausgehende Arbeitsatmosphäre sein.

Zumeist wird eine Schule einerseits durch ihre vom Haupt stärkstenst beeinflußte Arbeitsatmosphäre und andererseits durch die Methodologie ihrer Arbeit oder durch ein besonderes Forschungsgebiet oder eine Theorie oder eine Problematik in ihrem Charakter, in ihrer Eigenart bestimmt. Dabei spielt die Methodologie eine größere Rolle als bisher im allgemeinen angenommen wird.

Es ist offenbar, daß es sich hier nicht um eine präzise Definition der gesellschaftswissenschaftlichen Schule handelt. Aber ich glaube kaum, daß wir heute schon weitergehen können. Wer selbst einer solchen Schule angehört hat, kann zwar nicht etwa ihre Leistungen, wohl aber das „Schulische" an ihr weit besser beurteilen als Außenseiter. Unglücklicherweise haben nun kaum irgendwelche Gesellschaftswissenschaftler auch nur etwas ausführlicher über eine Schule, die sie gegründet oder der sie angehört haben, geschrieben, unglücklicherweise gibt es kaum gesellschaftswissenschaftliche

Schulen in den Ländern des Sozialismus; nicht unglücklicherweise sondern ganz natürlich im gegenwärtigen Verfallstadium des Kapitalismus gibt es kaum noch bürgerliche gesellschaftswissenschaftliche Schulen von gewissem Format und gewisser Dauer. Darum müssen solche Studien noch etwas sehr Tastendes, etwas sehr Vages und in den Formulierungen Vorsichtiges haben.

4. Typen von Schulen

Eine Reihe sowjetischer Naturwissenschaftler oder Wissenschaftswissenschaftler, die sich mit dem Problem der Schulen beschäftigt haben, unterscheiden zwischen „klassischen" Schulen und modernen Schulen; manche meinen gar, daß es noch einen dritten Typ von Schulen gäbe.

K. A. Lange, der wohl den Ausdruck eingeführt hat, definiert die „klassische" Schule so:

„Wissenschaftliche Schulen, deren Hauptaufgabe die Ausbildung erfahrener Wissenschaftler und Experimentatoren war, entstanden zuerst Ende des 18. und zu Beginn des 19. Jahrhunderts, also etwa zu der Zeit, als es auch zur Bildung wissenschaftlicher Kollektive kam, die mehrere Wissenschaftler und deren Assistenten in einem Laboratorium vereinigten. Die Bildung solcher wissenschaftlicher Schulen war durch die ungenügende Vorbereitung der Studenten auf die Forschungstätigkeit bedingt. Sie hatten an den Hochschulen nicht die praktischen Fertigkeiten vermittelt bekommen, die sie für die experimentelle Arbeit benötigten. Claude Bernard betonte in diesem Zusammenhang im Jahre 1865: 'Ein Professor, der von seiner ... Lehrkanzel aus die bereits vorliegenden Ergebnisse einer Wissenschaft sowie ihrer Methode darlegt, bildet zwar den Geist seiner Hörer und befähigt sie zu lernen ..., er kann aber nicht den Anspruch erheben, sie zu Forschern zu erziehen. Nur in den Laboratorien findet man die echte Schule des wahren Experimentalforschers.'[56]

Die Entstehungs- und Entwicklungsgeschichte wissenschaftlicher Schulen im 19. Jahrhundert zeugt davon, daß sie in erster Linie immer dann entstanden, wenn sich ein ausgezeichneter Experimentator fand, der zugleich über hervorragende pädagogische Fähigkeiten verfügte. In diesen Schulen lernten die Studenten und jungen Wissenschaftler die experimentelle Arbeit, wurden sie mit der wissenschaftlich-schöpferischen Arbeit vertraut und zu qualifizierten Experimentatoren herangebildet, die zu selbständiger Forschungstätigkeit fähig waren. Eine wichtige Rolle bei der Herausbildung und Entwicklung wissenschaftlicher Schulen spielte sicher auch die persönliche Interessiertheit einiger Leiter von Schulen an der Bearbeitung bestimmter wissenschaftlicher Probleme. Im Lehrprozeß wurden die Schüler zu Assistenten des Lehrers; einige verblieben auch später noch am Lehrstuhl oder im Laboratorium und bildeten so die Grundlage für ein echtes Forschungskollektiv. Die Bezeichnung 'wissenschaftliche Schule' entsprach also völlig jenen Zielen und Aufgaben, die solchen Kollektiven im vergangenen Jahrhundert gestellt waren: es waren Schulen

[56] *C. Bernard*, Einführung in das Studium der experimentellen Medizin, Leipzig 1961, S. 212.

der experimentellen Meisterschaft. Zur Festigung der Lehrer-Schüler-Beziehungen in solchen Kollektiven trug auch die Tatsache bei, daß die wissenschaftlichen Schulen nahezu ausschließlich auf der Basis von Hochschuleinrichtungen entstanden. ...

Die erste, 'klassische' Betrachtungsweise sieht als die Grundfunktion einer wissenschaftlichen Schule nach wie vor die Lehre experimenteller Meisterschaft in Verbindung mit der für die betreffende Schule typischen wissenschaftlichen Denkweise und den Besonderheiten beim Herangehen an die Lösung wissenschaftlicher Probleme an. In dieser Sicht üben Schulen nicht so sehr einen Einfluß auf die Bearbeitung einzelner wissenschaftlicher Richtungen und Probleme aus, als vielmehr auf die Entwicklung ganzer wissenschaftlicher Disziplinen, auf das wissenschaftliche Potential eines Landes, wobei sie für die Ausbildung von Wissenschaftlern mit einem hinreichend breiten Profil sorgen, die zu selbständiger Forschungsarbeit fähig sind. Indem sie die Selbständigkeit der jungen Wissenschaftler stimulieren, ihnen Initiative und hohe moralische Eigenschaften anerziehen, sichern derartige wissenschaftliche Schulen einerseits die Kontinuität des Wissens und erkennen andererseits zugleich die Gefahren, die aus einem übermäßigen 'Festhalten' an traditionellen Methoden, Theorien und Hypothesen der betreffenden Schule resultieren. Die Entwicklung solcher Schulen vollzieht sich in der Regel innerhalb von Hochschulen, in denen die relative Breite der wissenschaftlichen Aufgabenstellung durch den Lehrprozeß bedingt ist und der Leiter der wissenschaftlichen Schule sich seine Schüler unter den für bestimmte Forschungsarbeiten begabtesten Studenten auswählen kann. Dagegen ist für wissenschaftliche Kollektive in Forschungseinrichtungen in den letzten Jahrzehnten eine immer stärkere Spezialisierung und Profilierung charakteristisch, die es praktisch unmöglich macht, daß sich auf der Basis von Forschungsinstituten 'klassische' wissenschaftliche Schulen herausbilden."[57]

Mirski geht bei seiner Untersuchung des Charakters der klassischen Schule von den Schulen auf einem ganz anderen Gebiet gesellschaftlicher Tätigkeit aus: „Seit der Renaissance existieren solche Schulen in der bildenden Kunst und im Kunstgewerbe. Ihre Organisationsformen sind recht entwickelt und standardisiert. Generationen talentierter Schüler gruppieren sich um einen berühmten Meister, der die Lehre und die materiellen Existenzbedingungen der Schule sichert. Später gründen einige der Schüler eigene Schulen und sichern so Kontinuität und Entwicklung der Tradition. Die Möglichkeit, Schüler aus einer großen Gruppe von Bewerbern auszuwählen, erlaubt es, die Fähigsten zu wählen, und die Beherrschung eines Handwerks unterdrückt keineswegs das Talent, sondern ist sogar eine einzigartige Bedingung, damit es sich entfalten und entwickeln kann. Ein wichtiges Ergebnis der Ausbildung ist neben technischen Fertigkeiten auf dem gewählten Fachgebiet die Fähigkeit, Instrumente und Ausrüstungen oder zumindest Zeichnungen und Beschreibungen derselben anzufertigen, auf Grund derer diese Instrumente beim Handwerker in Auftrag gegeben werden können. Der Schüler durchläuft so allmählich die gesamte Ausbildung vom Neuling bis zum selbständigen Bearbeiter von Aufträgen."

Und dann fährt er fort:

[57] „Schulen"

„Alle diese Kennzeichen gelten auch für die sich in der zweiten Hälfte des 18. Jahrhunderts herausbildenden klassischen Schulen der Naturwissenschaft. Dabei geht es natürlich nicht um eine inhaltliche Identität, sondern um eine weitgehende Übereinstimmung der Organisationsmuster und -prinzipien. Auf ähnlichen Organisationsschemata basierend, unterscheiden sich die entsprechenden Vereinigungen doch grundlegend im Charakter der schöpferischen Tätigkeit voneinander. Während den Künstler eine hohe Meisterschaft auszeichnen muß, damit er einmalige und unwiederholbare Kunstwerke schaffen kann, läuft die Ausbildung des Naturwissenschaftlers stets darauf hinaus, daß er die Technik und die Beschreibung des Experiments auf einem solchen Niveau beherrscht, daß eine von ihm einmal gemachte Entdeckung von einem beliebigen Kollegen wiederholt werden kann. Schon seinerzeit galt ein nicht wiederholbares Experiment gewöhnlich als Kuriosum, dessen Wert für die Wissenschaft äußerst zweifelhaft war. Auch die Rolle des Leiters und der Öffentlichkeit bei der Anerkennung der Resultate von Mitgliedern einer Schule war im Falle von Künstlerschulen und von Wissenschaftlerschulen jeweils ganz verschieden. Das Werk eines Künstlers bewerten sowohl der Lehrer und die Kollegen als auch der Auftraggeber, das Publikum sowie die schon früh entstandene Institution der Kunstkritik. Die Entdeckung eines Wissenschaftlers hingegen konnte, wenn sie noch keine unmittelbare praktische Anwendung gefunden hatte, nur von einer kleinen Gruppe von Kollegen bewertet und anerkannt werden, nämlich nur von denen, die von der betreffenden Entdeckung wußten und die entsprechende Apparatur besaßen, um das Experiment wiederholen zu können. Der Naturwissenschaftler ist also in allen Phasen seiner Tätigkeit und bei der Bewertung seiner Ergebnisse ausschließlich auf die Gemeinschaft der Fachleute angewiesen, die sowohl die Rolle von Mitarbeitern als auch von Kritikern und Publikum spielt. Größe, Zusammensetzung und Autorität sowie Effektivität dieser Gemeinschaft werden hauptsächlich durch folgende Faktoren bestimmt:

a) durch die Mittel, um ein einmal erzieltes Ergebnis reproduzieren zu können sowie durch Bewertungsnormen, die es ermöglichen, die vom betreffenden Autor vorgeschlagene Interpretation des Ergebnisses zu diskutieren;

b) durch die Mittel, um Mitglieder der Gemeinschaft zu informieren sowie durch einen Rückkopplungsmechanismus, über den der Autor über die Resultate der Diskussion und die Bewertung seines Beitrags informiert wird;

c) durch die bestimmte Art und Weise in der ein wissenschaftliches Ergebnis fixiert und in das System des akkumulierten Wissens aufgenommen wird.

Wie und in welcher Kombination bestimmen diese Fakten die Existenz und Entwicklung der klassischen wissenschaftlichen Schule? In ihr gelten als Standards vor allem die Vorstellungen und die Autorität des Lehrers sowie – je nach dem Entwicklungsstand der Schule – auch die Formalisierung dieser Vorstellungen in der öffentlichen Meinung ihrer Mitglieder. Die unmittelbare Kommunikation innerhalb der Schule macht es einerseits möglich, ein bestimmtes Experiment mit derselben Apparatur zu wiederholen, und garantiert andererseits, daß der Fluß der Informationen über die wissenschaftlichen Ergebnisse und ihre Bewertung in beiden Richtungen in hohem Maße operativ sein kann. Schließlich bietet das einheitliche methodologische und theoretische Programm (faktisch ist das immer das Programm des Lehrers) die Möglichkeit, die auf seiner Grundlage erzielten Ergebnisse zu akkumulieren. Das Mikroklima der Schule, in der jeder alles über jeden weiß, hebt das Problem der Priorität auf. Mit anderen Worten, wenn sich das Programm der Schule als fruchtbar erweist, dann garantiert das organisatorische Schema der Zusammenarbeit in allen Phasen einen schnellen Fortschritt in der Forschung."[58]

An die klassischen Schulen schließen sich nach Ansicht dieser und anderer Forscher mit dem Beginn des 20. Jahrhunderts die sogenannten modernen Schulen an. S. D. Chajtun deutet die Unterschiede zwischen der klassischen und der modernen Schule so an:

„In dem Maße, wie sich die kollektiven Organisationsformen der Wissenschaft entwickelten, sie einen institutionalisierten Status erlangten und Institute und Laboratorien entstanden, beginnt die 'klassische' wissenschaftliche Schule als Übergangsform von der individuellen zur kollektiven Organisationsform der wissenschaftlichen Arbeit ihre Bedeutung zu verlieren.

Heißt das, daß damit die wissenschaftliche Schule überhaupt ihre Bedeutung verliert? Wir sind der Auffassung, daß diese Frage verneint werden muß. Die wissenschaftliche Schule spielt auch heute noch eine Rolle, wenngleich sie andere Funktionen hat und dementsprechend ihr Inhalt sich geändert hat.

Ungeachtet aller ihrer Vorzüge hat die disziplinäre Organisation der Wissenschaft organische Mängel: 'Der zentrale Strukturwiderspruch der wissenschaftlichen Tätigkeit ist der Widerspruch zwischen ihren erstarrten Organisationsformen und der ihr eigenen Dynamik, die maximale Adaptationsfähigkeit und Elastizität der Organisationsformen erfordert.'[59] Die Tatsache, daß die gegenwärtigen Forschungslaboratorien und -institute jeweils einer bestimmten wissenschaftlichen Disziplin 'zugeordnet' sind, erschwert das Entstehen neuer wissenschaftlicher Richtungen, die sich in der Regel an den Nahtstellen der Wissenschaftsgebiete bilden. Die neue Wissenschaftsdisziplin, der erst im Laufe der Zeit 'ihr' Institut zugewiesen wird, hat im Anfangsstadium ihrer Entwicklung noch keinen Platz in der starren Organisationsstruktur der heutigen Wissenschaft. Erst wenn sie sich soweit entwickelt hat, daß sie ein klares Profil erlangt hat, wird für sie unter den Bedingungen der disziplinär organisierten Wissenschaft ein entsprechendes institutionalisiertes Kollektiv (Institut) eingerichtet.

So ist auch unter den gegenwärtigen Bedingungen der disziplinären Organisation der Wissenschaft wiederum die wissenschaftliche Schule als eine informelle Gruppierung von Wissenschaftlern um einen hervorragenden Wissenschaftler, der aber nunmehr in einem Forschungsinstitut arbeitet, die natürliche Form der Koordinierung der Arbeit der Wissenschaftler bei der Bildung neuer wissenschaftlicher Richtungen. Ihr Hauptunterschied zur 'klassischen' Schule besteht darin, daß die durch sie vereinten Wissenschaftler in die Sphäre der kollektiven Arbeit einbezogen sind und ihre informelle Zusammenarbeit im Rahmen der Schule sich mit ihrer Arbeit im

58 „Schulen"
59 *J. M. Šejnin,* Nauka i organizacija, in: Organizacija naučnoj dejatel'nosti, Moskau 1968, S. 114.

jeweiligen Forschungsinstitut überlagert. Ein anderer Unterschied ist der, daß die Schule nunmehr weniger an einen einzelnen Leiter 'gebunden' ist. Das Schicksal der neuen wissenschaftlichen Richtung hängt wenig von einem einzelnen, noch so hervorragenden Wissenschaftler ab, und die Gruppierung erfolgt weniger um den Leiter als vielmehr um den Forschungsgegenstand."[60]

K. A. Lange leitet die modernen Schulen daraus ab, daß „für wissenschaftliche Kollektive in Forschungseinrichtungen in den letzten Jahrzehnten eine immer stärkere Spezialisierung und Profilierung charakteristisch ist, die es praktisch unmöglich macht, daß sich auf der Basis von Forschungsinstituten 'klassische' wissenschaftliche Schulen herausbilden." Und dann stellt er die Charakteristiken der „klassischen" und der „gegenwärtigen" Schulen so gegenüber:

„Die 'klassische' wissenschaftliche Schule ist ein informelles wissenschaftliches Kollektiv, das sich um einen bedeutenden Wissenschaftler mit hervorragenden pädagogischen Fähigkeiten formiert, um experimentelle Meisterschaft zu erwerben und aktuelle wissenschaftliche Probleme zu lösen. Ein solches Kollektiv ist dadurch gekennzeichnet, daß es über gemeinsame Prinzipien und methodische Grundlagen für die Lösung der wissenschaftlichen Probleme verfügt, allen seinen Mitgliedern die ständige Entwicklung und Vervollkommnung ihrer Kenntnisse sichert und Bedingungen schafft, die für die freie und schöpferische Entfaltung der individuellen Fähigkeiten eines jeden Angehörigen des Kollektivs notwendig sind. 'Klassische' wissenschaftliche Schulen bilden sich ausschließlich auf der Basis von Hochschulen.

Die gegenwärtige wissenschaftliche Schule ist ein informelles wissenschaftliches Kollektiv, das sich um einen bedeutenden Wissenschaftler mit hervorragenden Eigenschaften eines Experimentators und Pädagogen formiert, um experimentelle Meisterschaft zu erwerben und bestimmte wissenschaftliche Probleme zu lösen. Wie die 'klassische' Schule ist auch dieses Kollektiv dadurch gekennzeichnet, daß es über gemeinsame Prinzipien und methodische Grundlagen für die Lösung wissenschaftlicher Probleme verfügt, allen seinen Mitgliedern die ständige Entwicklung und Vervollkommnung ihrer Kenntnisse sichert und Bedingungen schafft, die für die freie und schöpferische Entfaltung der individuellen Fähigkeiten eines jeden Mitglieds des Kollektivs notwendig sind. Gegenwärtige wissenschaftliche Schulen können auf der Basis von Forschungsinstituten entstehen, falls zwischen diesen und entsprechenden Hochschulen ein enger Zusammenhang besteht. Dieser Zusammenhang muß sich auf die Gemeinsamkeit der wissenschaftlichen Interessen und das gemeinsame Interesse an der Erziehung junger Wissenschaftler und Experimentatoren gründen."[61]

Schließlich sei noch Mirski über die modernen Schulen zitiert. Eine der wichtigsten Funktionen der klassischen Schulen scheint ihm die Ausbildung von hervorragenden Technikern des Experiments, die Sicherung eines Nachwuchses, Diskussion, Kritik und Information. All das wird heute auch ohne Schulen gesichert. Wozu sind also heute noch Schulen notwendig? wo finden wir sie? Er antwortet:

„Wenn wir also den funktionalen 'Raum' bestimmen wollen, in dem es am aussichtsreichsten ist, nach gegenwärtigen wissenschaftlichen Schulen zu suchen, dann

[60] „Schulen" [61] „Schulen"

haben wir sinnvollerweise die heutige Wissenschaft nach Situationen zu durchmustern, in denen trotz der aufgezählten Mittel für die Regulierung der wissenschaftlichen Tätigkeit und der Beziehungen zwischen den Mitgliedern der Forschergemeinschaft ein Bedürfnis nach hinreichend stabilen und relativ isolierten Gruppierungen mit einem eigenen Regulierungssystem entsteht. Hierbei setzen wir natürlich voraus, daß die in einer wissenschaftlichen Schule vereinten Forscher sich hinsichtlich ihrer individuellen Eigenschaften und ihrer Motivation nicht von ihren Kollegen außerhalb der Schule unterscheiden und daß die Autonomie und Isoliertheit der wissenschaftlichen Schule letzten Endes kein Selbstzweck, sondern lediglich ein notwendiges Mittel ist, um eine neue Art des Vorgehens in der Forschung (ein neues konzeptionelles Schema, früher auf diesem Forschungsgebiet nicht angewandte Methoden zur Gewinnung und Bewertung von Daten usw.) durchzusetzen.

Überdies bedeutet die Neuheit eines methodischen Vorgehens in der Forschung keineswegs, daß sich seine Anhänger isolieren müssen. Gewöhnlich ist der Leiter daran interessiert, den neuen Ideen eine maximale Zahl von Anhängern zuzuführen. Wie eine Reihe wissenschaftswissenschaftlicher Untersuchungen zeigen, wachsen neue wissenschaftliche Richtungen gerade deshalb so schnell, weil sich die neuen Ideen nicht nur unter den Schülern des Leiters ausbreiten, sondern auch bereits auf dem Gebiet arbeitende Forscher anziehen, die zu dem Autor der neuen Ideen durchaus nicht in einem Schüler-Lehrer-Verhältnis stehen. Die Isolierung der Schule wird nur dann erforderlich, wenn das Vorgehen des Leiters (und der Schule insgesamt) den auf diesem Wissensgebiet gängigen Kriterien der Wissenschaftlichkeit widerspricht (die inhaltlichen oder methodologischen Voraussetzungen wesentlich erweitert werden, sich das Verfahren der Argumentation ändert usw.).

Sind diese Widersprüche genügend wesentlich, so schalten sich die Mechanismen zur Erhaltung der Ganzheitlichkeit und der sie garantierenden Normative ein. Die Wirkung dieser Mechanismen besteht vor allem darin, daß die wissenschaftliche Gemeinschaft des betreffenden Forschungsgebiets das neue Vorgehen ignoriert (selbst wenn der Autor darüber publiziert hat) und in ihm keinen Gegenstand konstruktiver Kritik erblickt. Bestenfalls wird es gelegentlich als ein Kuriosum erwähnt.[62]

Der Autor des neuen Vorgehens ist also gezwungen, wenn er die Entwicklung und Verbreitung seiner Ideen erreichen will, mit seinen Schülern und Anhängern eine neue Gemeinschaft zu bilden, die gegenüber der schon bestehenden autonom ist und in Opposition zu ihr steht.[63]

62 Eine recht reiche Zusammenstellung solcher Situationen in der Wissenschaftsgeschichte und ihre primäre Analyse findet sich in: Mulkay: The Social Process of Innovation London 1972.

63 In den Fällen, wo dies – aus welchen Gründen auch immer – nicht gelingt, die Ideen selbst aber für die Wissenschaft wichtig sind, werden sie nach einer gewissen Zeit (oder in einer „benachbarten" Gemeinschaft) erneut entdeckt; in der Wissenschaftsgeschichte erscheint dann wieder einmal eine neue Serie tiefgründiger Erörterungen über eine „Entdeckung (Methode, Idee), die ihrer Zeit vorauseilte". Wir sind der Auffassung, daß Entdeckungen nicht in der Zeit, sondern in einer bestimmten wissenschaftlichen Gemeinschaft gemacht werden und versuchen gerade am Beispiel wissenschaftlicher Schulen eine der Varianten der „Einführung" neuer Ideen in die wissenschaftliche Gemeinschaft zu verfolgen.

Wie aber kann es bewerkstelligt werden, daß eine Schule in relativer Isolierung zur übrigen Gemeinschaft und noch dazu in Opposition zu ihr bestehen kann? Dies hängt von vielen Bedingungen ab, unter denen das wissenschaftliche Potential und die Persönlichkeitseigenschaften des Leiters sowie sein Status in der Wissenschaft die wichtigsten sind. Die hierzu notwendigen Eigenschaften ergeben sich aus den Aufgaben, die vor dem Lehrer stehen, und aus den Verpflichtungen, die er gewöhnlich nicht in expliziter Form vor seinen Anhängern übernimmt.

Vor allem muß er bereits während der Entstehung der Schule über ein Programm für die Entwicklung seiner Ideen verfügen, in dem die selbständige Tätigkeit seiner Schüler unter Berücksichtigung dessen vorgesehen ist, daß sie dem Lehrer in bezug auf Erfahrungen und Kenntnisse nachstehen. In diesem Programm (das später nicht selten zu einem selbständigen Dokument von der Art eines Manifests ausgebaut wird) müssen die methodologischen und theoretischen Vorstellungen expliziert und kritisiert werden, die es bisher verhinderten, daß die Vorgehensweise des Leiters von der bestehenden wissenschaftlichen Gemeinschaft anerkannt wurde, und müssen die Vorzüge, der neuartige Charakter der vorgeschlagenen Methode und ihre Fruchtbarkeit für die Lösung wichtiger Probleme der Wissenschaft in höchst überzeugender Weise demonstriert werden. Der letztgenannte Umstand bedarf eines ausführlichen Kommentars.

Die kritische und mitunter auch geringschätzige Haltung, die die Mitglieder einer Schule zu den auf dem betreffenden Forschungsgebiet gängigen Normen und Standards einnehmen, basiert nicht auf einem Marginal-, sondern auf einem Elitebewußtsein, auf der Vorstellung, daß das Herangehen des Lehrers (und dementsprechend auch der seine Ideen teilenden Anhänger) so progressiv ist, daß die 'Konservativen' und 'Reaktionäre' außerhalb der Schule einfach nicht in der Lage sind, es zu verstehen und zu würdigen. Daß eine solche Position überhaupt eingenommen werden kann, hängt weitgehend mit der hierarchischen Struktur der gegenwärtigen Wissenschaft und ihrer Widerspiegelung im Bewußtsein der Wissenschaft zusammen. Jeder Forscher fühlt sich gleichzeitig als Mitglied einer ganzen Hierarchie von Gemeinschaften (z. B. als Uredinologe, Mykologe, Botaniker, Biologe, Naturwissenschaftler). Jedes folgende Niveau besitzt in seinen Augen wesentlichere Wertorientierungen.[64]

Andererseits umfaßt das System der Standards der Wissenschaftlichkeit auf jeder einzelnen Hierarchieebene konventionelle Elemente, d. h. eine Reihe von Annahmen, die von den Mitgliedern der betreffenden Gemeinschaft als selbstverständlich akzeptiert werden. Im Programm einer Schule zielt nun der theoretisch-methodologische Teil gewöhnlich gerade darauf ab, bestimmte Elemente dieses Typs durch andere zu ersetzen. Zu diesem Zweck werden, erstens, die konventionellen Elemente des bisherigen Programms expliziert und gezeigt, daß es sich bei ihnen nicht um wissenschaftliche Gesetze, sondern um spekulative Annahmen handelt, denen eine bestimmte Gruppe von Wissenschaftlern bisher gehuldigt hat. Diese Kritik wird immer von der

[64] Eine solche Vorstellung wird auch „materiell" durch die in der Wissenschaft bestehende Hierarchie von Auszeichnungen und Anerkennungen (Prämien, Medaillen, Ehrentiteln u. a.) untermauert.

jeweils höheren Hierarchieebene aus geführt, d. h., es wird gezeigt, daß die auf dem betreffenden Forschungsgebiet gängigen Vorgehensweisen mit den ihnen eigenen konventionellen Elementen eine ganze Reihe von Erscheinungen nicht zu erklären vermögen und sogar ihre Untersuchungsmöglichkeiten einschränken.

Im positiven Teil des Programms dagegen wird als aussichtsreiche Methode gerade für diesen Teil von Problemen die Herangehensweise des Leiters der Schule mit einer anderen Gruppe konventioneller Elemente vorgeschlagen.[65] Es wird also behauptet, daß a) im Rahmen der gängigen methodologischen Begründung die vorgeschlagene Herangehensweise nicht spekulativer ist als die bisherige, und b) die Herangehensweise der Schule eine Reihe fundamentaler Probleme zu lösen verspricht, während die bisherigen Verfahren sich in dieser Hinsicht als zu eng erwiesen haben."[66]

Wir haben Mirski so sehr ausführlich zitiert, da wir der Ansicht sind, daß seine Ausführungen ganz besonders geeignet sind, die Trennung von klassischen und modernen Schulen ad absurdum zu führen. Denn alles Entscheidende, was er über die modernen Schulen sagt, trifft im Grunde auch für die „klassischen" Schulen, trifft auch für alle gesellschaftswissenschaftlichen Schulen zu. Die „Isolation" der Schule, die „Opposition" der Schule zum Herkömmlichen, die Enge der Gemeinschaft auf Grund der „Isolierung" und „Opposition", das „Elitebewußtsein", die Eigenart der Forschungsmethode oder Theorie oder des Forschungsgebiets sind stets in dieser oder jener Weise, mehr oder weniger ausgeprägt, vielen, wenn nicht allen Schulen zu allen Zeiten eigentümlich gewesen. Wenn andere hier zitierte Wissenschaftstheoretiker einen Unterschied zwischen klassischen und modernen Schulen darin sehen, daß in den ersteren das Haupt eine entscheidende, in den letzteren der Forschungsgegenstand die entscheidende Rolle spielt, so gilt das bestimmt nicht gerade für die sowjetischen Naturwissenschaften, die mit Stolz die Häupter ihrer naturwissenschaftlichen Schulen nennen, und gilt auch überhaupt nicht für irgendwelche Schulen. Wenn die zitierten Wissenschaftler einen Unterschied zwischen klassischen und modernen Schulen darin finden, daß die ersteren vor allem an Universitäten blühten, die letzteren vor allem an Forschungsinstituten zu beobachten sind, so ist das zwar eine richtige Lokalisierung, die damit zusammenhängt, daß die Forschung mehr und mehr durch völlige (und völlig verfehlte) Überlastung der Universitätslehrer mit Lehre und die Verlagerung der Forschung an zumeist (ebenfalls verfehlter Weise) überhaupt nicht mit der Lehre für Studenten verbundene Forschungsinstitute so ganz anders verteilt wurde, hat aber doch im Grunde nichts mit einer Charakterisierung von Schulen zu tun, bzw. kann nicht als Grundlage für eine Scheidung von „klassischen" und „modernen" Schulen dienen. Wenn gar so unterschieden wird, daß die klassischen Schulen vor allem für den wissenschaftlichen Nachwuchs zu sorgen hatten und Experten im Experimentieren ausbilden sollten, während diese Aufgaben für die modernen Schulen nicht mehr aktuell wären, dann erscheint es mir, daß der Nachwuchs nicht in erster Linie von Schulen sondern von den Universitäten geschaffen wurde, und daß

[65] In der Regel wird diese Erklärung durch eine Reihe ziemlich frei interpretierter vorläufiger Forschungsergebnisse der Schule untermauert.

[66] „Schulen"

die Kunst des Experiments, natürlich auf weit höherer Ebene, auch heute noch eine Schule auszeichnen kann.

Ausgehend von diesen Untersuchungen für die Naturwissenschaften und ihrer Kritik erübrigt sich die Frage, ob man „ähnliche“ Schultypen für die Gesellschaftswissenschaften feststellen kann. Ich meine, daß sich die wissenschaftlichen Schulen, naturwissenschaftliche wie gesellschaftswissenschaftliche, natürlich auch mit der Entwicklung der Wissenschaften und des Wissenschaftsbetriebes verändert haben, aber daß ihr Grundcharakter sich nicht so wesentlich geändert hat, daß man – bei aller Unterscheidung von verschiedenen Charakteristiken – von verschiedenen Typen von Schulen in den letzten Jahrhunderten sprechen kann. Schulen, die sich durch die Arbeitsatmosphäre, die Methodologie, den Forschungsgegenstand, die Theorie, die Problematik unterscheiden und charakterisieren lassen, hat es seit mindestens 2500 Jahren gegeben.

K. A. Lange neigt dazu, neben die „klassischen“ und „modernen“ Schulen noch eine dritte besondere Art kollektiver wissenschaftlicher Tätigkeit schulähnlichen Charakters zu setzen, die er „wissenschaftliche Forschungsvereinigung“ nennt:

„Eine 'wissenschaftliche Forschungsvereinigung' nennen wir ein informelles wissenschaftliches Kollektiv, das sich um einen bedeutenden Wissenschaftler mit organisatorischen Fähigkeiten bildet, um die von diesem Wissenschaftler generierte Idee (Richtung, Problem) kollektiv zu bearbeiten. Die Mitglieder eines solchen Kollektivs vereint die Gemeinsamkeit der wissenschaftlichen Interessen; das Kollektiv sichert Bedingungen, die für die freie und schöpferische Entfaltung der individuellen Fähigkeiten eines jeden Mitglieds des Kollektivs notwendig sind. Wissenschaftliche Forschungsvereinigungen bilden sich in der Regel auf der Basis von Forschungseinrichtungen; in ihre Einflußsphäre können jedoch auch Mitglieder anderer wissenschaftlicher Kollektive – Forschungsinstitute oder Hochschulen – einbezogen werden.

Eine 'klassische' oder 'gegenwärtige' wissenschaftliche Schule unterscheidet sich somit von einem gewöhnlichen wissenschaftlichen Kollektiv a) durch die Gemeinsamkeit der Prinzipien und methodischen Grundlagen für die Lösung wissenschaftlicher Probleme; b) durch ihren außerordentlichen Einfluß auf den Fortschritt und die Entwicklungstendenzen der Wissenschaft, indem sie hochqualifizierte Wissenschaftler ausbildet, die zu selbständiger Forschungstätigkeit fähig sind; c) durch die Kontinuität der wissenschaftlichen Kenntnisse, die aus der 'Langlebigkeit' wissenschaftlicher Schulen resultiert, die mitunter mehrere Generationen umspannen.

Wissenschaftliche Forschungsvereinigungen hingegen unterscheiden sich von gewöhnlichen wissenschaftlichen Kollektiven a) durch ein wissenschaftliches Konzept (Richtung, Problem, Hypothese), das die schöpferischen Interessen der Mitglieder verschiedener wissenschaftlicher Kollektive vereinigt; b) durch ihren außerordentlichen Einfluß auf die Entwicklung einzelner wissenschaftlicher Richtungen und verwandter Wissensgebiete, der dadurch zustande kommt, daß sie bestimmte wissenschaftliche Richtungen und Probleme von großer theoretischer und praktischer Bedeutung bearbeiten; c) durch eine erhöhte Effektivität der Grundlagenforschung und durch die beschleunigte Überführung der Forschungsergebnisse in die Praxis auf der Grundlage zielgerichteter Anstrengungen aller Beteiligten einschließlich der gemeinsamen Nutzung der materiell-technischen Möglichkeiten mehrerer wissenschaftlicher Kollektive."[67]

V. B. Gasilow hat auf Grund der vorhandenen Definitionen über 30 Schultypen konstruiert, die er nach Buchstaben in Haupttypen und nach arabischen Zahlen in Untertypen aufgeteilt hat. Seine Schule g3 entspricht einem auch von Jaroschewski charakterisierten Schultyp; er ist der nach Ansicht Gasilows am besten mit der Realität übereinstimmende Schultyp, und er definiert ihn nach Jaroschewski so: „Eine Gemeinschaft von Wissenschaftlern mit verschiedenem Status, verschiedener Kompetenz und Spezialisierung, die ihre Forschungstätigkeit unter Führung eines Leiters (Lehrers) koordinieren und ihren Beitrag zur Realisierung und Entwicklung eines Forschungsprogramms leisten, dessen Struktur und ursprünglicher Inhalt vom Leiter in Reaktion auf eine Problemsituation generiert wurden, welche aus der Logik der Wissenschaftsentwicklung, aus Entwicklungserfordernissen ihrer kategorialen Struktur entspringt. Diese Gemeinschaft eignet sich zunächst gemeinsam mit dem Leiter die neuen Vorstellungen an und verifiziert sie, gestaltet dann das Kategoriengefüge des betreffenden Gegenstandsbereiches um und verbreitet ihre Vorstellungen, selbst wenn diese dem allgemeingültigen Wissensfonds nicht entsprechen oder alternativ sind, denn auf Grund der Einschätzung des Leiters haben diese Vorstellungen Anspruch darauf, in den allgemeinen Wissensfonds aufgenommen zu werden, indem sie ihn entweder erweitern oder die ihnen nicht entsprechenden Fragmente des Fonds falsifizieren. Mitunter tritt eine solche Gemeinschaft in Form einer miteinander verbundenen Gruppe von Autoren einer Reihe von Publikationen auf, die von Anhängern bzw. Opponenten als einheitliches Ganzes aufgenommen bzw. ignoriert werden. Die Dauer der Existenz reicht vom Zeitpunkt der Veröffentlichung (bzw. mündlichen Deklaration) des ursprünglichen Programms bis zum Zeitpunkt der abschließenden Publikation und des Zerfalls der Schule infolge der Erfüllung des Programms, des Abbruchs der Forschungen, weil man sich der Begrenztheit der begrifflichen, methodischen oder finanziell-organisatorischen Möglichkeiten des Programms bewußt geworden ist, infolge einer veränderten Interessenlage, des Ablebens des Leiters oder aber infolge der Erkenntnis, daß das Programm nicht mehr aktuell ist und reproduktiven Charakter besitzt. Der Zerfall der Schule erfolgt unabhängig davon, ob ihr Programm und ihre Errungenschaften falsifiziert wurden oder nicht und auch unabhängig davon, ob sie in den allgemeingültigen Wissensfonds eingehen und sich auf ihrer Grundlage eine wissenschaftliche Richtung entwickelt oder nicht."[68]

In einem besonderen Abschnitt seiner Untersuchung beschäftigt sich nun Gasilow mit dem Thema „Das Verhältnis zwischen dem Programm zur Untersuchung 'unsichtbarer Kollektive' und dem Programm zur Untersuchung der Schule g3". Dort führt er aus:

„Untersuchungsobjekt vieler ausländischer Wissenschaftswissenschaftler sind die 'unsichtbaren Kollektive'.[69]

67 „Schulen" 68 „Schulen"

69 Vgl. *D. J. de Solla Price:* Science since Babylon, New Haven-London 1969; *N. Mullins:* Organizational Scientists, New York 1964; *N. W. Storer:* The social system of science, New York-London 1966.

Es könnte scheinen, als sei das Programm zur Untersuchung wissenschaftlicher Schulen vom Typ g3 überflüssig und heuristisch wertlos, da sich nach Auffassung vieler Autoren 'die Schule überlebt hat' und heute von Forschungsorganisationen und nichtinstitutionalisierten Vereinigungen – 'unsichtbaren Kollektiven' – abgelöst wird. Diesen Autoren zufolge läßt sich das Phänomen 'unsichtbares Kollektiv' auf zwei verschiedene Weisen definieren, die jedoch gleichwertig sind:

1. Ein 'unsichtbares Kollektiv' ist eine Organisation von Wissenschaftlern mit einem eingefahrenen System informeller Kontakte. Diese Definition bezieht sich auf die Prozeduren des Informationsaustausches zwischen den Wissenschaftlern, die in dieser Gruppe vereint sind.
2. Ein 'unsichtbares Kollektiv' ist eine Legitimationsquelle für Wissenschaftler, eine Quelle für die Verteilung des Prestiges auf einzelne Wissenschaftler und Projekte, d. h. eine Struktur, die Wissenschaftler höchster Produktivität vereint.

Man untersucht nun die Wechselwirkung zwischen mehr und weniger einflußreichen Mitgliedern der Gruppe sowie die Rolle von Außenseitern im Prozeß der wissenschaftlichen Stratifikation und nimmt dabei an, daß es in den meisten Fällen solche aktiv wirkenden Gruppen sind, die die grundlegenden Veränderungen in der Wissenschaft bewirken.

Verbreitet ist die Untersuchung zweier Aspekte:

1) des konstruktiven Aspekts – hier werden die interpersonellen 'soziometrischen' Beziehungen (wer mit wem) ermittelt;
2) des normativen Aspekts – hier werden Einstellungs- und Verhaltenstypen ermittelt, die von den Mitgliedern der Gruppe erwartet werden.

D. de Solla Price, der Generator des Programms zur Untersuchung 'unsichtbarer Kollektive', gibt sich optimistisch. So besteht seiner Auffassung nach die neue Existenzweise der 'unsichtbaren Kollektive' darin, daß 'durch die Schaffung einer Klasse von Bruchteilautoren' oder 'Zauberlehrlingen' teilweise das Organisationsproblem der Wissenschaftler auf der unteren Ebene gelöst wird, indem sie direkt mit der Forscherexistenz der Elite verbunden wird. Das ist eine logische Fortsetzung des alten Familienprinzips – der große Professor mit seiner Jüngerschaft aus graduierten Studenten – für das zum Beispiel Rutherford und Liebig besonders bekannt waren. Der große Unterschied besteht darin, daß an der Spitze der Pyramide nicht ein einzelnes geliebtes Individuum steht, sondern das unsichtbare Kollegium. Sein Ort ist nicht ein verstaubtes Lehrlaboratorium, sondern ein mobiler Austauschkreis von ziemlich teuren Institutionen.[70]

Die 'unsichtbaren Kollektive' sind der Grundtyp der Kampfeinheiten der Wissenschaft an der vordersten Front der Erkenntnis. Hier ist eine 'starke Wechselwirkung' und die größte Durchlaßfähigkeit der operativen Informationskanäle festzustellen. Die offizielle Wissenschaft erhält neues Wissen nur von den 'unsichtbaren Kollektiven', wobei dieses Wissen eine operative Anwendung durchläuft und als durchgearbeitetes und in seiner Aktivität abgeschwächtes Produkt an die offizielle Wissenschaft übergeben wird.

[70] *D. J. de Solla Price:* Little Science, Big Science, Frankfurt/M. 1974, S. 101.

Ihre Stellung als wichtigste Quelle neuen Wissens sichert den 'unsichtbaren Kollektiven' eine reale Macht nicht nur in der Wissenschaft: 'Wenn das auf dem höchsten Niveau zutrifft, dann ist auch klar, daß in weniger hochliegenden Gegenden die unsichtbaren Kollegien und alle kleinen Gruppen Status verleihen und die Mittel vergeben, die zur Führung eines guten Lebens gehören. Sie üben Macht aus, und je mehr Macht einer in solch einer Gruppe hat, desto besser kann er die besten Studenten auswählen, die größten Finanzquellen anzapfen und die größten Projekte in die Tat umsetzen. Solche Macht ist natürlich kein Zeichen für eigensüchtige Gier des Wissenschaftlers. Die Gesellschaft unterstützt diese Struktur und bezahlt dafür mehr und mehr, weil die Ergebnisse dieser wissenschaftlichen Arbeit für die Stärke, Sicherheit und öffentliche Wohlfahrt aller entscheidend sind. Wenn gesagt wird, daß alles von Wissenschaftlern abhängt, von der Verhütung militärischer Angriffe bis zur Verhütung von Krankheiten, dann hält der Wissenschaftler nunmehr die Drähte des ganzen Staats in der Hand.'[71]

Bei aller Bedeutsamkeit des Programms zur Untersuchung der 'unsichtbaren Kollektive' als informelle Assoziationen von Wissenschaftlern, die als 'unsichtbares Netz' das Organisationssystem der Wissenschaft durchdringen, kann dieses Programm die Fragen der Leitung und Koordinierung der produktiven wissenschaftlichen Tätigkeit prinzipiell nicht lösen. Dieses Programm hat zwei Arten von Mängeln:

1. Das 'unsichtbare Kollektiv' ist ein recht amorphes Gebilde mit konventionell festgelegten Grenzen, die sich nicht exakt identifizieren lassen.

Bekanntlich wird ein 'unsichtbares Kollektiv' mittels der intuitiven Vorstellung von der 'Verbundenheit' der Wissenschaftler auf einem aktiven Gebiet der Wissenschaft definiert.[72] Das 'unsichtbare Kollektiv' bleibt im wahrsten Sinne des Worts unsichtbar. Seine Organisation besteht aus 'frei miteinander verbundenen' Netzen und nicht aus streng umrissenen Gruppen. Es geht aus persönlichen Kontakten hervor und ist für jeden Wissenschaftler verschieden. 'Es gibt keine zwei Wissenschaftler, die ein und denselben Kollegenkreis – das unsichtbare Kollektiv – haben.'[73] N. Storer schreibt zu dem gleichen Problem: 'Das unsichtbare Kollektiv ist eine referente Gruppe, die durch die Gewohnheit formiert wurde. Jeder Versuch, die Grenzen eines unsichtbaren Kollektivs zu bestimmen, ist mit Sicherheit zum Mißerfolg verurteilt, weil in der Wirklichkeit ein solches Wesen in einer Form, die exakt identifiziert werden könnte, nicht vorkommt.'[74]

2. Das 'unsichtbare Kollektiv' ist eine Organisation der sich extensiv entwickelnden Wissenschaft. Zu einem solchen Kollektiv vereinen sich Wissenschaftler erst, wenn sich in einer wissenschaftlichen Gruppe eine kategoriale Veränderung vollzieht, d. h. wenn ein Forschungsprogramm verkündet, ein Apparat geschaffen und die ersten Resultate erzielt werden. Im weiteren wird diese Gruppe (oder ihre schöpferischsten Elemente) zum 'Kern' des Kollektivs.

Deshalb kann unserer Ansicht nach das Studium solcher Kollektive, wichtige Gesetzmäßigkeiten zutagefördern, die sich jedoch in der Hauptsache auf die reproduktive Tätigkeit wissenschaftlicher Kollektive beziehen.

[71] Ebendort, S. 123.
[72] Vgl.: *N. W. Storer*, a. a. O. [73] *N. Mullins*, a. a. O. [74] *N. W. Storer*, a. a. O.

Die Erforschung der Gesetzmäßigkeiten derjenigen wissenschaftlichen Tätigkeit, die zu kategorialen und begrifflichen Veränderungen führt, muß offensichtlich auf das Studium von Schulen des Typs g3 gerichtet sein, die mitunter den Kern eines 'unsichtbaren Kollektivs' bilden."[75]

Mir scheinen beide Konstruktionen, die „wissenschaftlichen Forschungsvereinigungen" und die „unsichtbaren Kollektive" neben den Schulen, also als ihnen gleichgeordnete, aber von ihnen verschiedene Einrichtungen verfehlt. Wenn man an die Varga-Schule denkt, so war sie natürlich ein „sichtbares Kollektiv", aber zweifellos auch ein „unsichtbares", denn weder Jürgen Kuczynski noch so manche andere sind jemals offen sichtbar als Mitglieder der Schule aufgetreten, und sicher sind auch mir eine ganze Reihe von Schülern Vargas nicht bekannt – sie waren Teile des „unsichtbaren Kollektivs" seiner Schule. Was aber die „wissenschaftlichen Forschungsvereinigungen" betrifft, so meine ich, daß die von Lange gegebene Definition auch auf Schulen zutreffen kann, zumal er aus den Definitionen sowohl der klassischen und modernen Schulen wie der wissenschaftlichen Forschungsvereinigungen die Notwendigkeit eines Hauptes fortläßt. Nur wenn er als Charakteristikum der „wissenschaftlichen Forschungsvereinigung" das notwendige Fehlen eines Hauptes – im Gegensatz zu den Schulen – angeben würde, würde ich mich mit ihrer Unterscheidung von Schulen einverstanden erklären können.

Dann aber sehr. Dann würde ich die Gruppe der ersten Ökonometriker oder die sogenannten „Neuen Wirtschaftshistoriker" und manche andere Gruppierungen, die ich als Richtung zu kennzeichnen geneigt war, gern als „wissenschaftliche Forschungsvereinigung" zu bezeichnen bereit sein, wenn auch der Begriff Vereinigung zwar die ganze ideologische bzw. methodologische Bindung treffend, die organisatorische Bindung jedoch als zu eng, nicht locker genug, bezeichnet.

Darum möchte ich abschließend davor warnen, allzutiefe Unterschiede im Charakter der Schulen während der letzten 2500 Jahre konstruieren zu wollen oder zu feine Unterschiede zwischen Schulen und vielfach mit ihnen doch im Grunde identischen Institutionen zu finden, was meistens die Folge davon ist, daß man auf Grund unserer noch so ungenügenden Kenntnisse der Realität der Geschichte der Schulen schon heute viel zu präzise Definitionen versucht. Andererseits darf man den Begriff der Schulen natürlich auch nicht zu weit fassen. –

Mit dieser Warnung im Ohr scheint es mir richtig, noch auf einen letzten Typ von Schulen einzugehen, der von den modernen Wissenschaftswissenschaftlern meines Wissens als Typ völlig vergessen worden ist, der aber eine große Rolle in der Vergangenheit gespielt hat. Ich möchte daher gleich von vornherein sagen, daß ich durchaus verstehen kann, wenn dieser Schulbegriff abgelehnt wird, obgleich Marx und Engels ihn benutzten und er allgemein oft in der Geschichte verwandt wurde. Ich selbst halte den Begriff dieser Schule für völlig berechtigt, auch wenn er allen bisher behandelten Betrachtungen und Definitionen widerspricht, oder er zumindest nur in einigen Elementen in die bisherigen Bemerkungen eingegangen ist. Vielleicht kann man diese Schule ein völlig objektiviertes unsichtbares Kollektiv nennen. Ein

[75] „Schulen"

Beispiel einer solchen Schule werden wir später ganz ausführlich behandeln, die von Engels sogenannte „Ricardosche Schule“.[76]

Solche Schulen basieren auf den Gedanken, Theorien, Methodologien eines großen Wissenschaftlers, der institutionell ungebunden, zumeist nicht als finanziell hauptberuflicher Wissenschaftler, bisweilen wissenschaftlich als „Amateur“ arbeitet.

Betrachten wir in diesem Zusammenhang zunächst die großen Politökonomen. Wir nennen sie alle mit Namen: Mun, Child, Davenant, die großen merkantilistischen Denker, keiner von ihnen hauptberuflich Wissenschaftler, vielmehr Kaufleute und hohe Beamte – Petty war zwar zeitweise Universitätslehrer, aber für Anatomie und Musik, ansonsten Abenteurer, Spekulant, Günstling, Kaufmann usw. – Boisguillebert war Polizeichef und Vauban Feldherr wie Militärwissenschaftler, Quesnay war Hofarzt und Turgot hoher Verwaltungsbeamter wie Minister – Adam Smith war wie Petty zeitweise Universitätsprofessor, aber nicht für Politische Ökonomie sondern für Philosophie, und Ricardo, nach einer überaus erfolgreichen Karriere als Börsenspekulant, lebte als reicher Großgrundbesitzer.

Die Quesnay-Schule hatte als Zentrum eine oder zwei Zeitschriften – und sie hatte ein aktives Haupt mit aktiven Helfern.

Die Ricardo-Schule aber wie andere solche Schulen hatte ein Haupt ohne Schule und gleichzeitig eine Schule ohne Haupt. Das heißt, solche Schulen basieren auf den Werken (Gedanken) eines großen Gelehrten, der mit befreundeten Gelehrten, die sich keineswegs als seine Schüler zu betrachten brauchen, im gleichgesinnten Gedankenaustausch steht. Und auch in der folgenden Generation mögen sich Gelehrte, Publizisten, Politiker finden, die zu dieser Schule gehören ohne das „Haupt“ der Schule je kennen zu lernen und möglicherweise auch ohne jede Verbindung untereinander, aber doch zumeist die Schriften der anderen kennend, immer ausgehend von den Schriften des Hauptes, ohne jedoch dieses Haupt notwendigerweise als solches anzuerkennen, weshalb auch einige dieser Gelehrten, Publizisten, Politiker erstaunt sein würden, Schüler oder Mitglieder einer Schule genannt zu werden, ebenso wie das Haupt erstaunt sein kann, wenn man ihm eine Schule zuschreibt.

Das Ganze hat etwas sehr Objektiviertes, bisweilen mit Haupt und Schülern unbewußt, daß sie eine Schule bilden. Zugleich hat das Ganze etwas sehr spontanes, da vielfach keinerlei Organisation vorliegt. Persönlicher Verkehr, Clubs usw. können eine Rolle spielen, brauchen es aber nicht.

Ja, es kann sein, daß das Haupt längst tot ist, bevor sich eine Schule bildet, weil seine Schriften erst verspätet von Einfluß werden – und dann kann auch der Wiederentdecker des Hauptes sogar eine straff organisierte „normale“ Schule bilden.

Das Haupt der bedeutendsten französischen philosophischen Schule war ohne jeden Zweifel Descartes. Ein Lexikon beschreibt sein Leben und Wirken so (meine Unterstreichungen): „Descartes, René (Renatus Cartesius), der Begründer der neuern dogmatisch-rationalistischen Philosophie und der scharfsinnigste Denker der Fran-

[76] *Fr. Engels*, Einleitung [zu Karl Marx' 'Lohnarbeit und Kapital', Ausgabe 1891], in Marx/Engels, Werke, Bd. 6, Berlin 1959, S. 597.

zosen, geb. 31. März 1596 zu La Haye in Touraine als Sohn eines Parlamentsrats, gest. 11. Febr. 1650 in Stockholm, zeigte früh eine ungemeine Lebhaftigkeit des Geistes, kam im achten Jahr ins Jesuitenkollegium zu La Flèche, wo er bis 1612 blieb, und lebte während der nächsten Jahre, besonders mit mathematischen Studien beschäftigt, zumeist in Paris. Um Erfahrungen in der Welt zu sammeln, nahm er, 21 Jahre alt, Kriegsdienste und machte unter Moritz von Oranien und Tilly Kriegszüge in Holland und Deutschland mit, focht in der Schlacht am Weißen Berg (8. Nov. 1620) unter Buquoy gegen die Böhmen und unter demselben Heerführer in Ungarn gegen die Türken, *beschäftigte sich* aber *im stillen eifrigst mit wissenschaftlichen Arbeiten* und trug sich bereits damals mit dem Vorsatz, der Forschung neue, unanfechtbare Grundlagen zu schaffen. Nachdem er 1621 seinen Abschied genommen, brachte er die nächsten Jahre teils auf Reisen, zumeist in Deutschland und Italien, teils in Paris zu und ging, um völlige Muße zur Ausarbeitung seines Systems zu finden, 1629 nach Holland, wo er *20 Jahre in Verborgenheit an 13 verschiedenen Orten verweilte* und nur in regem wissenschaftlichen Verkehr mit der Prinzessin Elisabeth von der Pfalz, Tochter des Königs Friedrich von Böhmen und der Elisabeth von England, stand. *Während dieser Zeit verfaßte er die meisten und bedeutendsten seiner Werke, von denen er jedoch solche,* durch die er mit der Geistlichkeit in Konflikt kommen konnte, wie die Schrift 'De mundo', *lange zurückhielt.* Er fand bald Anhänger und erbitterte Gegner und wurde von der gelehrten Königin Christine (1649) nach Schweden eingeladen, um ihr Lehrer in der Philosophie zu sein. Diesen Ruf nahm er an, erlag aber dem ungewohnten nordischen Klima. Seine Leiche wurde 1661 nach Paris gebracht und in der Kirche Ste.-Geneviève du Mont beigesetzt."[77]

Zwei Schilderungen der Beerdigung des größten deutschen Philosophen jener Zeit, Leibniz, seien ebenfalls gegeben.

„Er starb Abends den 14. November 1716. Seine Bestattung wurde seinem Secretär Eckhart allein überlassen. Dieser allein erwies dem großen Leibniz die letzten Ehren. Der Hof war eingeladen, ihn zu Grabe zu geleiten. Niemand erschien. Kein Geistlicher folgte dem Sarge. Sein Freund, der Ritter Ker von Kersland, war an Leibnizens Todestage in einer politischen Sendung nach Hannover gekommen und sah, wie man ihn zu Grabe trug. 'Er wurde', so erzählt dieser fremde Zeuge seines Leichenbegängnisses, 'eher wie ein Wegelagerer begraben, als wie ein Mann, welcher die Zierde seines Vaterlandes gewesen war.'"[78]

„Aber auch diesen Regsamsten unter allen Geistesmenschen Europas mußte einmal die große Ruhe überkommen. Am 14. November 1716 stirbt Leibniz an seinem gichtischen Uebel, ohne Hilfe irgendeines Nahestehenden, in der mehr als zweideutigen Obhut fremder Menschen. Der Sarg mit seinen Ueberresten wird eine Zeit lang in den Sandboden einer Kirchenkrypta gestellt. Am 14. Dezember kommt es in Anwesenheit der Erben zu einer schlichten Bestattung, deren Einfachheit in

[77] Meyers Großes Konversations-Lexikon, 6. Auflage, Vierter Band, Leipzig und Wien 1903, S. 662.

[78] K. *Fischer,* Geschichte der neuern Philosophie, 2. Bd., 2. Aufl., Heidelberg 1867, S. 278.

Gegensatz steht zu Leibniz' weltlichem Trachten und zu dem Glanz seiner Existenz, dem Ruhm seiner Geistesgestalt und der Kraft seiner geistigen Nachwirkung."[79]

So leben und so sterben keine normalen Schulhäupter. Und doch spielen solche Schulen eine große Rolle in der Geschichte der Wissenschaften.

Sie scheinen mir jedoch – aber wer kann so genau in die Zukunft blicken? – die einzige Art von Schulen zu sein, die, zumindest solange die Gesellschaftswissenschaften so institutionalisiert sind wie heute im Kapitalismus und erst recht im Sozialismus, keine große Rolle mehr spielen werden . . . es sei denn, und darum meine Parenthese: im vollendeten Kommunismus werden die Gesellschaftswissenschaften wieder weniger institutionalisiert, als es gegenwärtig der Fall ist, betrieben – was aber heute nicht zu übersehen und auch nicht sehr wahrscheinlich ist.

In jedem Fall aber möchte ich dafür plädieren, entsprechend dem Brauch von Marx und Engels ebenso wie zahlreicher bürgerlicher Gelehrter, auch diese Art von wissenschaftlichen Schulen als solche anzuerkennen.

5. *Die Aufgaben von Schulen*

Es scheint nur natürlich, daß eine Reihe von Wissenschaftswissenschaftlern die, oder zumindest eine, Hauptaufgabe von Schulen darin sehen, junge Menschen zu Wissenschaftlern zu machen.

Wir hatten schon K. A. Lange zitiert, der meint: „Wissenschaftliche Schulen, deren Hauptaufgabe die Ausbildung erfahrener Wissenschaftler und Experimentatoren war, entstanden zuerst Ende des 18. und zu Beginn des 19. Jahrhunderts."[80] In seinem Beitrag „Der Wissenschaftler und seine Schule" zu dem Moskauer Seminar, dessen Vorträge ja geradezu die Basis dieses Kapitels bilden, handelt Kedrow fast ausschließlich von der Erziehung junger Wissenschaftler.

Gasilow hat in seinem schon öfter zitierten Beitrag einen Abschnitt „Die Rollenfunktionen der Schüler einer Schule", in dem er bemerkt:

„Die Weitergabe des Wissens vom Lehrer zum Schüler ist eine wesentliche Komponente vieler Interpretationen des Begriffs Schule, und zwar sowohl im Kontext der Lehre als auch im Kontext einer Gemeinschaft von Menschen. Diese Kontexte müssen deshalb je nach der Struktur des vermittelten Wissens und den Zielen der Wissensvermittlung differenziert werden.

Bei der Untersuchung wissenschaftlicher Schulen beschreibt man bislang die Schüler äußerst undifferenziert. Gewöhnlich werden nur solche Schüler erwähnt, die später Berühmtheit erlangt haben, und zwar unabhängig davon, welche Rolle die entsprechende Schule in ihrer weiteren Entwicklung gespielt hat. Andere Forscher halten es offenbar für ein wissenschaftliches 'Verdienst', wenn die 'Liste' der Schule durch Menschen erweitert wird, die weder in der Schule selbst noch in der Entwicklung der wissenschaftlichen Kenntnisse eine merkliche Spur hinterlassen

79 *K. Kantback,* Leibniz, Berlin 1946, S. 27.
80 „Schulen"

haben (es werden z. B. alle Studenten, Praktikanten, Aspiranten, technischen und wissenschaftlichen Mitarbeiter als Schüler des Leiters angegeben).

Dadurch aber wird die Tatsache ignoriert, daß die Schüler vom Lehrer (und von anderen Mitgliedern der Schule) Kenntnisse empfangen, die in Inhalt und Funktion unterschiedlich sind.

Wir schlagen folgende vorläufige Klassifizierung der Schüler nach dem Inhalt des von ihnen aufgenommenen Wissens vor:

1. Aneignung des 'allgemein-kulturellen', allgemein-wissenschaftlichen Wissensfonds, der den Schüler auf eine Tätigkeit auch außerhalb der Sphäre der Wissenschaft vorbereitet.
2. Aneignung von Routineoperationen und -prozeduren, die es erlauben, das betreffende Forschungsprogramm durchzuführen oder dessen praktische Ergebnisse zu realisieren.
3. Aneignung der 'Regeln für die Übertragung' der Routineoperationen und -prozeduren auf andere Wissenszweige, um analoge Forschungsprogramme durchführen zu können.
4. Erwerb der Fähigkeit zur Erweiterung und Erhöhung des Erkenntnisniveaus des Forschungsprogramms des Leiters.
5. Erwerb der Fähigkeit zur Einschätzung der Adäquatheit der Forschungsprogramme gegenüber dem Forschungsobjekt und zur Schaffung prinzipiell neuer Programme.

Offensichtlich ist das vom Schüler erreichte Niveau sowohl durch seine Fähigkeiten als auch durch die Unterrichtsaufgaben und den Typ der Schule bedingt.

Die Vermittlung von Wissen aus dem allgemeinen Wissensfonds geschieht äußerst differenziert, nämlich in Abhängigkeit von den Unterrichtsaufgaben, und nimmt verschiedene institutionalisierte Formen an, nach denen Schulen (falls der Lehrer im Laufe seines Lebens verschiedene Wissensformen vermittelte) ebenfalls klassifiziert werden können.

Die Weitergabe des Wissens vom Lehrer zum Schüler erfolgt durch die Vermittlung einer vom Lehrer referierten Summe akkumulierten Wissens, zu der gehören: allgemein bedeutsame wissenschaftliche Errungenschaften, eine Weltanschauung, theoretische Standpunkte, Sichtweisen der Wirklichkeit, gängige Traditionen und Beispiele der wissenschaftlichen Praxis, die das Subjekt auf die Anwendung der wissenschaftlichen Kenntnisse vorbereiten, bestimmte begriffliche und instrumentelle Werkzeuge für die Lösung praktischer Aufgaben sowie bestimmte Organisationsprinzipien, die die Wahrnehmung der Wirklichkeit beeinflussen."[81]

Meiner Ansicht nach hat das alles nichts mit wissenschaftlichen Schulen zu tun. Es scheint mir auch völlig falsch, den Begriff des Schülers einer wissenschaftlichen Schule und den eines jungen Wissenschaftlers, der lernen soll, wissenschaftlich zu arbeiten, in irgendeine Verbindung zu bringen. Als ich ein Schüler Vargas wurde, war ich zwar noch recht jung, aber doch schon der beste marxistische Statistiker außerhalb der Sowjetunion. Warum aber betrachtete mich Varga als seinen Schüler,

81 „Schulen"

warum betrachte ich ihn als meinen Lehrer? Doch nicht, weil er mir beigebracht hat, wissenschaftlich zu arbeiten. Nein, worin ich sein Schüler bin, worin er mein Lehrer war, das ist vor allem in seiner Methodologie der Arbeit – etwa regelmäßige Konjunkturberichterstattung mit allen wissenschaftlichen Folgen – sowie in seiner Haltung als Wissenschaftler zur Partei und als Parteimitglied zur Wissenschaft begründet.

Natürlich muß eine Schule wie jede andere wissenschaftliche Institution junge Wissenschaftler ausbilden. Aber das macht sie nicht zur wissenschaftlichen Schule. Ebensowenig wie die von ihr ausgebildeten Wissenschaftler notwendigerweise Schüler, Mitglieder dieser Schule sind.

Mitglieder einer Schule, Schüler also, ist nur, wer sich die spezifischen Eigenschaften der Schule in der wissenschaftlichen Haltung oder der Methodologie oder der Theorie usw. angeeignet hat.

Darum ist es auch die Aufgabe einer Schule nicht, allgemein junge Wissenschaftler auszubilden, sondern junge Wissenschaftler im „Geiste" der Schule zu erziehen.

Aber ebenso wichtig ist es für eine Schule, ausgebildete Wissenschaftler von überall her in der Welt der Wissenschaft an sich heranzuziehen, sie von ihrer Arbeitsweise, Problematik usw. zu überzeugen und sie so zu Schülern, zu Anhängern der Schule zu machen – ganz gleich, ob sie im Zentrum der Schule oder anderswo arbeiten.

Schüler einer wissenschaftlichen Schule sind nicht Schüler der Wissenschaft sondern Schüler eben der Schule, eben einer spezifischen schöpferischen wissenschaftlichen Arbeitsweise, Forschungsrichtung usw.

Und diese „Erziehungsarbeit" ist auch nur ein ganz geringer Teil der Schultätigkeit. Die Hauptaufgabe einer Schule ist, die Wissenschaft auf die gerade ihr eigentümliche Weise zu fördern, die Welt besser auf die gerade von ihr entwickelte Art zu erkennen. Und letztlich – der Traum eines jeden Schulhauptes und jeden echten Schülers: die Auflösung der Schule durch allgemeine Aufnahme ihrer Eigenart, das heißt durch Verwandlung ihrer Eigenart in etwas Allgemeines.

Im Grunde werden in einer Schule nicht junge Wissenschaftler erzogen, sondern junge Gedanken, junge Wissenschaftszweige, junge (oder uralte, vergessene oder abgelehnte) Arbeitsweisen herangezogen. Natürlich werden in einer Baumschule auch junge Gärtner angelernt, aber das Wesen, die Aufgabe von Baumschulen ist das Heranziehen junger Bäume. So ist es auch das Wesen, die Aufgabe von wissenschaftlichen Schulen, junge wissenschaftliche Methodologien, Probleme, Theorien heranzuziehen. Wie man dazu in der Baumschule ältere ebenso wie junge Gärtner braucht, so braucht man dazu entsprechend ältere und junge Wissenschaftler in der wissenschaftlichen Schule.

Nur wenn wir die wissenschaftlichen Schulen so sehen, als Kollektive, gruppiert um eine wissenschaftliche Haltung, eine wissenschaftliche Idee, ein wissenschaftliches Forschungsgebiet, so oft mit einem inspirierenden Haupt an der Spitze, nur dann werden wir dem Charakter gesellschaftswissenschaftlicher Schulen gerecht, werden wir ihre ganze Bedeutung für die Entwicklung der Wissenschaft verstehen, werden wir auch den objektiven und subjektiven Faktoren in ihrer Entwicklung gerecht.

Kapitel III

Frühe Schulen

Wie schön beginnt Hermann Diels seinen Beitrag „Über die ältesten Philosophenschulen der Griechen" in der Festschrift zu Eduard Zellers fünfzigjährigem Doktor-Jubiläum: „Durch die biographisch-individualisierende Betrachtung, welche in der Geschichte der alten Philosophie hergebracht ist, sind wir gewöhnt, die Fortschritte auf diesem Gebiete an einzelne Namen zu heften, auf sie allen Ruhm zu häufen und dabei die wesentlichen Dienste zu übersehen, welche die Genossen und Schüler den einzelnen hervorragenden Philosophen leisteten, nicht bloß nach deren Tode durch Verbreitung und Ausbildung ihres Systems, sondern auch durch hilfreiche Mitarbeit und Vorarbeit zu ihren Lebzeiten. Diese Mithilfe der Schule an dem Werke der Koryphäen ist den Alten, welche mit diesen Organisationen aus lebendiger Anschauung vertraut waren, wohl bekannt. Sehr viel häufiger als es uns lieb ist, wird bei den alten Berichterstattern ein allgemeiner Schulname Pythagoreer, die um Plato, die Peripathetiker, die aus den Kreisen der Stoiker, gesetzt, wo es ihnen nicht schwer gewesen wäre, an der Hand der Schriften die wirklichen Urheber einer Lehrmeinung genau zu bestimmen. Aber sie scheinen bisweilen zu fürchten, durch die bestimmtere Fassung dem Lehrer oder den Schülern Unrecht zu thun, wenn sie jenem zuschreiben, was er erst durch Anregung seiner Schüler gefunden, oder wenn sie diesen zutheilen, was sie aus der Vorlesung des Lehrers in ihre Hefte übertragen haben. Bei diesem wechselseitigen Geben und Nehmen, wie es in den meisten Philosophenschulen des Alterthums stattfand, ist der Begriff des geistigen Eigenthums ein fließender, namentlich bei Schriften, bei denen der Inhalt alles, die künstlerische Form nichts zu bedeuten hatte."[1]

Schön ist dieser Beginn, weil er so tiefes Verständnis für die griechischen Schulen zeigt. Niemand zweifelt an der Bedeutung des Hauptes der Schule – wer kennt nicht Sokrates, Plato, Pythagoras, Zenon, Epikur als Gründer griechischer Schulen! aber sobald es um Formulierungen, Aussprüche, ja um Werke geht, kann es geschehen, daß man nur die Schule, das Kollektiv, nennt.

Philosophische Schulen nennt sie Diels – aber waren es wissenschaftliche Schulen im alten Griechenland? Niemand kann bezweifeln, daß in ihnen Wissenschaft betrieben wurde, und zwar sowohl Natur- wie Gesellschaftswissenschaft.

Sehr interessant schrieb mir Marie Simon über die griechischen Schulen: „Das eingebürgerte, unglückselige Wort 'Philosophenschule' ist eine schlechte Übersetzung

[1] „Philosophische Aufsätze", Eduard Zeller ... gewidmet. Leipzig 1887, S. 241 f.

des Wortes hairesis, das sich nicht adäquat ins Deutsche übertragen läßt. Die Haireseis waren *Vereine*, genau: *Kultvereine*. (Ich benutze daher als Übersetzung das farblose Wort 'Philosophenvereine', durch das wenigstens keine falschen Assoziationen geweckt werden.) Diese Vereine, gesellige Verbände von Leuten mit gleichen Überzeugungen, repräsentierten politische Gruppierungen, die in hellenistischer Zeit geradezu den Charakter politischer Parteien annahmen; sie waren Pflegestätten der Philosophie (im engeren und weiteren Sinne), und zwar Lehr- und Forschungsstätten, allerdings ohne steifen 'Schulbetrieb': Man diskutierte beim Spazierengehen oder beim Symposion. Die zu einer Hairesis zusammengeschlossene Gemeinschaft – oder Gemeinde – kann typische Züge einer Sekte annehmen. Das Wort Hairesis umfaßt alle drei Aspekte – Schule (im doppelten Sinn: Lehrinstitut und geistige Richtung), Sekte und politische Gruppierung –, die aber nicht immer das gleiche Gewicht haben. Der eine oder andere Aspekt kann jeweils prävalent sein. Wenn in der Übersetzung eines griechischen Texts bald von einer 'Philosophenschule', bald von einer 'Sekte' oder 'Partei' die Rede ist, ahnt der Leser kaum, daß in allen Fällen – meist vom Kontext her richtig und sinnvoll – das Wort hairesis wiedergegeben ist . . . Das Beharrungsvermögen der Institutionen erklärt auch die seltsame Geschichte der Platonischen Akademie: In der sogenannten älteren Akademie lehrte der Gründer seine Philosophie, die von seinen Epigonen weiterhin gepflegt wurde; die 'mittlere' Akademie bot skeptischer Weltanschauung Asyl, die neuere Akademie erbrachte eine Rückwendung zum Dogmatismus und Jahrhunderte später war sie der Ort eines gewaltigen und großartigen mystischen Systems, des Neoplatonismus. So bewährte sich die Akademie durch die Zeiten als ein stabiles Gehäuse, in das – tempora mutantur . . . – jeweils der Geist der Zeit einzog."

Die Schulen Griechenlands waren also Zentren religiöser, wissenschaftlicher und politischer Aktivitäten, wobei die politische ebenso wie die religiöse Aktivität engstens mit der wissenschaftlichen verbunden waren, so eng, daß die Götter bisweilen zu Hilfskonstruktionen der „wissenschaftlichen" Erklärung wurden und die Wissenschaft zur Hilfskonstruktion der Politik.

Wilamowitz nennt die Philosophenschulen ausdrücklich Thiaboi oder associations réligieuses, religiöse Vereine oder Gesellschaften.[2] Besitzer des Vermögens der platonischen Akademie waren zum Beispiel Göttinnen, so daß diese sakrale Stiftung durch „alle Zeiten" gerettet war, bis sie an 900 Jahre später durch den Befehl Justinians, alle Philosophenschulen aufzulösen, verlorenging.

Gleichzeitig weist er auf ihre intensive politische Tätigkeit hin.[3] Diels nennt die Pythagoreer einen „religiös-politischen Bund"[4]. Welche Rolle politische Probleme gerade in den Philosophenschulen spielten, deutet neuerdings der sowjetische Wissenschaftler E. Frolov in einer Studie über „Das Problem der Monarchie und der Tyrannis in der politischen Publizistik des 4. Jahrhunderts v. u. Z." an, etwa wenn er bemerkt:

[2] *U. v. Wilamowitz-Moellendorff*, Antigonos von Karystos, Berlin 1881, S. 263.
[3] Vgl. ebendort, S. 179 f., 194 f., 197, 210 f., 217 usw.
[4] *H. Diels*, in „Philosophische Aufsätze" a. a. O., S. 247.

„Die Gestalt des starken Herrschers fesselte das Interesse der Philosophen ebenso wie das der Publizisten. Den Problemen der Königsmacht widmete der Schüler des Sokrates und Begründer der kynischen Schule, Antisthenes, spezielle Traktate (Diog. Laert. 6, 16 u. 18). Verschiedene Aspekte der monarchischen Herrschaftsform studierte Platon in der Politeía, im Politikós und in den Nómoi; auch Aristoteles wandte sich in der Ethiká Nikomácheia und in den Politiká diesem Thema zu. Die Gestalt des idealen Herrschers zeichnete Xenophon in seiner Kýroupaideía, dasselbe Problem behandelte auch Isokrates in einer Reihe von Reden: Pros Nikokléa, Nikoklés, Euagóras, Phílippos . . .

Tatsächlich nimmt das Problem der tyrannís bei den politischen Schriftstellern des 4. Jahrhunderts einen hervorragenden Platz ein, sowohl bei den Philosophen Platon und Aristoteles als auch und in noch größerem Umfange bei den Publizisten Isokrates und Xenophon.“[5]

Die Politik wurde aber nicht nur als abstrakte Wissenschaft vom Staate, Wissenschaft vom besten Herrscher, etc. betrieben, sondern war als „Grundlagenwissenschaft“ von höchster Aktualität. Es ist daher nicht verwunderlich, daß manche Philosophenschulen zu „Hofphilosophenschulen“ wurden, oder daß Sokrates aus politischen Gründen zu Tode, Plato zeitweise zur Sklaverei, Aristoteles am Ende seines Lebens zum Exil verurteilt wurde.

Das Band, das das Kollektiv der Schüler im alten Griechenland umschloß, war also weit fester und reicher als in späteren Zeiten – zumindest in den Zeiten des Kapitalismus, in denen die Wissenschaft so dominierte, daß die Religion keine Rolle mehr spielte und die Politik die Schule selten als solche charakterisierte, obgleich das natürlich auch vorkam wie etwa in der kleindeutschen Historikerschule.

Das heißt natürlich nicht, daß in den wissenschaftlichen Schulen seit dem 18. und 19. Jahrhundert die Mitglieder nicht politisch interessiert waren, aber die Politik schloß sie selten als Schule zusammen, ebensowenig wie die Religion. Sogar die Physiokraten, die doch objektiv eine politisch hochexplosive Schule waren, waren sich über diese Tatsache nicht klar.

Entsprechend der Vielfalt der Bindung der Mitglieder der Schulen war die Aufgabenstellung für diese Schulen breit, und wurde immer breiter. Marie Simon schreibt zum Beispiel:

Es „zeigen die Haireseis, in wie geringem Maße das systematische Denken des Aristoteles auf die folgenden Generationen einwirken konnte, weil sie weniger nach theoretischer Bildung als vielmehr nach einem neuen Lebensinhalt und nach Lebensreglementierung verlangten. Wissenschaft im Aristotelischen Sinne wurde von Stoikern, Epikureern und Skeptikern, wenn überhaupt, so nicht mehr als Selbstzweck gepflegt. Ihre Philosophie ist Popularphilosophie; sie erfüllt die Funktion, den Strukturwandel der Gesellschaft in gemeinverständlicher Weise zu reflektieren, um auf diese Weise den Leuten bei der Anpassung an die veränderten Verhältnisse zu helfen, ihnen den Trost zu spenden, dessen sie dringend bedürfen, und – aufkläre-

[5] *E. Frolov,* in: Hellenische Poleis, hg. von E. Ch. Welskopf. Berlin 1974, S. 402 – künftig zitiert als „Welskopf“.

risch oder fromm – Ersatz zu schaffen für die mehr und mehr unverbindlich werdende Religion. Darum mußten hellenistische Denker von praktischer Philosophie ausgehen. Auch wenn formell Naturphilosophie als Ausgangsbasis erscheint, so ist dieses Arrangement nur getroffen worden, damit die Ethik aus ihr zu folgen scheint; in Wahrheit ist die Naturphilosophie von der Ethik hergeleitet und ihr nachträglich als Fundament untergeschoben.

Im Mittelpunkt des Denkens steht das Problem der eudaimonía (Glück), und zwar das Bemühen, detaillierte Anweisungen zu geben, wie man zu ihr gelangen könne. Freilich ist die Frage nach dem Glück nicht neu. In der Sokratik war sie bereits diskutiert worden, wie überhaupt die Gedanken, die von hellenistischen Philosophen formuliert worden sind, keine theoretische creatio ex nihilo darstellen, sondern an ältere Lehren anknüpfen. Die Ideen, die im Hellenismus Allgemeingut wurden, sind bereits in der Zeit der Krise der souveränen Polis vorweggenommen worden, ohne jedoch zur communis opinio werden zu können."[6]

Die Schulen hatten eine ganz intime Verbindung zum praktischen Leben Griechenlands und beschäftigten sich mit Problemen, die weites Interesse fanden. Wie richtig sagt Simon, daß die hellenistischen Denker „von praktischer Philosophie" ausgehen mußten. Die Leiter der Schulen und ihre Mitglieder waren oft Wissenschaftler und Propagandisten, Gelehrte und Publizisten, ja bisweilen eine Art Religions- oder Sektenstifter und Missionare. In diesem Zusammenhang ist es interessant, daß Simon von dem alten jüdischen Historiker Josephos sagt: „Der Schriftsteller schildert uns die Essäer als eine hairesis, die der der Neupythagoreer außerordentlich ähnlich ist. Die immer wieder anzutreffende Übersetzung 'Sekte' für 'Hairesis' ist in diesem – aber nur in diesem – Falle adäquat, während sie, auf Pharisäer und Sadduzäer bezogen, falsch ist. Bis heute hat sich, eben im Anschluß an Josephos, die unglückliche Redeweise von den drei jüdischen Sekten erhalten, obwohl bereits im vorigen Jahrhundert von Graetz nachdrücklich auf die Unwissenschaftlichkeit dieser Terminologie hingewiesen wurde."[7] Da Simon den Ausdruck hairesis für das setzt, was wir hier Schulen nennen, und Sekte hier für religiöse Gruppe steht, zeigt ihre Polemik, wie eng und verwechselbar in jenen alten Zeiten Schule und Sekte, Wissenschaft und Religion in solchen Vereinigungen verflochten sind.

Wenden wir uns aber dem wissenschaftlichen Teil und Charakter der griechischen Schulen zu, dann finden wir sie denen der Gegenwart doch in vielem sehr ähnlich. Betrachten wir etwa Sokrates und die sokratischen Schulen.

Über die sokratischen Schulen stellt Ekkehard Schwarzkopf in seinen „Überlegungen zu Sokrates" fest: „Platon, der nach allgemeiner und auch nach unserer Auffassung in seinen ersten 'Dialogen' Sokratische Gespräche authentisch dargestellt haben mag, ist im Verlauf seiner philosophischen Entwicklung schließlich zu Dialogdichtungen übergegangen, in denen kein Gedanke mehr dem historischen Sokrates entspricht, Platon sich aber zur Darstellung und Publikation seiner eigenen Gedanken der Person und Maske des Sokrates bedient. Es ist möglich, daß Platon

[6] „Welskopf", S. 2018.

[7] Ebendort, S. 2032 f.

sich dabei für den einzigen authentischen Schüler des Sokrates und alles Platonische für die notwendige Konsequenz der Sokratischen Ansätze gehalten hat, eingeschlossen die antidemokratischen politischen Konzeptionen. Dennoch entspricht diese Meinung Platons offenbar nicht der historischen Wahrheit. Platon war nicht der einzige Schüler des Sokrates, und die Platonische Philosophie ist nicht die einzig notwendige Entwicklung der Sokratischen. Platon ist nur der einzige vorbehaltlos antidemokratische Schüler des Sokrates. Selbst Xenophon läßt unter gewissen Bedingungen die demokratía gelten. Es gibt aber keinen sachlichen Grund, für Platon gegen die anderen sokratischen Schulen parteilich zu sein, wie es geschieht, wenn diese Schulen als die der unvollkommenen Sokratiker bezeichnet werden; es gibt keinen Grund, diese demokratisch gesonnenen Sokratiker, für die die Namen Aischines und Antisthenes stehen, für minder authentische Schüler des Sokrates zu halten als Platon. Von Sokrates sind verschiedene philosophische Schulen ausgegangen. Aus deren Verschiedenartigkeit läßt sich mit Sicherheit schließen, daß weder die Ideenlehre Platons noch auch der Platonische Aristokratismus authentisch Sokratisch sind. Zu konstatieren ist allerdings zugleich das merkwürdige Phänomen einer so kontroversen Sokrates-Schülerschaft; Sokrates muß es durch die Eigentümlichkeit seiner Philosophie ermöglicht haben, daß von ihm verschiedenartige philosophische Schulen ausgegangen sind, deren jede sich für authentisch Sokratisch halten mochte. Sokrates muß durch die Eigentümlichkeit seiner Philosophie – eingeschlossen der Verzicht auf positive Lehre und auf Bildung einer philosophischen Schule – einer relativ allgemeinen gesellschaftlichen Situation und relativ allgemeinen Bedürfnissen entsprochen haben, so daß Menschen von verschiedenen und auch voneinander entgegengesetzten gesellschaftlichen Abkünften und Zielvorstellungen sich bei Sokrates sammeln, sich durch ihn orientieren und in die verschiedenen sozialen Richtungen von ihm aus divergieren konnten."[8]

Sicher kann man nicht sagen, daß Sokrates keine Schule gebildet hat. Neben zufälligen, man möchte sagen Materialdialogen, Experimenten mit diesem und jenem, den er traf, hatte er einen festen Kreis von Schülern, mit denen er zusammenkam und mit denen oder in deren Gegenwart er diskutierte. Ebenso sicher aber kann man auch sagen: nach seinem Tode spalteten sich seine Schüler in verschiedene Gruppen, die sich heftig befehdeten, von denen aber keiner je leugnete, ein Sokratesschüler zu sein. Wie ist das zu erklären?

Ich glaube, die Hauptursachen sind zweierlei Art.

Einmal sagt Schwarzkopf: „Die Radikalität, durch die Sokrates sich von jener Tradition unterscheidet, die er doch fortsetzt, hat zwei Seiten. Sokrates denkt radikal, und er lebt radikal. Die Zweiseitigkeit dieser Radikalität ist nicht zufällig, das Leben nicht dem Denken äußerlich. Sokrates hat nach der antiken philosophiehistorischen Sage die Philosophie vom Himmel auf die Erde geholt, er hat in der Tat die Philosophie in einer eigentümlichen Weise praktisch gemacht; er hat die Probleme des praktischen Lebens zu Problemen der Philosophie gemacht, um das Leben selbst zu einem philosophischen, bewußten Leben zu machen – mit dem

[8] Ebendort, S. 1987 f.

Ernst und mit der spezifischen Verkehrtheit und Beschränktheit, die dem Bewußtsein eigen, wenn es der Spontaneität opponiert, während deren Herrschaft unaufhebbar besteht. Es entspricht der Struktur dieser praktischen Philosophie, daß Sokrates selbst seiner Philosophie gemäß lebt. Das Leben des Sokrates ist angewandte Sokratische Philosophie, ist darum ein praktisches Lehrstück dieser Philosophie. Auf Grund dieser der Lehre adäquaten Einheit von Leben und Lehre muß mit der Lehre auch das Leben Gegenstand der philosophiehistorisch-philosophischen Interpretation sein."[9]

In diesen beiden Tatsachen liegen schon zahlreiche Möglichkeiten der Spaltung. Einmal braucht die „Radikalität des Lebens", die Einfachheit, die „Alltäglichkeit des persönlichen Lebens" nicht mit der Praktischkeit der Philosophie übereinzustimmen. Plato lebte anders als Sokrates und ebenso andere seiner Schüler. Aber nicht darin liegt ein Hauptgrund der Spaltung sondern in der Hinwendung zum praktischen Leben, die natürlich weit mehr Möglichkeiten zur Spaltung in die verschiedensten Ansichten gab als Dogmatik und reine Abstraktion.

Natürlich handelt es sich in der Wendung zu den Problemen des alltäglichen Lebens um eine grundlegende Wendung wissenschaftlicher Überlegungen oder richtiger um einen Ausgangspunkt zu solchen Überlegungen, um eine methodologische Wendung im weitesten Sinne des Wortes.

Es ist nicht eigentlich eine neue Thematik der philosophischen Überlegungen, um die es geht, sondern um die Art, wie sie angepackt wird – denn über Gut und Schlecht, Freiheit, Mut, Glück usw. war auch vor Sokrates diskutiert worden.

Der zweite Hauptgrund für die Spaltung der Schüler liegt ebenfalls in einer methodologischen Neuerung, die Sokrates gebracht oder zumindest zur Blüte gebracht hat. Schwarzkopf bemerkt:

„Damit sich ein Sokratisches Gespräch entwickeln kann, das diesen Intentionen gewidmet ist, muß allerdings ernst gemacht werden damit, daß das Publikum im einzelnen Angesprochenen zu Wort kommt. Der Gesprächspartner kann nicht mit einer Gegenrede abgefertigt werden, sondern auf ihn und sein Wort muß eingegangen werden. Dies beginnt aber damit, daß der Philosoph nicht, wie als Poet, seine Meinung äußert, daß er vielmehr von seiner eigenen, zufälligen Meinung abstrahiert und den anderen nach dessen Meinung fragt, ihn mit dieser Frage anredet, sich als an dessen Meinung interessiert beweist und in der Diskussion mit ihm gemeinsame Sache macht. Die zufällige Meinung des Publikums wird so zum Gegenstand des Gesprächs, und der Philosoph hat darin nur die maieutisch-dialektische Funktion, dem das Publikum repräsentierenden zufälligen einzelnen die Möglichkeit und die Notwendigkeit zu bieten, seine Meinung zu äußern, zu vertreten, zu verteidigen, zu prüfen, zu reflektieren und zu verändern nach dem Maß der Wahrheit. ...

Dies ist die Konzeption, die Sokrates mit Radikalität zu realisieren versucht; der diálogos, das philosophische Gespräch, ist sein allgemeines, die Konfrontation von Meinungen mit Meinungen ist darin sein spezielles Mittel, der Verzicht des Gesprächspartners auf seine zunächst erfragte und geäußerte Meinung als auf eine bloße,

[9] Ebendort, S. 1998.

ohnmächtige und unverbindliche Meinung ist der normale Effekt der von Sokrates organisierten Konfrontation mit dem Problem des Meinungspluralismus.

Auch dieses Verfahren des Philosophen, seinen Gesprächspartner mit der gesellschaftlichen Nichtübereinstimmung zu konfrontieren, kann dialektische Kunst gebrauchen, und solche Kunst ist dann sogar notwendig, wenn, was nicht selten der Fall ist, die Widersprüche zwischen Meinungen nicht direkt und also nicht sinnfällig sind. Der Philosoph kann sich auch hier wie überhaupt durch die Kombination beliebiger Konfrontationsverfahren als Meister der Dialektik entwickeln, bewähren und zeigen."[10]

Es ist die dialektische Hebammenmethode, die seine Schüler von Sokrates gelernt haben und die natürlich ebenfalls in der verschiedensten Weise mit verschiedensten Resultaten auf den verschiedensten Gebieten angewandt werden kann.

Überhaupt scheinen mir auf wissenschaftlichem Gebiet Einheit und Verschiedenheit der Methodologie für die Schulen eine große Rolle gespielt zu haben. Die sokratischen Schulen sind wohl einzig und allein sokratisch auf Grund ihrer Methodologie. Wenn Frolov zum Beispiel auf den Hiéron von Xenophon, einem Sokratesschüler, zu sprechen kommt, so beginnt er mit Recht zunächst mit der Feststellung „Der Traktat ist in der für die Sokratische Schule gewohnten Dialogform verfaßt".[11] Wenn Diels die Schule der Eleaten mit ihrem Haupt Parmenides beschreibt, dann hebt er die Methodologie hervor: „Hätte Parmenides sich darauf beschränken wollen, sein 'Eins ist Eins und Viel ist Nichts' zu wiederholen, so wäre er als einsamer Denker vielleicht wegen seines Tiefsinnes angestaunt worden; aber Schule bilden, Einfluss auf die Geister gewinnen, die andern Systeme überwinden konnte er damit nimmermehr. Erst die Polemik gab der eleatischen Lehre die ausserordentliche Kraft; die Geistesgymnastik, welche sich an der Kritik der vulgären Weltanschauung übt, war das wirksame, freilich auch gefährliche Rüstzeug der neuen Secte, das Parmenides in seiner Schule gebrauchen lehrte." Und auch so vermerkt er: „Platon stellt die Schriften des Parmenides und Zenon so gegenüber (Parm. 128 A): beide enthielten denselben Inhalt, nämlich die Wahrheit des einigen Seins zu erweisen, nur gehe Parmenides direkt vor, während sein Schüler die Absurdität des Gegenteils, die Vielheit, erweise. Dies ist richtig, wie uns die Fragmente lehren, aber es charakterisiert nur die Schriften. Die mündliche Lehre auch des Parmenides muss bereits jene polemische Dialektik geübt haben, die gewöhnlich als Eigenthümlichkeit des Zeno angesehen wird. Denn dieselbe Methode, nur weniger virtuos ausgebildet, tritt auch bei Melissos hervor, ja selbst der dürre Abriss des Meisters zeigt namentlich da, wo er die Zeichen des Seins (V. 63 ff. Stein) bespricht, den Nerv dieser Dialektik, welche durch dilemmatische Beweisführung ad absurdum zu führen sucht."[12]

War es die Methodologie, die von einer Schule entwickelt wurde, die die Möglichkeit zu Nachfolgeschulen der verschiedensten Art gab, jede jetzt vor allem durch ihre Theorien, Forschungsprobleme usw. unterschieden, so darf man auch nicht vergessen, daß, soweit wir es übersehen können, auch große Gedankenfreiheit in mannigfachster Beziehung in den einzelnen Schulen herrschte. Natürlich mußte man in Platos Schule Dialektiker sein. Aber bedeutete das nicht auch, daß man in der Anwendung der

[10] Ebendort, S. 2006 und 2008. [11] Ebendort, S. 419. [12] *H. Diels*, a. a. O., S. 250 f.

Dialektik große Freiheit hatte? Wäre Aristoteles wirklich so lange Mitglied der Schule Platos gewesen, wenn dort nicht große Diskutierfreiheit geherrscht hätte? Und ist es nicht auch so: Gerade weil die Methodologie in den Schulen eine so große Rolle spielte, war es möglich, ja notwendig, die verschiedensten Meinungen hinsichtlich „der Sache" zu haben! –

Welskopf schreibt über die Sophisten: „Die Weiterwirkung der Sophisten ist nicht leichter zu fassen als ihre Daseinsweise. Sie bildeten keine Schule, nicht eine Art von Verein mit festem Mittelpunkt und zentralem Grundbesitz wie die Akadémeia Platons, das Lýkeion des Aristoteles, später die Gärten Epikurs und die poikíle stoá der Stoiker, alle übrigens in Athen, wo auch der erste große Sophist, Protagoras, bekannt wurde. Sophist zu sein, gab an sich noch keinerlei soziales Ansehen bei den herrschenden Kreisen, wie etwa die Zugehörigkeit zur Akadémeia oder zum Lýkeion, sondern war eher anrüchig; jeder Sophist mußte sich seine Geltung persönlich erringen, immer wieder erweisen, daß seine Leistung des Entgelts wert war (Plat. Theait. 167 d), dadurch verstärkte sich das individuelle Moment und die dauernde Anstrengung. Sie führten das Leben wissenschaftlicher und rhetorischer Wanderlehrer, wenn wir uns der Verdeutlichung halber einmal so ausdrücken dürfen. Diejenigen aber, die die Leistungen und Dienste der Sophisten gesucht hatten, die begüterten Bürger, Aristokraten und Tyrannen der souveränen Poleis, verloren mit der Unterwerfung der Poleis, vor allem der Zentrale Athen, selbst ihre bisherige Basis und Position. Mit der 'Republik der Advokaten' verschwanden auch die Sophisten. Es gab nach dem Entstehen der hellenistischen Monarchien keine rede- und streiterfüllte Demokratie, keine Freiheit des Wortes im bisherigen Sinne mehr. Der Redner hatte seine bisherige Rolle ausgespielt, damit auch der Lehrer der Redekunst in seiner bisherigen Bedeutung."[13]

Zunächst wieder sei die Aufmerksamkeit auf die Herausarbeitung der Methodologie, die Rhetorik, durch Welskopf gelenkt. Sodann aber auf die Bedeutung, die sie der Existenz eines Zentrums für die Schule beimißt. Ich bin nicht sicher – im Gegensatz zur Marie Simon –, daß sie recht hat, daß die Sophisten nicht als Schule betrachtet werden sollten. Sicher aber bin ich, daß Welskopf recht hat, wenn sie auf all die Schulen hinweist, die ein Zentrum hatten. Das heißt nicht, daß die griechischen Schulen nicht auch ein „unsichtbares" Kollektiv um sich gruppierten. Das heißt aber, daß sie im allgemeinen ein auch sehr sichtbares Kollektiv bildeten.

Viel ist über den Inhalt der Lehren der griechischen Schulen geschrieben worden, viel auch über die Methodologien, die sie entwickelten. Über ihre Organisation, über ihr tägliches Leben, ihre Struktur und Form der Existenz liegen dagegen leider noch wenige Studien vor.

Und das gilt noch viel mehr für Schulen späterer Zeiten und anderer Länder, über Schulen in der europäischen Feudalzeit oder in Indien und China. Wir wenden uns daher im folgenden der Zeit des Kapitalismus zu, über die wir besser informiert sind – besser aber auch noch recht unvollständig.

13 „Welskopf", S. 1981.

Kapitel IV

Die Ricardo-Schule

Zwei Genies der Gesellschaftswissenschaften verdankt Marx weit, weit mehr als jedem einzelnen anderen bürgerlichen Wissenschaftler: Hegel und Ricardo. Was Hegel betrifft, so ist das wohlbekannt, teils weil Marx und Engels sich stets irgendwie als „Hegelianer" gefühlt und das auch öfter ausgesprochen haben, teils auch durch Lenins beharrliche Hinweise auf diese Tatsache. Was Ricardo betrifft, so ist das weniger anerkannt, obgleich Marx und Engels sich nie gescheut haben, darauf hinzuweisen. Ja, Engels geht zum Beispiel so weit, und mit Recht, im „Anti-Dühring" von der „Ricardo-Marxschen Werttheorie"[1] zu sprechen.

1. Ricardo

Wie abenteuerlich und gleichzeitig klar und gesichert verläuft das Leben Ricardos![2] 1772 in London geboren, Sohn eines aus Holland stammenden fromm-jüdischen Londoner Börsenmaklers, verließ Ricardo mit 14 Jahren die Schule, um seinem Vater im Geschäft zu helfen. Ungewöhnlich erfolgreich und geschickt, voll eigener Gedanken und Pläne, litt er unter den orthodoxen und autoritären Familienverhältnissen. Mündig geworden, trennte er sich von dem Vater, heiratete zu dessen Schrecken und Kummer eine Quäkerin, wurde daraufhin zeitweilig enterbt und erwarb in relativ kurzer Zeit ein Millionenvermögen. Mit 25 Jahren war er einer der reichsten Männer Englands, hochgeachtet an der Londoner Börse als einer ihrer geschicktesten Spekulanten, persönlich beliebt wegen seines offenen, freundlichen und generösen Charakters sowie seiner großen Bescheidenheit.

Doch war solch schnelle, treibhausartige Entwicklung notwendig, denn schon hatte er die Hälfte der Spanne seines Lebens erreicht. Elf Jahre seines aktiven Lebens hatte er damit verbracht, das Börsengeschäft zu erlernen und zu meistern wie keiner seiner Zeitgenossen, wie kaum einer zuvor und keiner nach ihm.

Elf weitere Jahre vergehen, bevor er mit einer ersten wirtschaftswissenschaftlichen Arbeit an die Öffentlichkeit tritt.

Zunächst widmet er sich vor allem naturwissenschaftlichen Studien, der Mathe-

[1] *Marx/Engels,* Werke, Bd. 20, Berlin 1962, S. 178.

[2] Vgl. zum folgenden auch *J. Kuczynski,* Die Geschichte der Lage der Arbeiter unter dem Kapitalismus, Bd. 26, Berlin 1965.

matik, Physik, Chemie und Geologie, baut sich ein Laboratorium und wird 1807 einer der Begründer der Geologischen Gesellschaft. Doch schon seit 1799, angeregt durch den „Wohlstand der Nationen" von A. Smith, beginnt er ernstlich auch das Studium der Politischen Ökonomie, für das ihn seine so erfolgreiche Praxis trefflich vorbereitet hatte.

Dieses Studium erhält zunächst durch diese Praxis ein Schwergewicht in Richtung von Geldfragen, und dieses Schwergewicht wird weiter auf die Zirkulationsebene gelenkt durch die akuten Wirtschaftsprobleme, die sich in England aus internationalen Kredit- und Außenhandelsschwierigkeiten ergeben. Ricardos erste Veröffentlichung im Jahre 1809 beschäftigte sich mit der Frage, warum (damals) der Preis der Goldbarren steige und das Pfund Sterling als Banknote im Werte sinke.

Sechs Jahre später – 1815 – veröffentlicht Ricardo eine Studie, die ein völlig neues Gebiet behandelt und sich mit dem Einfluß der Getreidepreise auf die Profitrate beschäftigt. Ricardo fordert im Interesse der Industriebourgeoisie und im Gegensatz zu dem Vertreter der Interessen der Landaristokratie, Malthus, Getreidefreihandel.

1814, 42 Jahre alt, hatte Ricardo seinen Börsensitz aufgegeben und sich auf einen Landsitz nach Gloucestershire zurückgezogen, wo er sich vornehmlich seinen wirtschaftswissenschaftlichen Arbeiten widmete. Seine Hauptbeschäftigung war jetzt das Studium der Grundlagen der Politischen Ökonomie, und 1817 erscheint sein Hauptwerk, On the Principles of Political Economy and Taxation, die tiefste wirtschaftswissenschaftliche Studie, die die Bourgeoisie hervorgebracht hat. Zu Ricardos Lebzeiten erschienen noch zwei weitere, zum Teil erweiterte, Auflagen, die letzte zwei Jahre vor seinem Tode, 1821.

Nach der Veröffentlichung seines Hauptwerkes beschäftigt sich Ricardo vornehmlich mit Finanzfragen und kehrt in den folgenden noch zu seinen Lebzeiten veröffentlichten Schriften nur noch einmal zu einem anderen Thema zurück, 1822, in seiner Studie über den „Schutz der Landwirtschaft", in der er sich von neuem gegen die Landaristokratie wendet.

1823 starb Ricardo, noch nicht 52 Jahre alt, an einer Ohreninfektion, die auf das Hirn übergriff.

Siebzig Jahre später erschien in „The Economic Journal", der Zeitschrift der englischen Königlichen Ökonomischen Gesellschaft, ein Artikel von W. J. Ashley unter der Überschrift „Die Rehabilitierung Ricardos", in dem er versuchte, Ricardo vor der „allgemeinen Mißachtung", in die er gefallen war, und gleichzeitig vor der Verballhornung, die ihm Alfred Marshall angedeihen ließ, zu retten. Vergeblich! der Verfall der Politischen Ökonomie der Bourgeoisie war damals bereits soweit gediehen, daß sie Ricardo weder schätzen noch richtig interpretieren konnte.

Und wieder fünfzig Jahre später geschah folgendes: Ein fortschrittlicher, im Geiste des Marxismus-Leninismus erzogener italienischer Gelehrter gibt zusammen mit einem Gründermitglied der englischen Kommunistischen Partei die erste Ausgabe der gesammelten Werke Ricardos in England heraus – aber nur unter der Bedingung, die im verfallenden Kapitalismus noch möglich ist: nämlich als Museumsstück der Vergangenheit, das heißt, zu einem bei der Herausgabe so hohen Preis, daß sie kaum jemand kaufen kann.

Fast gleichzeitig aber schreibt der einflußreichste Wirtschaftswissenschaftler der kapitalistischen Welt, John Maynard Keynes: „Wenn nur Malthus statt Ricardo der Stammvater der Politischen Ökonomie des 19. Jahrhunderts gewesen wäre, wieviel weiser und reicher wäre die Welt heute!"[3] Und J. Schumpeter nennt das methodologische Vorgehen Ricardos bei seinen Untersuchungen The Ricardian vice, die Ricardianische Untugend.[4]

Zu der Zeit aber, als Ricardo wirkte, erkannte die noch junge und zukunftsträchtige Bourgeoisie, daß hier einer ihrer Größten sein Bestes gab. Sie sandte ihn 1819 in das Parlament oder gab ihm zumindest den Weg dorthin frei (er wurde als Unabhängiger gewählt), wo er, ungebunden durch „Versprechen" und unbeeinflußt von kleinlichen Parteiintrigen, hervorragend und von allen geschätzt und geehrt, die Interessen der industriellen Bourgeoisie vertrat.

In allen Bänden dieser „Studien" habe ich viel – manchen vielleicht zu viel – Wert auf die Haltung des Gelehrten zur Wissenschaft gelegt. Doch folge ich darin nur dem Beispiel von Marx, der genau das, und zwar in ganz außerordentlichem Maße, tat – etwa bei den beiden so polaren Gestalten Malthus, dem ersten Apologeten des Kapitals von Format, und bei dem letzten großen Politökonomen der Bourgeoisie, Ricardo. Malthus war für Marx das Musterbeispiel der Beugung der Wissenschaft zu Gunsten einer Fraktion der herrschenden Klasse, des Opportunismus, der Klopffechterei, des Plagiarismus – bei aller Anerkennung einzelner bedeutender Leistungen.

Ricardo war für Marx ein Vorbild in der Haltung eines Wissenschaftlers.

Natürlich hatte er eine tiefe Achtung vor seiner wissenschaftlichen Leistung. Von dem Hauptwerk Ricardos sagt er: „Das ganze Ricardosche Werk ist also enthalten in seinen ersten zwei Kapiteln. In diesen werden die entwickelten bürgerlichen Produktionsverhältnisse, also auch die entwickelten Kategorien der politischen Ökonomie, konfrontiert mit ihrem Prinzip, der Wertbestimmung, und zur Rechenschaft gezogen, wieweit sie ihm direkt entsprechen oder wie es sich mit den scheinbaren Abweichungen verhält, die sie in das Wertverhältnis der Waren hereinbringen. Sie enthalten seine ganze Kritik der bisherigen politischen Ökonomie, das kategorische Abbrechen mit dem durchgehenden Widerspruch A. Smiths in der esoterischen und exoterischen Betrachtungsweise, und liefern durch diese Kritik zugleich einige ganz neue und überraschende Resultate. Daher der hohe theoretische Genuß, den diese zwei ersten Kapitel gewähren, da sie in gedrängter Kürze die Kritik des in die Breite ausgelaufenen und verlaufnen Alten geben und das ganze bürgerliche System der Ökonomie als einem Grundgesetz unterworfen darstellen, aus der Zerstreuung und der Mannigfaltigkeit der Erscheinungen die Quintessenz herauskonzentrierend. Aber diese theoretische Befriedigung, welche because of their originality, Einheit der Grundanschauung, simpleness, Konzentriertheit, Tiefe, Neuheit und comprehensiveness diese zwei ersten Kapitel gewähren, verliert sich notwendig im Fortgang des Werks."[5] Ihn seinen vulgären Nachfolgern gegenüberstellend, bemerkt Marx ein

[3] *J. M. Keynes,* Essays in biography. London 1933, S. 144.
[4] *J. Schumpeter,* History of economic analysis. New York 1954, S. 473.
[5] *Marx/Engels,* Werke, Bd. 26,2, S. 166.

andermal: „Ricardo ist zu klassisch, Albernheiten zu begehn, wie seine Verbessrer".[6] Zu klassisch, und als Klassiker kann er darum auch als Bourgeois im Jugendstadium seiner Klasse unter die Oberfläche der Erscheinungen sehen: „Obgleich umfangen von diesem bürgerlichen Horizont, zerlegt Ricardo die bürgerliche Ökonomie, die in der Tiefe ganz anders aussieht, als sie auf der Oberfläche scheint, mit solch theoretischer Schärfe, daß Lord Brougham von ihm sagen konnte: 'Mr. Ricardo seemed as if he had dropped from an other planet.' (Herr Ricardo erschien, als wäre er von einem andern Planeten heruntergefallen.)"[7] Doch die Bedeutung des Werkes von Ricardo für Marx und die tiefe Hochachtung von Marx für die Leistungen Ricardos sind hier nicht unser Thema. Was wir hier herausarbeiten wollen, ist vielmehr die immer erneute Betonung der wissenschaftlichen Haltung Ricardos durch Marx –

etwa wenn er feststellt:

Ricardos wissenschaftliche Unparteilichkeit in der Analyse:

„Mit Bezug auf die Charakteristik von Ricardo wichtig, schlagend die folgenden Sätze: ...

Hier ist das 'Proletariat' dem Reichtum aufgeopfert. Sofern es gleichgültig für die Existenz des Reichtums, ist der Reichtum gleichgültig für seine Existenz. Bloße Masse – Menschenmasse – ist worth nothing. Hier in 3 Beispielen die wissenschaftliche impartiality Ric[ardos] exemplified."[8]

Ricardos wissenschaftliche Unbefangenheit und Wahrheitsliebe:

Bekanntlich hatte Ricardo zunächst die Ansicht vertreten, daß die Einführung von Maschinen für alle Klassen und Schichten der Gesellschaft nur Vorteile brächte; später erkannte er, daß sie große Nachteile für die Arbeiter bringen könnte. Marx berichtet im „Kapital" zunächst von der falschen Auffassung: „Eine ganze Reihe bürgerlicher Ökonomen, wie James Mill, MacCulloch, Torrens, Senior, J. St. Mill usw. behauptet, daß alle Maschinerie, die Arbeiter verdrängt, stets gleichzeitig und notwendig ein adäquates Kapital zur Beschäftigung derselben identischen Arbeiter freisetzt." Und dazu macht er dann folgende Fußnote: „Ricardo teilte ursprünglich diese Ansicht, widerrief sie aber später ausdrücklich mit seiner charakteristischen wissenschaftlichen Unbefangenheit und Wahrheitsliebe. Sieh l.c., ch. XXXI 'On Machinery'."[9]

All seine Freunde sind erschrocken über Ricardos neue Einsicht. McCulloch schreibt (5. 6. 1821) gleich nach dem Erscheinen der neuen Auflage der „Principles", in die das Kapitel über Maschinen eingefügt ist, daß dieses „einen ganz wesentlichen Abschlag vom Werte des Werkes" bedeute.[10] Ricardo antwortet ihm bescheiden wie immer: „Ich habe meine Gründe für meine Ansicht angegeben, doch bin ich bereit zuzugeben, daß ich ein zweites Mal geirrt habe, wenn man mir das nachweisen

6 *K. Marx*, Grundrisse der Kritik der Politischen Ökonomie, Berlin 1953, S. 255.

7 *Marx/Engels*, Werke, Bd. 13, Berlin 1961, S. 46.

8 *Marx/Engels*, Werke, Bd. 26,2, Berlin 1967, S. 118 f.

9 Ebendort, Bd. 23, Berlin 1962, S. 461.

10 The works and correspondence of David Ricardo – künftig zitiert als „Works" –, Bd. VIII, S. 381.

würde."[11] Am 9. Juli schreibt er über seine Korrespondenz mit McCulloch an Malthus und meint, daß er jenen überzeugt habe.[12] Typisch ist die Antwort von Malthus (16. Juli), in der er zugibt, daß Ricardo theoretisch recht habe, praktisch die Maschinen aber nur selten die Arbeiter schädigen – jedoch, und jetzt kommt etwas, was Malthus (natürlich mit vollem Recht vom bourgeoisen Klassenstandpunkt) viel wichtiger ist als die Wahrheit und die Wissenschaft: „Sie haben eine Formulierung gebraucht, die schnell von den arbeitenden Klassen aufgenommen werden kann"[13] – die Formulierung lautet „Daß die Meinung der arbeitenden Klassen, die Anwendung von Maschinerie sei häufig ihren Interessen schädlich, nicht auf Vorurteil und Irrtum beruht, sondern den korrekten Prinzipien der Politischen Ökonomie entspricht".[14] Am 4. Februar des folgenden Jahres wird dann im Political Economy Club, auf den wir noch zu sprechen kommen werden, Ricardo einen Vortrag halten über „Haben Maschinen die Tendenz, die Nachfrage nach Arbeitern zu vermindern?"[15]

Wir sind auf die Frage von Ricardos wissenschaftlicher Unbefangenheit und Wahrheitsliebe gerade im Zusammenhang mit der Problematik der Maschinen und mit Ricardos Korrespondenz darüber etwas ausführlicher eingegangen, weil all das mit einer noch viel tiefer gehenden Problematik zusammenhängt, auf die wir jetzt kommen müssen. Es handelt sich dabei um gerade auch für die Wissenschaftsgeschichte ganz außerordentlich wichtige und interessante Ausführungen von Marx.

Wir bringen sie hier unter der Überschrift:

Ricardos wissenschaftliche Ehrlichkeit, Ricardo „stoisch, objektiv, wissenschaftlich".

Marx beginnt zunächst mit einer Darlegung und Rechtfertigung des Standpunktes von Ricardo hinsichtlich der Produktion und Produktivität: „Ricardo betrachtet mit Recht, für seine Zeit, die kapitalistische Produktionsweise als die vorteilhafteste für die Produktion überhaupt, als die vorteilhafteste zur Erzeugung des Reichtums. Er will die *Produktion der Produktion halber*, und dies ist *recht*. Wollte man behaupten, wie es sentimentale Gegner Ricardos getan haben, daß die Produktion nicht als solche der Zweck sei, so vergißt man, daß Produktion um der Produktion halber nichts heißt, als Entwicklung der menschlichen Produktivkräfte, also *Entwicklung des Reichtums der menschlichen Natur als Selbstzweck*. Stellt man, wie Sismondi, das Wohl der einzelnen diesem Zweck gegenüber, so behauptet man, daß die Entwicklung der Gattung *aufgehalten* werden muß, um das Wohl der einzelnen zu sichern, daß also z. B. kein Krieg geführt werden dürfe, worin einzelne jedenfalls kaputtgehn. (Sismondi hat nur recht gegen die Ökonomen, die diesen Gegensatz *vertuschen*, leugnen.) Daß diese Entwicklung der Fähigkeiten der Gattung *Mensch*, obgleich sie sich zunächst auf Kosten der Mehrzahl der Menschenindividuen und ganzer Menschenklassen macht, schließlich diesen Antagonismus durchbricht und zusammenfällt mit der Entwicklung des einzelnen Individuums, daß also die höhere Entwicklung

[11] Ebendort, S. 387.
[12] Ebendort, Bd. IX, S. 14 f.
[13] Ebendort, S. 18.
[14] Ebendort, Bd. I, S. 392.
[15] Vgl. Ebendort, Bd. IX, S. 158.

der Individualität nur durch einen historischen Prozeß erkauft wird, worin die Individuen geopfert werden, wird nicht verstanden, abgesehn von der Unfruchtbarkeit solcher erbaulichen Betrachtungen, da die Vorteile der Gattung im Menschenreich wie im Tier- und Pflanzenreich sich stets durchsetzen auf Kosten der Vorteile von Individuen, weil diese Gattungsvorteile zusammenfallen mit den *Vorteilen besondrer Individuen,* die zugleich die Kraft dieser Bevorzugten bilden."[16]

Das ist echter „Sozialdarwinismus", den wir mit Recht als Prinzip der Weltentwicklung ablehnen, der aber für Ausbeutergesellschaften und insbesondere für die Kennzeichnung des Entwicklungsprozesses der kapitalistischen Gesellschaft voll berechtigt ist. In meiner Geschichte der Lage der Arbeiter in den USA schrieb ich voller Empörung über die letzten Jahrzehnte des vormonopolistischen Kapitalismus: „Die 'Theorien' des 'Rechtes des Stärkeren' und der 'Aufstiegsmöglichkeit für jeden braven Schwachen' wurden, geschickt miteinander verbunden oder auch getrennt, von den Großkapitalisten selbst vorgetragen. James J. Hill, einer der Großkapitalisten des Eisenbahnwesens, erklärte, daß 'die Vermögen der Eisenbahngesellschaften nach dem Gesetz des Überlebens des Tüchtigsten bestimmt werden', und Rockefeller, der mitleidslos streikende Arbeiter niederschießen ließ, aber gern in kirchlichen Sonntagsschulen predigte, erklärte in einer seiner frommen Reden: 'Das Wachsen eines großen Geschäftes ist nur ein Überleben des Tüchtigsten ... Die Rose, die man Amerikanische Schönheit nennt, kann in ihrem Glanz und ihrer Zartheit, die jedem Betrachter Freude bringen, nur gezüchtet werden, indem man die kleinen Knospen, die um sie herum wachsen, früh opfert. Das ist keine schlechte Seite des Geschäftslebens. Es ist nur die Verwirklichung eines Naturgesetzes, eines göttlichen Gesetzes.' Entsprechend wurde er auch karrikiert mit einem Haufen von als überflüssig entfernten Rosen zu seinen Füßen, in der Hand eine einzige wunderschöne American Beauty-Rose, die Standard Oil Company heißt. Carnegie war besonders gerissen in seiner Argumentation, indem er die Riesengewinne der Monopolisten gewissermaßen als Beweis für deren hervorragende Leistungen anführte und 1889 erklärte: 'Wir begrüßen daher als Verhältnisse, an die wir uns gewöhnen müssen, große Ungleichheit im Milieu, die Konzentration von industrieller und Handelstätigkeit in den Händen einiger weniger und das Gesetz der Konkurrenz zwischen ihnen als eine nicht nur wohltuende, sondern für den Fortschritt der Menschheit notwendige Einrichtung. Nachdem wir aber einmal all dies als Tatsachen angenommen haben, ergibt sich, daß der Kaufmann und Industrielle, der Geschäfte großen Ausmaßes zu regeln hat, auch große Bewegungsfreiheit für seine speziellen Fähigkeiten haben muß. Daß dieses Talent für Organisation und Leitung selten unter den Menschen ist, ist durch die Tatsache erwiesen, daß es seinem Besitzer stets enorme »Belohnung« sichert – ganz gleich wo, unter welchen Gesetzen oder Bedingungen er auch arbeitet.' Ihm sekundiert der Pastor J. M. Sturtevant, der meinte, daß die Großkapitalisten eben 'Arbeiter von gewaltiger Kraft' wären."[17]

Natürlich ist diese Schilderung eine furchtbare Anklage gegen das System des

[16] *Marx/Engels,* Werke, Bd. 26,2, a. a. O., S. 110 f.

[17] *J. Kuczynski,* Die Geschichte der Lage der Arbeiter unter dem Kapitalismus, Bd. 29, S. 196 f.

Kapitalismus. Natürlich ist diese sozialdarwinistische Rechtfertigung der grausamen Herrschaft der ersten Monopolisten vom Standpunkt der werktätigen Massen elendeste Apologetik und übelste Verhöhnung. Natürlich ist diese „Geschäfts-Gesellschaftsphilosophie" des „Weltschicksals" wissenschaftlich völlig unhaltbar, da die Menschen, wie Marx und Engels damals wissenschaftlich bewiesen, in der Lage sind, eine Gesellschaft zu schaffen, in der Produktion und Produktivität, Reichtum an materiellen und geistigen Gütern sowohl zum Wohle der Gesellschaft insgesamt wie auch des Individuums ständig wachsen. Aber wie steht es mit der Frage, ob damals, vor dem Stadium des Imperialismus, Produktion und Produktivität auf andere als die hier geschilderte Weise wachsen konnten. Wenn wir auf Grund der historischen Tatsachen und in der Annahme, daß die Arbeiterklasse im letzten Viertel des 19. Jahrhunderts, insbesondere in den USA, wo sie sich in dieser Zeit gerade erst zum erblichen Proletariat formierte, nicht versagte, daß heißt, daß eine siegreiche Revolution nicht möglich war, die sozialistische Gesellschaft noch nicht „fällig" war, urteilen, dann müssen wir sagen: genau diese Form der kapitalistischen Wirtschaft war notwendig, um Produktion und Produktivität so stark wie möglich zu steigern. Entkleidet ihrer elenden Apologetik haben diese verbrecherischen Monopolisten offenbar recht, daß nur so damals Produktion und Produktivität so stark wie möglich gesteigert werden konnten.

Und doch liegt der Fall dieser frühen Monopolisten – selbst der Apologetik, Heuchelei und Annahme der kapitalistischen Gesellschaft als ewig bestehend entkleidet – ganz anders als der Fall Ricardo.

Ricardo wollte unter kapitalistischen Verhältnissen „Produktion der Produktion halber" – die Kapitalisten zur Zeit Ricardos und ebenso zur Zeit von J. D. Rockefeller wollten „Produktion des Profits halber". Ricardo ebenso wie Rockefeller waren beide von „sozialdarwinistischer Rücksichtslosigkeit" gegenüber den Massen der Werktätigen, die Marx bei Ricardo völlig gerechtfertigt findet.

Aber Ricardo ist eben nicht nur rücksichtslos gegen das Individuum und die Werktätigen. Marx – in seinen oben zitierten Ausführungen fortfahrend – bemerkt: „Die Rücksichtslosigkeit Ricardos war also nicht nur *wissenschaftlich ehrlich,* sondern *wissenschaftlich geboten* für seinen Standpunkt. Es ist ihm aber deshalb auch ganz gleichgültig, ob die Fortentwicklung der Produktivkräfte Grundeigentum totschlägt oder Arbeiter. Wenn dieser Fortschritt das Kapital der industriellen Bourgeoisie entwertet, so ist es ihm ebenso willkommen. Wenn die Entwicklung der Produktivkraft der Arbeit das *vorhandne* capital fixe um die Hälfte entwertet, was liegt dran, sagt Ricardo. Die Produktivität der menschlichen Arbeit hat sich verdoppelt. Hier ist also *wissenschaftliche Ehrlichkeit.* Wenn die Auffassung Ric[ardos] im ganzen im Interesse der *industriellen Bourgeoisie* ist, so nur, *weil* und *soweit* deren Interesse koinzidiert mit dem der Produktion oder der produktiven Entwicklung der menschlichen Arbeit. Wo sie in Gegensatz dazu tritt, ist er ebenso *rücksichtslos* gegen die Bourgeoisie, als er es sonst gegen das Proletariat und die Aristokratie ist."

Ricardo ist in seiner wissenschaftlichen Untersuchung, wie man Produktion und Produktivität um ihrer selbst willen steigern könnte, rücksichtslos gegen alle Klassen! er ist eben unparteiisch, zeigt keine Parteilichkeit. Und wenn wir Marxisten parteilich sind, ist es nicht deshalb, weil wir marxistische Wissenschaftler das Streben nach Wahrheit durch Parteilichkeit ersetzen, sondern weil nur eine Partei, nur eine Klasse Wahrheit von uns verlangt, eben die Arbeiterklasse, und weil die Orientierung auf die Interessen der Arbeiterklasse die Orientierung auf die Gesetzmäßigkeiten des Fortschritts ist. Zu Ricardos Zeiten aber entsprach zwar die Orientierung auf die Interessen der Kapitalisten im allgemeinen den Gesetzmäßigkeiten des Fortschritts – jedoch setzten sich diese unter so vielen Widersprüchen und bei so verschiedenen Interessen der herrschenden Klassen durch, daß die Ausarbeitung der Wissenschaft des möglichst schnellen Fortschritts von Produktion und Produktivität oft den einzelnen Profitinteressen der verschiedenen Fraktionen des Kapitals widersprechen mußte. Und diesen Widerspruch forderte Ricardo im Interesse der wissenschaftlichen Ehrlichkeit rücksichtslos heraus.

Ganz im Gegensatz zu dem „elenden" Malthus, über den Marx direkt anschließend bemerkt:

„Aber *Malthus*! Ce misérable zieht aus den wissenschaftlich gegebenen (und von ihm stets *gestohlenen)* Vordersätzen nur solche Schlüsse, die der Aristokratie gegen die Bourgeoisie und beiden *gegen* das Proletariat 'angenehm' sind (nützen). Er will deshalb nicht die *Produktion um der Produktion* willen, sondern nur soweit sie das *Bestehende* erhält oder ausbauscht, dem Vorteil der herrschenden Klasse konveniert. ...

Endlich seine 'principles of political economy' *gegen* Ricardo hatten wesentlich den Zweck, die absoluten Forderungen des 'industriellen Kapitals' und der Gesetze, unter denen sich seine Produktivität entwickelt, zu den den existierenden Interessen der Grundaristokratie, der 'Established Church' (zu der Malthus gehörte), der Regierungspensionäre und Steuerverzehrer 'vorteilhaften' und 'wünschenswerten Grenzen' zurückzuführen. Einen Menschen aber, der die Wissenschaft einem nicht aus ihr selbst (wie irrtümlich sie immer sein mag), sondern *von außen*, ihr *fremden, äußerlichen Interessen* entlehnten Standpunkt zu *akkommodieren* sucht, nenne ich 'gemein'."

Dagegen Ricardo: „Es ist nicht gemein von Ricardo, wenn er die Proletarier der Maschinerie oder dem Lastvieh oder der Ware gleichsetzt, weil es die 'Produktion' (von seinem Standpunkt aus) befördert, daß sie bloß Maschinerie oder Lastvieh oder weil sie wirklich bloß Waren in der bürgerlichen Produktion seien. Es ist dies stoisch, objektiv, wissenschaftlich. Soweit es ohne *Sünde* gegen seine Wissenschaft geschehn kann, ist R[icardo] immer Philanthrop, wie er es auch in der *Praxis* war."

Malthus opfert genau wie Ricardo die Arbeiter der Produktion. Jedoch:

„Wo dieselben Forderungen der Produktion dem landlord seine 'Rente' schmälern oder dem 'Zehnten' der Established Church oder dem Interesse der 'Steuerverzehrer' zu nahe treten oder auch den Teil der industriellen Bourgeoisie, dessen Interesse den Fortschritt hemmt, dem Teil der Bourgeoisie opfern, der den Fortschritt der Produktion vertritt – wo es also irgendein Interesse der Aristokratie gegen die Bourgeoisie oder der konservativen und stagnanten Bourgeoisie gegen die progressive gilt –, in allen diesen Fällen opfert 'Pfaffe' Malthus das Sonderinteresse nicht der Produktion, sondern *sucht*, soviel an ihm, die Forderungen der Produktion dem Sonderinteresse bestehender herrschender Klassen oder Klassenfraktionen zu opfern. Und zu diesem

Zweck *verfälscht* er seine wissenschaftlichen Schlußfolgerungen. Das ist seine *wissenschaftliche* Gemeinheit, seine Sünde gegen die Wissenschaft, abgesehn von seinem schamlosen und handwerksmäßig betriebnen Plagiarismus. Die wissenschaftlichen Konsequenzen von Malthus sind 'rücksichtsvoll' gegen die herrschenden Klassen in general und gegen die reaktionären Elemente dieser herrschenden Klassen in particular, d. h. er *verfälscht* die Wissenschaft für diese Interessen. Sie sind dagegen *rücksichtslos,* soweit es die unterjochten Klassen betrifft. Er ist nicht nur *rücksichtslos.* Er *affektiert* Rücksichtslosigkeit, gefällt sich zynisch darin und *übertreibt* die Konsequenzen, soweit sie sich gegen die misérables richten, selbst *über* das Maß, das von seinem Standpunkt aus wissenschaftlich gerechtfertigt wäre.*

Der Haß der englischen Arbeiterklassen gegen Malthus – den '*mountebank-parson*', wie ihn Cobbett *roh* nennt (Cobbett ist zwar der größte *politische* Schriftsteller Englands während dieses Jahrhunderts; es fehlte ihm aber die Leipziger Professoralbildung, und er war ein direkter Feind der 'learned languages' – ist also völlig gerechtfertigt; und das Volk ahnte hier mit richtigem Instinkt, daß es keinen *homme de science,* sondern einen gekauften Advokaten seiner Gegner, einen schamlosen Sykophanten der herrschenden Klassen gegenüber habe."[18]

Und damit kommen wir noch einmal zur Kontroverse über die Maschinen zurück. Natürlich ist Ricardo kein Maschinenstürmer, wenn er erklärt, daß die Maschinen Nachteile für die Arbeiterklasse brächten. Er kann das ganz offen erklären, da ihm auch die Nachteile für die Arbeiterklasse völlig gleichgültig sind, wenn es gilt, die Wahrheit zu erforschen. Malthus aber denkt sogleich, viel parteilicher als Ricardo, an die soziale, an die gesellschaftliche Wirkung dieser wissenschaftlichen Wahrheit, denkt daran, daß damit den arbeitenden Klassen von Ricardo eine Waffe gegen das Kapital in die Hand gegeben worden ist.

Man versteht, daß Marx gerade die Unparteilichkeit von Ricardo rühmt, da dieser nur ein Ziel kennt: die Lehre von der möglichst starken Steigerung der Produktion und Produktivität zu entwickeln. In dem Streben, zur Wahrheit dieser Lehre zu kommen, tritt er gegen die Interessen aller Klassen auf, wenn sie im Widerspruch zur Steigerung von Produktion und Produktivität stehen.

Die Lehre von der Steigerung von Produktion und Produktivität aber ist von entscheidender Bedeutung für den Fortschritt der Menschheit, darum letztlich auch für die sozialistische Gesellschaft. Wenn diese Lehre unter den Bedingungen des Kapitalismus – die für Ricardo selbstverständliche Bedingungen sind und die er natürlich nicht abschaffen, sondern nur weiterentwickeln will – unendliches Elend, schlimmste Erniedrigung für die Werktätigen bedeutet, dann ist das nicht zu ändern, sondern muß klar, nicht etwa als Anklage, sondern als wissenschaftliche Wahrheit ausgesprochen werden. Darum, wiederholen wir die Worte von Marx noch einmal: „Es ist nicht gemein von Ricardo, wenn er die Proletarier der Maschinerie oder dem Lastvieh oder der Ware gleichsetzt, weil es die 'Produktion' (von seinem Standpunkt

* Ricardo z. B. (siehe oben), wenn seine Theorie ihn dahin bringt, daß das Steigen des Arbeitslohns über sein Minimum den *Wert* der Waren nicht erhöht, sagt dies gradeheraus. Malthus will den Arbeitslohn down halten, damit der Bourgeois profitiere.

[18] *Marx/Engels,* Werke, Bd. 26,2, S. 111 ff.

aus) befördert, daß sie bloß Maschinerie oder Lastvieh oder weil sie wirklich bloß Waren in der bürgerlichen Produktion seien. Es ist dies stoisch, objektiv, wissenschaftlich."

Doch wiederholen wir auch noch einmal den unmittelbar folgenden Satz: „Soweit es ohne *Sünde* gegen seine Wissenschaft geschehn kann, ist R[icardo] immer Philanthrop, wie er es auch in der *Praxis* war." Ist es nicht rührend, wie Marx hier plötzlich die wissenschaftliche Analyse unterbricht und eine ganz subjektivistische, persönliche Anmerkung macht, die nichts mit der Thematik zu tun hat, die nur ein Ziel hat, uns den Menschen Ricardo lieb zu machen. In seiner Wissenschaft sind Ricardo die Proletarier Maschinerie, Lastvieh, Ware – mit Recht vom Standpunkt der Ricardoschen Theorie. Indem Ricardo so denkt, ist er „stoisch, objektiv, wissenschaftlich", so wie es Marx, so wie wir es an ihm rühmen.

Aber Mensch und Wissenschaftler können nicht eins sein im Kapitalismus, wenn sie echte wissenschaftliche Ausarbeiter der Politischen Ökonomie auf dem Boden des Kapitalismus sind. Und darum die ganz persönliche Bemerkung von Marx über Ricardo, denn er möchte, daß wir ihn nicht nur als Wissenschaftler, sondern auch als Menschen schätzen und lieben, so wie Marx es selbst getan hat. Und in der Tat hat Marx Recht, wenn er Ricardos Philanthropie als Teil seiner Weltanschauung und in seiner Praxis rühmt. Stets war er bereit zu helfen, dem Freund, den Armen auf seinen Besitzungen, wer immer sich an ihn wandte, wenn er persönlicher Hilfe würdig schien.[19]

Ricardos Korrespondenz in der Ausgabe von Sraffa und Dobb umfaßt 4 Bände, die sich auf die Jahre 1810 bis 1823 beziehen, das heißt auf die Jahre seiner schriftstellerischen Tätigkeit als Politökonom – seine erste Schrift erschien 1809. Von Ricardos 296 Briefen aus dieser Zeit gingen 92, fast ein Drittel, an seinen Freund Malthus, 58, rund ein Fünftel, an seinen Freund James Mill, 41 an seinen Schüler McCulloch und 54 an Trower, einen Börsenmann, keinen Wissenschaftler.

Ricardo und der sechs Jahre ältere Thomas Robert Malthus (1766–1834) lernten sich im Juni 1811 kennen. Den ersten Brief wechselten sie gleichzeitig unmittelbar nach ihrem ersten Zusammentreffen, beide auf die sie damals interessierenden und für England damals von so großer Bedeutung erscheinenden Fragen der Währung und Zahlungsbilanz eingehend. Malthus schrieb: „Einer der Hauptgründe, warum ich mich Ihnen vorstellte, zusätzlich zu dem Vergnügen, Ihre Bekanntschaft zu machen, war, daß, da wir *im Großen und Ganzen* auf derselben Seite stehen, wir um die Notwendigkeit einer langen Kontroverse im Druck hinsichtlich der Punkte, in denen wir nicht einig sind, herumkommen können durch freundschaftliche Diskussion auf privatem Wege." Ricardo antwortete zwei Tage später, am 18. Juni, nachdem er schon vor Erhalt des Briefes in einem Entwurf geschrieben hatte: „Da wir uns so

[19] *McCulloch* berichtet in dem den Werken vorangestellten kurzen Lebensabriß: „Er war ebenso generös wie intelligent; stets war er bereit, den Armen und in Not Geratenen zu helfen; und während er fast jeder Hilfsorganisation in der Hauptstadt etwas gab, unterhielt er auf eigene Kosten ein Armenhaus und zwei Schulen in der Nachbarschaft seines Landbesitzes." (The Works of David Ricardo. By J. R. Mc Culloch. New Ed. London 1888, S. XXXI.)

nahe sind, was die Prinzipien, die den Wert des Geldes in Ländern, die einen steten Handelsverkehr miteinander haben, bestimmen, betrifft, möchte ich, daß wir versuchen, durch freundschaftliche Diskussion auf privatem Wege die wenigen Unstimmigkeiten, die uns davon abhalten, genau die gleiche Meinung zu vertreten, zu beseitigen."[20]

Beide waren zu dieser Zeit reife Männer, Malthus, mit Weltruhm, 45 Jahre alt, Ricardo erst am Anfang seiner wissenschaftlichen Laufbahn, aber als Börsenmann weit bekannt in England, 39 Jahre alt.

Die Briefe beginnen formell mit Dear Sir, doch schon im Herbst geht Malthus über zu My dear Sir und Ricardo folgt sogleich in einem Brief, in dem er Malthus daran erinnert, daß dieser mit Frau zu einem längeren Aufenthalt auf Ricardos Landsitz erwartet wird. Erst acht Jahre später ändert sich die Anrede zu My dear Malthus und My dear Ricardo, und so wird es bis zum Ende bleiben – Ricardo war außerhalb des Familienkreises sehr zurückhaltend, bei aller Wärme und Treue in der Freundschaft. Wenige Tage vor seinem Tode schrieb Ricardo nach endloser, hoffnungsloser Diskussion über werttheoretische Fragen an Malthus: „Und nun, mein lieber Malthus, bin ich am Ende. Wie andere Disputanten bleiben wir, nach reichlicher Diskussion, jeder bei unserer eigenen Meinung. Diese Diskussionen beeinflussen jedoch in keiner Weise unsere Freundschaft; ich würde Sie nicht mehr mögen, als ich es schon tue, wenn Sie meine Auffassungen teilen würden."[21] Wenige Tage später schreibt er einen Brief an James Mill, in dem er noch einmal auf die Frage des „Maßes des Wertes" zu sprechen kommt, gegen Malthus, aber auch gegen den Sohn von James, John Stuart, argumentierend. Am gleichen Tage wurde er von der Krankheit gepackt, die ihn in sechs Tagen dahinraffte.

Wenn wir die Haltung von Marx zu Ricardo, dem größten und zugleich liebenswertesten und bescheidensten Genie der bürgerlichen Politischen Ökonomie, und zu Malthus, dem ersten politökonomischen Apologeten von Format, zugleich Plagiarius und Opportunist, begabt mit echtem, tiefem Klassenbewußtsein für den reaktionärsten Flügel des Kapitals, vergleichen mit dem Verhältnis echter, guter, sich frei aussprechender Freundschaft zwischen Ricardo und Malthus, dann wird man sich wundern.

Doch mit Unrecht.

Nie darf man vergessen, daß ideologische Meinungsverschiedenheiten innerhalb der Welt der Wissenschaften häufig keine entscheidende Rolle gespielt haben, bevor sich nicht eine unterdrückte Klasse, und das war als erste und einzige die durch Marx und Engels geführte Arbeiterklasse, ihrer in größerem Ausmaß positiv und negativ bemächtigt hatte.

In der Geschichte der Wissenschaften konnten sich Idealisten und Materialisten häufig viel besser vertragen als Idealisten bzw. Materialisten untereinander. Viele philosophische Idealisten waren Materialisten auf ihrem spezifischen Arbeitsgebiet, und auch das Umgekehrte kam vor. Viele Wissenschaftler waren eng befreundet nicht nur persönlich, sondern auch in der wissenschaftlichen Arbeit, auch wenn sie

[20] „Works", Bd. VI, S. 21 und 24.

[21] Ebendort, Bd. XI, S. 382.

verschiedene Fraktionen der herrschenden Klasse vertraten. So entscheidend die Kategorien der marxistischen Ideologie für die Beurteilung der Leistungen in der Wissenschaftsgeschichte, insbesondere der Geschichte des Fortschritts der Gesellschaftswissenschaften sind, so absolut bedeutungslos können sie für die Beurteilung des persönlichen und des Arbeitsverhältnisses der Wissenchaftler untereinander in der Vergangenheit sein. Marx hat wohl gegenüber keinem Wissenschaftler solchen Abscheu gehabt wie gegenüber Malthus, keinen so verehrt wie Ricardo – aber beide waren vertraute Freunde, die einen überaus regen wissenschaftlichen Verkehr miteinander hatten.

Man darf auch nicht vergessen, daß Malthus ganz offenbar persönlich ein guter Freund sein konnte, und daß auch Marx gewisse wissenschaftliche Leistungen von Malthus feststellte. So bemerkt er:

„Das eigentliche Verdienst in den 3 Schriften M[althus]' besteht darin, daß – während R[icardo] in der Tat nicht entwickelt, wie aus dem Austausch der Waren nach dem Gesetz des Werts (der in ihnen enthaltenen Arbeitszeit) der ungleiche Austausch zwischen Kapital und lebendiger Arbeit entspringt, zwischen einem bestimmten Quantum akkumulierter Arbeit und einem bestimmten Quantum of immediate labour, also in der Tat den Ursprung des Mehrwerts unklar läßt (indem er das Kapital direkt mit der Arbeit, nicht mit dem Arbeitsvermögen austauschen läßt) – M[althus] den Hauptton legt auf den *ungleichen* Austausch zwischen Kapital und Lohnarbeit. ...

Die Pointierung dieses Punktes, der bei R[icardo] um so weniger scharf heraustritt, als er immer das fertige Produkt voraussetzt, das zwischen Kapitalist und Arbeiter geteilt wird, ohne den Austausch, den vermittelnden Prozeß zu betrachten, der zu dieser Teilung führt, ist das einzige Verdienst M[althus]' in den obigen Schriften. ...

Herr Malthus will den 'Profit' gleich in die Definition des *Werts* mit aufnehmen, damit er unmittelbar aus dieser Definition folge, was bei R[icardo] nicht der Fall. Man sieht daraus, daß er fühlt, worin die Schwierigkeit lag."[22]

Es ist bemerkenswert, daß die Geschichte der Politischen Ökonomie durch den Vulgärökonomen und Apologeten Malthus noch einen bedeutenden Schritt vorwärts macht, wie dieser Vulgarisator unserer Wissenschaft noch so mit der klassischen Politischen Ökonomie des Bürgertums verbunden ist, daß er dieses Zentralproblem der Politischen Ökonomie des Kapitalismus noch über Ricardo hinaus einen Schritt weiter seiner Lösung entgegenführen kann.[23]

Noch enger wohl war Ricardos Freundschaft mit James Mill (1773–1836). Sie lernten sich persönlich vor 1810 kennen, denn der erste uns erhaltene Brief Mills vom 25. Dezember 1810 beginnt bereits My dear Sir. Und wenige Wochen vor Ricardos Tod beginnt Mill einen Brief (8. August 1823) mit der Ricardo gegenüber ungewöhnlich vertrauten Anrede My dear Friend, auf den Ricardo am 30. August ebenso antwortet. Beide Familien waren (wie mit der Familie Malthus) eng befreun-

[22] *Marx/Engels*, Werke, Bd. 26,3, S. 8 ff.

[23] *J. Kuczynski*, Die Geschichte der Lage der Arbeiter unter dem Kapitalismus, Bd. 26, S. 199 f.

det; bei der Freundschaft mit den Mills kommt noch Ricardos großes Interesse für John Stuart, den so begabten und frühreifen Sohn von James, hinzu. Wie rührend schreibt er dem Vater am 28. August 1821: „Ich wünschte auch, Sie würden John mitbringen, ich möchte ihn sehr gern sehen nach seiner langen Auslandreise und von ihm selbst über seine Abenteuer hören. Ich würde ihn gern sehen, auch wenn Sie nicht kommen könnten: er würde hier fast genau so ungestört lesen und arbeiten können wie zu Hause, und es wird ihm gut tun, mit Freunden zusammenzukommen – es mag die scheue Zurückhaltung, die, wie Sie sagen, ihm immer noch anhaftet, zu überwinden helfen."[24] John war zu dieser Zeit 15 Jahre alt.

In der frühen Zeit der Freundschaft ist Mill der Treibende. So schreibt er Ricardo am 9. November 1815: „Trotz meiner Leidenschaft für die Wissenschaft der Politischen Ökonomie, geschah es doch, daß ich eine ganze Reihe von Jahren nicht an Sie denken konnte, außer wenn ich durch Ihre instruktive Unterhaltung und Schriften dazu angeregt wurde. Warum rufen Sie aus 'Oh, daß ich fähig wäre, ein Buch zu schreiben!', wenn es doch kein anderes Hindernis gibt als dieses Mißtrauen von Ihnen in die eigene Kraft."[25]

Ricardo war in der Tat von außerordentlicher Bescheidenheit, in mancher Beziehung darin an Darwin erinnernd. In einem Brief an McCulloch vom 16. Dezember 1819 bemerkt er: „Sie schreiben leicht, für mich ist es eine anstrengende Arbeit ... Meine Schwierigkeiten beim Reden (im Parlament – J. K.) sind ebenso groß wie beim Schreiben, und darum kann ich nicht beurteilen, inwiefern ich erfolgreich in meinem Bemühen war, meinen Zuhörern verständlich zu machen, was ich ihnen sagen wollte ... Ich bin nicht zufrieden mit der Erklärung, die ich von den Prinzipien, die den Wert regulieren, gegeben habe. Ich wünschte, eine fähigere Feder würde das unternehmen – das Ungenügende liegt nicht in der Schwäche der Lehre, alle Schwierigkeiten zu erklären, sondern in der Ungenügenheit dessen, der versucht hat, die Lehre zu erklären (also in Ricardo selbst – J. K.)."[26]

Ein Großteil der Korrespondenz zwischen Ricardo und Mill betrifft Manuskripte, die sie sich gegenseitig zur Durchsicht und Kritik zusenden.

Keiner der drei – Ricardo, Mill, Malthus – hätte sich als der Schüler des anderen betrachtet. Sie waren alle drei (mit Say) als die bedeutendsten Politökonomen ihrer Zeit angesehen und hatten große Hochachtung voreinander. Nur in den ersten Jahren ihrer Freundschaft betrachtete Ricardo James Mill als seinen „Meister" – nicht auf dem Gebiet der Politökonomie, sondern da Mill ihn durch steten Rat zum Schreiben, beim Aufbau und in der besseren Darstellung seines Hauptwerkes half.

Immer wieder ermuntert Mill in jeder Weise. Lipschitz schildert:

„Während der ersten Monate des Jahres 1816 türmen sich vor Ricardo bei der Darstellung des Tauschwertproblems derartige Schwierigkeiten auf, daß er, völlig mutlos geworden, für Monate die Niederschrift seiner Gedanken unterbricht. 'Ich glaube nicht, daß ich je vorankommen werde[27]' und 'seit zwei Monaten habe ich

[24] „Works", Bd. IX, S. 44.
[25] „Works", Bd. VI, S. 320 f.
[26] „Works", Bd. VIII, S. 141 f.
[27] Ricardo an Malthus, 24. April 1816, Bd. 7, S. 27.

nichts getan[28]' schreibt er an seine Freunde, und noch im August 1816 lesen wir in einem sehr deprimierten Brief an Mill: 'Ich bin oft versucht, meine Schreiberei beiseite zu legen; es ist eine Aufgabe, die meine Kräfte übersteigt. Nur der Gedanke, daß ich ja nicht gezwungen bin, etwas zu veröffentlichen, läßt mich weiterarbeiten[29].' Und Mill beginnt nun wieder mit großer Geduld zu ermuntern und zu ermahnen. Er weiß, daß Ricardo nicht nur Zuspruch, sondern auch Befehle braucht, um mit seiner Arbeit voranzukommen. In klug abgewogener Reihenfolge verabreicht er ihm süße und bittere Medizin: 'Warum sollte denn ein Mann, der ohne Scheu vor jedermann ein Thema erörtern kann, nun plötzlich Hemmungen haben, darüber zu schreiben? Denn Schreiben ist doch nichts anderes, als Gesprochenes zu Papier zu bringen! Du kannst nicht nur mit Leuten diskutieren, deren Wissen auf national-ökonomischem Gebiet berühmt ist, Du kannst sogar mit ihnen streiten und scheust Dich nicht, Deiner Ansicht vor der ihren den Vorrang zu geben. ... Du brauchst doch jetzt nur in gleicher Weise auf dem Papier zu verfahren! ... Aber Du willst ja von mir nur Komplimente hören. ... Der liebe Freund soll kommen und enthusiastisch rufen: Mein hochverehrter Herr, gestatten Sie mir, daß ich den einzigen Fehler korrigiere, den Sie jemals in Ihrem Leben gemacht haben – Ihre Talente sind bewundernswert. ... Schreiben Sie nur und setzen Sie die Welt in Erstaunen! – Aber ich bin wenig in der Kunst des Schmeichelns bewandert, darum sage ich Dir ganz das Gegenteil: man braucht nicht mehr Talent, als jeder andere auch besitzt; Deine Gedanken sind in Deinem Kopf schon fertig formuliert, Du brauchst sie nur noch niederzuschreiben. ... Glaubst Du denn, daß jemals ein Mann ein gutes Buch allein durch Gottes Gnade ... geschrieben hat? Rousseau hat erklärt, daß er niemals eine Schrift der Öffentlichkeit übergeben habe, die er nicht fünfmal umgeschrieben hätte[30]. Ich bin schon Dein Schulmeister ... und daher befehle ich Dir feierlich, sofort nach dem Plan weiterzuarbeiten, den Du Dir gemacht hast. ... Denke nicht an Wiederholungen oder Stil, sondern bringe Deine Gedanken irgendwie zu Papier. ... Mein zweiter Befehl: schicke mir alles her, was Du bisher geschrieben hast, und was Dir entbehrlich ist, denn ich weiß doch, daß Du schon eine Menge fertig hast, ... auch das, was Du mir bereits in London vorgelesen hast[31]. ... Du könntest ja die Seiten, die zu einem Thema gehören, zusammenlegen. ... Wenn nicht, macht es auch nichts, dann schicke sie nur so durcheinander, wie sie sind[32].'

Aber Schreiben ist eben doch etwas anderes als nur Gesprochenes zu Papier bringen, denn Ricardo hat schon die Beobachtung gemacht, daß der interessierte und fachkundige Gesprächspartner nicht so sehr daran interessiert ist, *wie* etwas vorgetragen wird, sondern *was* gesprochen wird. Oft deuten schon ein Blick, eine Bemer-

[28] Ricardo an Malthus, 28. Mai 1816, Bd. 7, S. 35.

[29] Ricardo an Mill, 8. August 1816, Bd. 7, S. 53.

[30] Mes manuscrits raturés, barbouillés, mêlés, indéchiffrables, attestent la peine qu'ils m'ont coûtée. Il n'y en a pas un qu'il ne m'ait fallu tanscrire quatre ou cinq fois avant de le donner à la presse (Confession, Livre III; Genève, 1782, Time II, S. 121.

[31] Ricardo kündigt Mill im Brief vom 8. August 1816 an, daß er ihm etwas aus seinem Manuskript vorlesen will. Bd. 7, S. 54.

[32] Mill an Ricardo, 14. August 1816, Bd. 7, S. 65.

kung oder eine Geste den Punkt an, an dem die Meinungen auseinandergehen, und alles wird sich im Gespräch in der Folge auf diesen Punkt konzentrieren. Aber 'in einem Buch muß man alles klar auseinandersetzen und beweisen und weiß dabei nicht, ob man nicht sehr unverständlich oder langweilig geworden ist. ... Ich habe nicht so sorgfältig darauf geachtet, daß ich jeden Gedanken nur einmal bringe, schon weil es ja mein Fehler ist, oft zu kurz zu sein, und vielleicht ist es angebracht, eine Idee in anderer Form zu wiederholen. ...[33].' Mill ist sicher nicht schlecht erstaunt gewesen, daß der 'Schüler' sich die Belehrungen so zu Herzen genommen hat. Als Ricardo sogar bemerkt, er wolle jetzt alles noch einmal abschreiben und ihm dann erst das Manuskript schicken, erwidert Mill, daß das doch wirklich Zeitverschwendung sei: 'Du hast doch das Geld, dafür jemanden anzustellen. Bei mir ist das etwas anderes, ich kann es mir nicht leisten[34].'

Der wahre Grund für die Verzögerung ist jedoch der Zweifel Ricardos, ob ihm die Lösung des Wert- und Preisproblems zufriedenstellend gelungen sei. Erst zwei Monate nach Mills Aufforderung, ihm das Manuskript zu schicken, sendet er es ab. Ricardo kündigt in einem Begleitbrief an, daß er sich nunmehr den Besteuerungsproblemen zuwende[35]. Dieser sehr umfangreiche erste Entwurf enthält die ersten sieben Kapitel der Principles, die Grundsätze der Volkswirtschaft. Ricardo schreibt dazu, er habe sich auf dem Wege von Gatcomb[36] nach London in der Postkutsche alles noch einmal durchgelesen, aber 'alle Gedanken sind so unzusammenhängend, so unvollkommen und so ausgesprochen schlecht in der gegenwärtigen Form ... Du wirst doch als Freund handeln und mir offen Deine sicherlich abfällige Meinung über mein Manuskript sagen, – ich bin übrigens darauf vorbereitet[37].'

Es wäre nun vielleicht wünschenswert gewesen, wenn Mill nach der Durchsicht von Ricardos Manuskript schärfere und eingehendere Kritik geübt hätte. Aber Mill mußte ja darauf bedacht sein, den Freund nicht mutlos zu machen, im Gegenteil, er mußte ihn zu neuer Arbeit anregen, da einige Kapitel nach seiner Meinung einer Überarbeitung bedurften. Mills Kritik ist so vorsichtig dosiert, daß Ricardo sie als 'sehr ermutigend'[38] empfindet und in diesem Zusammenhang seinen, von Mill schon längst erkannten Ehrgeiz offen ausspricht: 'Du läßt mich hoffen, daß mein innigster Wunsch erfüllt wird, etwas zu schaffen, das mir das Recht gibt, als ein Mann dazustehen, der zum Fortschritt der Wissenschaft beigetragen hat. Ich will mit verstärktem Bemühen mein Werk fortsetzen[39].'"[40]

Lipschitz hat Unrecht you mit Du zu übersetzen, aber die Auswahl, die sie getroffen hat, zeigt das Arbeitsverhältnis der beiden in dieser Zeit ganz ausgezeichnet.

33 Ricardo an Mill, 8. September 1816, Bd. 7, S. 65.
34 Mill an Ricardo, 6. 10. 1816, Bd. 7, S. 73.
35 Ricardo an Mill, 14. 10. 1816, Bd. 7, S. 82/83.
36 Gatcomb ist das Landgut Ricardos in der Grafschaft Gloucestershire.
37 Ricardo an Mill, 14. 10. 1816, Bd. 7, S. 82/83.
38 Ricardo an Mill, 2. 12. 1816, Bd. 7, S. 100.
39 Ricardo an Mill, 2. 12. 1816, Bd. 7, S. 100.
40 *E. Lipschitz,* Die Theoretischen Grundlagen David Ricardos im Lichte des Briefwechsels. Berlin 1957, S. 16 ff.

Mit Malthus ist das Verhältnis, insbesondere seit dem Erscheinen des Ricardoschen Hauptwerkes, weit polemischer als mit Mill, ohne deswegen ihre Freundschaft zu stören – in seinem Testament vermacht er beiden Freunden die gleiche Summe von 2000 Mark. Schon Ende 1817 plant Malthus eine Antwort an das große Werk von Ricardo: „Ich denke an einen Band, wie ich Ihnen wohl schon erzählt habe, und ich möchte Ihnen entgegentreten, ohne meinem Werk einen polemischen Zug zu geben." (Brief vom 3. 12. 1817.) Als das Werk herauskommt – er hat es noch nicht gelesen –, schreibt sein getreuer Schüler McCulloch an Ricardo: „Sie werden mir vergeben, wenn ich sage, daß ich Herrn Malthus als Wirtschaftswissenschaftler als weit überschätzt betrachte, und wäre er nicht ein besonderer Freund von Jeffrey (dem Herausgeber der Edinburgh Review, für die McCulloch schreibt – J. K.), der sehr wahrscheinlich sein Veto einlegen würde, würde ich ihn auf sein wirkliches Maß herabzudrücken versuchen."[41] Ricardo antwortet ihm am 18. 12. 1819: „Nachdem ich das nächste Werk von Herrn Malthus, ich meine das, das jetzt gedruckt wird, gelesen haben werde, werde ich zu einer Entscheidung darüber kommen können, ob seine Fähigkeiten als Politökonom nicht überschätzt worden sind. Ich muß gestehen, daß seine gefährliche Häresie betreffend die Getreidegesetze einen stark zu dem Schluß, zu dem Sie gekommen sind, geneigt machen muß."[42] Ricardo hat dann auch ein ausführliches Manuskript kritischer Notizen zu dem Buch von Malthus geschrieben, das unter den Freunden kursierte und das neben Malthus und Mill auch McCulloch zu sehen bekam.

War sich Ricardo klar über die reaktionäre Haltung von Malthus, über die so viel fortschrittlichere von Mill? Sicherlich hinsichtlich der Frage des Wahlrechts, über die sie korrespondiert haben. Sicherlich nicht über die Beeinflussung der wissenschaftlichen Haltung von Malthus durch dessen ideologische Bindung an die Interessen von Großgrundbesitz und Kirche, die Marx so deutlich aufgezeigt hat. Aber war sich Malthus selbst darüber klar? ich zweifele daran.

Nein – Ricardo blieb Malthus wie Mill bis zu seinem Tode in engster Freundschaft verbunden ... ohne daß sie etwa eine Schule bildeten. Sie waren ein politökonomisches Trio, und das Band, das sie zusammenhielt, war ihr gemeinsames Interesse an ihrer Wissenschaft, an deren Zentralproblemen, wie der Wertbestimmung, an deren Zeitproblemen, wie Geldfragen, und nicht zum Wenigsten auch die persönliche Zuneigung von Malthus und Mill zu Ricardo, die auf das herzlichste erwidert wurde.

In diesem Zusammenhang ist noch eines Kreises zu gedenken, in dem alle drei miteinander verkehrten, der „Society for Promoting the Knowledge of Political Economy" oder, wie sie sie auch abgekürzt nannten, des Political Economy Club. Auch wenn von den dreien nur Mill auf der konstituierenden Sitzung am 18. April 1821 anwesend war, gehörten wenige Wochen später bereits auch Malthus und Ricardo ihm an. Ricardo schreibt am 8. Mai 1821 an Say: „Wir haben in der letzten Zeit eine Gesellschaft gegründet oder besser einen Klub von Politökonomen, der sich unter

41 „Works", Bd. VIII, S. 139.
42 Ebendort, S. 142.

den Mitgliedern solcher Namen wie Torrens, Malthus und Mill rühmen kann."[43] Die Mitglieder trafen sich zu Abendbrot und Diskussion jeden ersten Montag im Monat von Dezember bis Juni. Die Diskussionsthemen wurden stets vorher festgelegt. Ricardo nahm an allen Treffen teil, außer wenn ihn seine Parlamentstätigkeit fernhielt oder er, wie 1821, etwas verspätet vom Land in die Stadt zog.

Die Meetings waren wirklich außerordentlich fruchtbar und anregend. Auf dem Treffen am 4. Februar 1822 zum Beispiel las Ricardo Briefe vor, die er mit Say über Meinungsverschiedenheiten betreffend „Reichtum und Tauschwert" gewechselt; Thomas Tooke, dessen Geschichte der Preise Marx später so gern benutzen wird, verlas einen Brief, den er an Mill über die Wirkung von Steuern auf Preise geschrieben hatte. Sodann folgte die schon erwähnte Diskussion über die Wirkungen der Maschine auf die Nachfrage nach Arbeitern, die Ricardo einleitete, und eine zweite Diskussion, begonnen von Tooke, über Einwirkung von Steuern auf Preise in einem Lande ohne Außenhandel. 4 Tage später schreibt Ricardo an McCulloch, daß die Diskussion über Maschinerie noch fortgeführt werden wird, da weder Mill noch Torrens anwesend sein konnten.[44]

Auf dem letzten Treffen, an dem Ricardo teilnahm, das vom 2. Juni 1823, wurde die von N. W. Senior, mit dem sich später Marx so heftig auseinandersetzen wird, aufgeworfene Frage „Kann der Reichtum wachsen ohne daß der Wert wächst?" diskutiert. Sie führte zu einem letzten Zusammenstoß der Meinungen über das Wertproblem. Am 24. Juli berichtete Ricardo an seinen Freund Trower, das Ergebnis der Diskussion an diesem Abend sei gewesen, „daß der Fortschritt der Nationalökonomie außerordentlich durch die gegensätzlichen Anschauungen erschwert wird, die die Menschen über den Begriff des Wertes haben; McCulloch, Mill und ich (Ricardo) denken an einen ganz anderen Maßstab als Malthus ... Erst dann, wenn wir uns auf einen bestimmten Wertmaßstab geeinigt haben, ... können wir zu einer Verständigung kommen ... Malthus beschäftigt sich jetzt fast ausschließlich mit diesem Thema, aber seine Ansichten laufen in einer bestimmten Richtung, von der ihn niemand abbringen kann. – Ich selbst will meine Interessen auch wieder diesem Gegenstand zuwenden, aber ich fürchte, daß ich zu keinen besseren Schlußfolgerungen kommen kann als zu den sehr unvollkommenen, die ich bereits veröffentlicht habe."[45]

Ebenfalls in dieser Zeit findet der so intensive letzte, hoffnungslose Briefwechsel zwischen Ricardo und Malthus über das Wertproblem statt. Da der Briefwechsel zwischen Engels und Marx auch zahlreiche Probleme außerhalb der Politischen Ökonomie betrifft, kann man den zwischen Ricardo und Malthus wohl den bedeutendsten speziell in der Geschichte der Politischen Ökonomie nennen.

So sehen wir, wie intensiv und integriert das ökonomische Denken in der Zeit des wissenschaftlichen Wirkens Ricardos war. Ricardo hat wesentlich zu dieser Integration beigetragen.

Einmal durch seine Gastfreundschaft auf seinem Landsitz und in seinem Stadt-

[43] Ebendort, S. 381.
[44] Ebendort, Bd. IX. S. 158 f.
[45] Ebendort, S. 312 f.; hier nach der Übersetzung in E. Lipschitz, a. a. O., S. 89 f.

haus – Mill und Malthus weilten oft längere Zeit, zum Teil mit ihren Familien, bei Ricardo auf dem Lande.

Sodann durch einen so intensiv-ausführlichen Briefwechsel mit den Freunden.

Ferner durch seine Teilnahme an den Diskussionen des Political Economy Club.

Und vor allem natürlich durch seine Schriften, um die es erstaunlich anregende Diskussionen vom verschiedensten Standpunkt aus gab.

Über die Rezeption der ersten Auflage des Hauptwerkes bemerkt Lipschitz:

„Jetzt also mußte das Buch vor den kritischen Augen der Öffentlichkeit bestehen. Der erste Schlag fällt in den Spalten der British Review[46]. Nicht weniger als Unwissenheit und Absurdität der Gedanken wird Ricardo vorgeworfen. Besonders seine Rententheorie sei obskur und unverständlich, und der Verfasser teilt auch gleich einen Seitenhieb auf Malthus aus, indem er dessen Rententheorie mit in das Verdammungsurteil einbezieht. 'Dieser Schreiber hat mein Buch zwar gelesen, aber nicht durchgearbeitet. Er hat freundlicherweise die anfechtbaren Punkte meiner Theorie nicht angegriffen, sondern nur jene, die unbestreitbar sind. Und', so schreibt er schon halb belustigt an Trower weiter, 'zu meinem Glück sind Stil und Gliederung unerwähnt geblieben.'[47] Zwar trösten ihn seine Freunde sofort: 'Sie brauchen nicht zu befürchten, daß Ihr Gegner Ihnen geschadet hat. Seine Argumente sind zu heftig, und er kommt viel zu schnell zu Schlußfolgerungen, um durch seine Behauptungen Aufmerksamkeit zu erregen. Ich möchte sagen, daß es ein Glück für Sie ist, so kraftlos angegriffen worden zu sein ...[48].' Mill kommentiert den Artikel nicht selbst, sondern gibt das Urteil von Place[49] wieder: 'Das ist ein elendes Machwerk. Der Verfasser (des Artikels) ist vollkommen unfähig zu urteilen, und, obwohl er selbst nicht mit Wissen belastet ist, gebraucht er Worte wie Unwissenheit, Unsinn und Torheit. – Habe ich Dir eigentlich erzählt', fährt nun Mill fort, 'daß sich Place nicht nur zu Deinen Ansichten bekehrt hat, sondern geradezu begeistert davon ist ... Du bist einer seiner Helden.'[50]

Doch die negative Kritik in der British Review wird durch wohlwollende erheblich ausgeglichen. So findet sich in Edinburgh ein begeisterter Anhänger von Ricardos Principles, McCulloch, der mehrere Male in der Zeitung The Scotsman, zu deren Mitarbeitern er gehört, zu dem Buch Stellung nimmt[51] und dabei auch die abfällige Kritik der British Review zu widerlegen sucht, obwohl 'Smith hier (in Edinburgh) wie ein Halbgott verehrt wird und Ihr Buch beinahe als Verrat betrachtet wird ...'[52] Seine ausführlichste Besprechung der Principles erscheint im August 1818 in der

[46] British Review vom November 1817, Art. XV: Review of Ricardo's Principles and Say's Traité.

[47] Ricardo an Trower am 10. 12. 1817, Bd. 7, S. 219.

[48] Trower an Ricardo am 28. 2. 1818, Bd. 7, S. 256.

[49] Francis Place (1771–1854) war ein Schüler von Jeremy Bentham und mit James Mill befreundet. Er schrieb 1821 ein Buch über die Bevölkerungslehre von Malthus.

[50] Mill an Ricardo am 27. 12. 1817, Bd. 7, S. 235.

[51] In der Zeit The Scotsman erschienen Artikel über Ricardos Principles am 3. 5. 1817 und am 15. 11. 1817; in der Edinburgh Review im August 1818; der Verfasser war McCulloch.

[52] McCulloch an Ricardo am 3. 9. 1818; Bd. 7, S. 294.

Edinburgh Review, zu der Malthus etwas boshaft bemerkt: 'Ich gratuliere Ihnen zu Ihrem Erfolg in der Edinburgh Review. Vielleicht hätte die Buchbesprechung noch mehr Eindruck gemacht, wenn der Verfasser sich nur den Anschein gegeben hätte, mehr selbst zu denken. Aber wenn er wirklich mit Ihnen in jedem Punkte übereinstimmt, wie es scheint, so mag das nicht einfach gewesen sein. Auf alle Fälle hat diese Rezension Ihr Werk sehr bekannt gemacht und zur Ausweitung Ihres Ruhmes beigetragen.'[53] Um jeden Verdacht einer einseitigen Beeinflussung des Rezensenten abzuweisen, versichert Ricardo postwendend: 'Ich bin natürlich sehr über McCullochs Lob erfreut. Ich würde es nicht in dem Maße sein, wenn Mr. Mill den Artikel geschrieben hätte, weil ... dann viel seiner Freundschaft zu mir und seiner guten Meinung von mir zuzuschreiben wäre. – Das Lob McCullochs geht natürlich weit über meine Verdienste hinaus ...'[54] McCulloch wird seit dieser Zeit einer der treuesten Anhänger und Interpreten der Theorie Ricardos, und mit Genugtuung schreibt Ricardo an Trower: 'In der schottischen Zeitung The Scotsman ist ein Artikel über mein Buch erschienen, in dem meine Gedanken klarer formuliert sind als ich es getan habe.'[55] ...

Außerdem werden Ricardo die sehr anerkennenden Worte übermittelt, die der ehemalige Premierminister Lord Grenville für Ricardos Buch gefunden hatte. Diese Anerkennung erfüllt Ricardo mit außerordentlichem Stolz und großer Genugtuung, hatte doch Grenville auch den Wunsch geäußert, Ricardo solle ihm vorgestellt werden. 'Denn vor Lord Grenvilles Urteil über nationalökonomische Fragen habe ich von jeher den größten Respekt gehabt',[56] und '... in einem Gespräch, das ich kürzlich mit Lord Grenville führte, bekam ich ein sehr schmeichelhaftes Lob über meine Bemühungen zu hören, auf dem Gebiet der Nationalökonomie zu neuen Erkenntnissen vorgedrungen zu sein. Ein Lob von Lord Grenville auf diesem Gebiet ist besonders erfreulich, weil er in allen großen Parlamentsdebatten seine eingehende Kenntnis dieses Gebietes ... bewiesen hat.'[57] War jetzt nicht sein Wunsch in Erfüllung gegangen, 'als ein Mann dazustehen, der zum Fortschritt der Wissenschaft beigetragen hat',[58] ist es nicht ein Triumph für ihn, den Außenseiter?"[59]

Richtig, ein Triumph für ihn, den „Außenseiter", der sich jetzt mit an die Spitze der Grundlagenforschung der Politischen Ökonomie gestellt hat, nachdem er zuvor eine Reihe überaus interessanter Broschüren von eminent praktischer Bedeutung geschrieben hatte ... nannte Say ihn doch vor dem Erscheinen des Hauptwerks „den größten Fachmann Europas in der Theorie und Praxis des Geldwesens".[60]

„Mit an die Spitze der Grundlagenforschung" in den Augen der Zeitgenossen, einfach: an die Spitze – in den Augen von Marx und auch in unserem Urteil.

53 Malthus an Ricardo am 16. 8. 1818; Bd. 7, S. 278.
54 Ricardo an Malthus am 20. 8. 1818; Bd. 7, S. 282.
55 Ricardo an Trower am 10. 12. 1817; Bd. 7, S. 219/20.
56 Ricardo an Trower am 10. 12. 1817, Bd. 7, S. 220.
57 Ricardo an Trower am 22. 3. 1818, Bd. 7, S. 259.
58 Ricardo an Mill am 2. 12. 1816, Bd. 7, S. 100.
59 *E. Lipschitz*, a. a. O., S. 24 ff.
60 *J. B. Say*, Traité d'economie politique, 3. Aufl., Bd. II, Paris 1817, S. 29.

2. Der erste Schüler

In ihrer Darstellung der Reaktion auf die erste Auflage von Ricardos „Principles“ erwähnt Lipschitz auch eine Besprechung von Ricardos „begeistertem Anhänger“ John Ramsay McCulloch (1789–1864). Sraffa bemerkt in den einleitenden Bemerkungen zu den Briefbänden: „Ricardos Verbindung mit McCulloch begann 1816, als dieser ihm von Edinburgh zwei Broschüren über die Nationale Verschuldung sandte. Doch den wirklichen Beginn ihrer Korrespondenz leitete die Besprechung der Principles of Political Economy in der Edinburgh Review vom Juni 1818 ein. In dieser Besprechung, die entscheidend für die Etablierung von Ricardos Ruhm und für die Popularisierung seiner Lehren war, zeigte sich McCulloch als der überzeugteste Anhänger und Schüler Ricardos, wie er auch der Hauptverteidiger seiner Lehren gegen Kritik werden sollte. Während der nächsten Jahre korrespondierten sie regelmäßig; doch erst 1823 sollten sie sich persönlich treffen, als McCulloch zu einem sechswöchentlichen Aufenthalt im Mai und Juni nach London kam und sie während dieser Wochen vielfach miteinander diskutierten“[61] – unter anderem auch auf der schon erwähnten Zusammenkunft des Political Economy Club vom 2. Juni.

„Nach Ricardos Tode wurde McCulloch als der Hauptrepräsentant der Ricardianischen Tradition betrachtet. Ende 1823 wurde von Ricardos Freunden ein Komitee gebildet, das eine Reihe von Vorträgen über Politische Ökonomie in London zu seinem Gedächtnis einrichtete, und McCulloch wurde als erster Vortragender für 1824 gewählt. Er war der Autor der bekanntesten Biographie Ricardos und 1846 der Herausgeber seiner 'Werke'.“[62]

Unmittelbar nach dem Ableben Ricardos hatte Mill an McCulloch geschrieben: „Der Hauptzweck meines Schreibens ist die Erleichterung, die ich dabei empfinde, wenn ich mich dem Mann mitteile, der von allen Menschen in der Welt meinen betrauerten Freund mir am ähnlichsten einschätzte.“[63]

Übertreibt Sraffa die Rolle McCullochs als Prediger Ricardos? Ich glaube nicht. Man lese etwa in einem Briefe von Malthus vom 12. März 1821, drei Jahre nach der Besprechung von Ricardos „Principles“ durch McCulloch, an Sismondi: „Die Edinburgh Review hat so vollständig Herrn Ricardos System der Politischen Ökonomie angenommen, daß wahrscheinlich weder Sie noch ich in ihr erwähnt werden werden. Ich weiß faktisch, daß eine Besprechung Ihres Werkes geschrieben und eingesandt worden war, doch scheint sie abgelehnt worden zu sein durch den Einfluß des Herrn, der der Hauptschreiber in der Redaktionsabteilung für Politische Ökonomie ist (McCulloch – J. K.), und von dem bekannt ist, daß er voll und ganz alle Ansichten von Herrn Ricardo angenommen hat. Der Artikel, gegen den Sie so gut in der kleinen Schrift, die Sie mir gesandt haben, polemisierten, wurde von einem anderen Ricardo-

61 „Works“, Bd. VI, S. XXI f.
62 Ebendort, S. XXII.
63 Ebendort, Bd. IX, S. 390.

Konvertiten namens Torrens geschrieben. Im Allgemeinen würde ich jedoch sagen, daß Herrn Ricardos Theorien zweifellos einige sehr kluge Menschen für sich gewonnen haben, sie sind jedoch nicht sehr weit in den breiten Kreisen der Politökonomen verbreitet ...". Sismondi nennt 1827 McCulloch „le chef de l'école fondée par M. Ricardo", das Haupt der von Ricardo gegründeten Schule.[64]

Ricardo hatte Achtung vor und Zuneigung zu McCulloch. Nach dem persönlichen Zusammentreffen mit ihm im Sommer 1823 schreibt er an Trower: „McCulloch ist ein angenehmer, wohlinformierter Mann, ein ehrlicher Liebhaber und Sucher der Wahrheit, und ich meine, Sie hätten ihre Freude an ihm gehabt ... Ich weiß, daß McCulloch sich mit der Problematik (der Bestimmung des Wertes – J. K.) beschäftigt und ich erwarte viel von seiner Genauigkeit und Präzision."[65] Ein späteres Lehrbuch nennt McCulloch „Ricardos besonderen Freund".[66] Gustav Peck schreibt, daß McCulloch „Ricardos Vertrauen genoß wie kein anderer mit der möglichen Ausnahme von James Mill".[67] Mark Blaug bemerkt, daß McCulloch in seinem Artikel über Politische Ökonomie in der Encyclopaedia Britannica (Supplement, Vol. 6, 1824) „Ricardos Theorie der Politischen Ökonomie mit der Wissenschaft selbst gleichsetzt", das heißt, daß es für ihn keine andere Politische Ökonomie als die Ricardosche als Wissenschaft geben kann.[68]

Dabei stand McCulloch Ricardo von Anfang an nicht wie ein kleiner braver Schüler gegenüber. Bei aller Ergebenheit und Begeisterung enthielt er sich niemals der Kritik. Lipschitz bemerkt mit Recht, nachdem sie, wie von uns zitiert, über die begeisterte Besprechung der ersten Ausgabe der „Principles" berichtet hat: „Jedoch hat McCulloch nicht so völlig bedingungslos Ricardos Theorie akzeptiert, wie es seine Artikel zunächst vermuten lassen, und oft zu der Darstellung Anlaß gegeben haben, McCulloch sei nur ein serviler und unkritischer Schüler Ricardos gewesen. Gerade bei den Besteuerungs- und Währungsproblemen, für die er sich selbst sehr interessiert, hat er Einwände zu machen, die Ricardo in der 2. Auflage der Principles berücksichtigt,[69] ja sogar wörtlich übernimmt.[70]"[71]

Auch der sowjetische Historiker Anikin ordnet die Rolle von McCulloch für den Erfolg von Ricardos Hauptwerk etwas anders ein als Sraffa:

„Ricardos 'Grundsätze der Politischen Ökonomie und der Besteuerung' sind keineswegs ein Bestseller gewesen. Das Buch war für Ökonomen und nicht für die breite Öffentlichkeit bestimmt. Und Ökonomen hat es zu jener Zeit nur verschwindend wenig gegeben. Sismondi berichtet, Ricardo habe selbst einmal gesagt, daß in ganz England höchstens fünfundzwanzig Menschen sein Buch verstanden hätten.

64 Ebendort, Bd. VIII, S. 376.

65 Ebendort, Bd. IX, S. 312 f.

66 *Ch. Gide* und *Ch. Rist*, Geschichte der volkswirtschaftlichen Lehrmeinungen, Jena 1921, S. 182.

67 The Encyclopaedia of the Social Sciences, Vol. 9, New York 1933, S. 649.

68 Vgl. International Encyclopedia of the Social Sciences, Vol. 9, New York 1968, S. 501.

69 Ricardo an McCulloch am 24. 11. 1818; Bd. 7, S. 337/38. Es handelt sich um den Schlußabsatz des Kapitels XVI „Lohnsteuern".

70 McCulloch an Ricardo am 6. 12. 1818; Bd. 7, S. 351 ff.

71 *E. Lipschitz*, a. a. O., S. 25 f.

Aber ein Jahr nach dessen Erscheinen veröffentlichte McCulloch eine in höchstem Lob gehaltene Rezension, in der er sich bemühte, Ricardos Ideen in mehr populärer Form darzulegen, wobei er sich besonders auf Ricardos Äußerungen zu aktuellen Fragen der Wirtschaftspolitik stützte. Bald darauf lieferte Torrens eine weitere Rezension, in der er zum ersten Mal Ricardos Arbeitswerttheorie angriff. Zusammen mit den Bemühungen Mills und anderer zog dies das Interesse der Öffentlichkeit auf das Buch Ricardos, dessen Name ihr recht gut bekannt war. Malthus hatte schon seine eigenen 'Grundsätze der politischen Ökonomie' geschrieben, in denen er sich mit Ricardo zu Grundfragen der Theorie und Politik auseinandersetzte. Ricardo konnte annehmen, daß er einen Erfolg erzielt hatte, jedenfalls in dem Sinne, den er dem Wort Erfolg beimaß."[72]

In jedem Fall kann man sagen, daß Ricardo McCulloch als seinen vertrauten Schüler betrachtete und McCulloch Ricardo als den größten Ökonomen seiner Zeit erkannte. Ihre 1819 ernstlich einsetzende Korrespondenz vergleicht sich mit der von Mill und Malthus so:

Briefe von Ricardo an	1819–1923	Briefe an Ricardo von	1819–1923
McCulloch	37 Briefe	McCulloch	29 Briefe
Mill	28 Briefe	Mill	18 Briefe
Malthus	21 Briefe	Malthus	17 Briefe

Natürlich sind nicht alle Briefe aus diesen Jahren erhalten geblieben, aber die Übersicht zeigt doch, wie eng verbunden Ricardo und McCulloch waren.

McCulloch hatte jedoch noch andere Verdienste als die Verbreitung der Lehre von Ricardo. Er war allgemein ein überaus eifriger Publizist auf dem Gebiete der Wirtschaftswissenschaften. Er war wohl der erste Historiker der politökonomischen Lehren, zeigte nach jahrhundertelanger Pause als erster wieder ein gewisses Verständnis für die Bedeutung von Petty (den aber recht eigentlich erst Marx für uns rettete) und war ein glänzender Kenner zahlreicher, längst (aber deswegen nicht berechtigt) vergessener Publizisten auf dem Gebiet der Wirtschaft im 17. und 18. Jahrhundert.

Wie aber sieht ihn Marx? Marx setzt ihn als Vulgarisator von Ricardo in Parallele zu Say als Vulgarisator von Adam Smith.[73]

Wenn manche Ökonomen behaupten, daß, wenn man erkläre, die Maschine schade den Arbeitern, man sich gegen die Maschine und überhaupt gegen den technischen Fortschritt wende, dann scheint Marx McCulloch ein klassisches Beispiel für diesen Unsinn: „Ein Virtuose in diesem anmaßlichen Kretinismus ist u. a. MacCulloch. 'Wenn es vorteilhaft ist', sagt er z. B. mit der affektierten Naivität eines Kindes von 8 Jahren, 'das Geschick des Arbeiters mehr und mehr zu entwickeln, so daß er fähig wird, ein stets wachsendes Warenquantum mit demselben oder geringerem Arbeitsquantum zu produzieren, so muß es auch vorteilhaft sein, daß er sich solcher Maschinerie zu

72 *A. W. Anikin*, Ökonomen aus drei Jahrhunderten, Berlin 1974, S. 264 f.

73 *Marx/Engels*, Werke, Bd. 23, S. 544 f. und Bd. 24, S. 389.

seinem Beistande bediene, wie sie ihn am wirksamsten in der Erreichung dieses Resultats unterstützt.' (MacCulloch, 'Princ. of Pol. Econ.', Lond. 1830, p. 182.)"[74]

In McCullochs Buch über die Literatur der Politischen Ökonomie findet Marx „elendes Sykophantengeschwätz".[75]

Öfter bezeichnet er ihn als „unglaublichen Schuhflicker" oder incredible cobbler[76] – einen Ausdruck, den er mit Begeisterung einer Schrift gegen McCulloch entnahm.

Woher dieser Zorn und diese Verachtung für McCulloch? Natürlich sind sie eine Reaktion auf das, was McCulloch aus dem Werk Ricardos gemacht hat. Das wird besonders deutlich aus einer Reihe von Bemerkungen in den „Mehrwerttheorien":

„[McCulloch] der Vulgarisateur der Ric[ardo]schen Ökonomie und zugleich das kläglichste Bild ihrer Auflösung.

Vulgarisateur nicht nur von Ricardo, sondern auch von James Mill.

Sonst in allem Vulgarökonom; Apologet des Bestehenden. Seine einzige Angst, ins Komische getrieben, die Tendenz des Profits zum Fall; mit der Lage der Arbeiter ist er völlig zufrieden, überhaupt mit allen Widersprüchen der bürgerlichen Ökonomie, die auf der Arbeiterklasse lasten. Hier ist alles grün. ...

Hier hat man ein glänzendes Beispiel der Verfahrungsart dieses schottischen Erzhumbugs. ...

Und diese völlige Auflösung des R[icardo]schen Systems in Wischwasch – eine Auflösung, die sich dabei spreizt, die konsequente Ausführung zu sein – hat der Mob, namentlich der continental mob (darunter fehlt Herr Roscher natürlich nicht), als *zu weit getriebne*, bis zur Spitze getriebne Konsequenz des R[icardo]schen Systems adoptiert, dem Herrn Culloch so glaubend, daß die R[icardo]sche Art 'zu räuspern und spucken', worunter er seinen hilfs-, gedanken- und gewissenlosen Eklektizismus versteckt, in der Tat ein wissenschaftlicher Versuch sei, dies System konsequent durchzuführen!

McCulloch ist ganz einfach ein Mann, der mit der R[icardo]schen Ökonomie Geschäfte machen wollte, was ihm auch in bewunderungswürdiger Art gelungen ist. Ganz wie *Say* Geschäfte mit Smith machte, bloß daß er wenigstens das Verdienst hatte, es in eine gewisse formelle Ordnung zu bringen, und hin und wieder sich, außer seinen Mißverständnissen, auch theoretische Skrupel erlaubt. Da Culloch durch die R[icardo]sche Ökonomie zuerst einen Professorstuhl in London bekam, war sein Geschäft, ursprünglich als Ricardian aufzutreten, und namentlich auch sich an dem Kampf gegen die Grundeigentümer zu beteiligen. Sobald er Fuß gefaßt und auf R[icardo]s Schultern eine Position gewonnen hatte, war sein Hauptbestreben, die politische Ökonomie, speziell die R[icardo]sche, innerhalb der Grenzen of Whiggism vorzutragen und alle den Whigs unangenehmen Schlußfolgerungen zu entfernen. Seine letzten Schriften über Geld, Steuern etc. sind bloße plaidoyers für das jedesmalige Whig-Kabinett. Dadurch brachte es der Mann zu einträglichem Posten. Seine statistischen Schriften sind bloße catchpennies. Die gedankenlose Auflösung und

[74] Ebendort, Bd. 23, S. 465.
[75] Ebendort, S. 754.
[76] zum Beispiel ebendort, Bd. 24, S. 19 oder Bd. 26,3, S. 234.

Vulgarisation der Theorie zeigt sich hier auch in dem Kerl selbst als 'a vulgarian', worüber später noch einiges, before we have done with that speculating Scotchman."[77]

Eigentlich findet sich nur ein wirkliches Lob für McCulloch bei Marx, das lautet: „Man sieht, wie hoch selbst ein MacCulloch über dem Fetischismus deutscher 'Denker' steht, die den 'Stoff' und noch ein halbes Dutzend anderer Allotria für Elemente des Wertes erklären. Vgl. z. B. *L. Stein,* l. c. Bd. I, p. 170 [195]."[78] Sicher wurde dieses Lob auch dadurch hervorgerufen, daß Wilhelm Roscher, für den als Wissenschaftler Marx noch viel größere Verachtung als für McCulloch hatte, den letzteren für wissenschaftlich ganz bedeutungslos hielt und ihm zahlreiche Fehler vorhielt.

Man denke noch einmal an die Formulierung von Engels über die „Ricardo-Marxsche Werttheorie" und man wird den Zorn von Marx über McCulloch verstehen. Statt ein schöpferischer Schüler zu sein, der das Werk des Hauptes der Schule fortsetzte, war McCulloch ein Popularisator seines Meisters, der zu seinem Vulgarisator wurde. Aber das bedeutet nicht, daß er nicht eine nützliche Rolle in der Geschichte der Politischen Ökonomie und damit der Gesellschaftswissenschaften gespielt hat. Ricardo brauchte keinen Popularisator, damit Marx ihn verstand und ausgehend von ihm die Probleme, mit denen Ricardo nicht fertig wurde, löste. Aber Ricardo konnte wahrlich einen Popularisator gebrauchen, damit er in seiner Zeit von einem größeren Kreis von Ökonomen verstanden wurde. Auch genoß er den Ruf, den Ruhm, den ihm diese Popularisierung durch McCulloch brachte – und wir gönnen ihm wahrlich diesen Ruhm, dem so bescheidenen und zurückhaltenden Ricardo!

Maria Edgeworth, mit der auch Ricardo korrespondierte, „berichtet, daß es in den zwanziger Jahren in der Londoner Damenwelt Mode geworden war, über politökonomische Themen zu sprechen. Reiche Ladies verlangten manchmal, daß Gouvernanten, die sich bei ihnen bewarben, ihre Kinder in dieser Wissenschaft unterrichten sollten. Eine Gouvernante, die geglaubt hatte, daß ihre Kenntnisse im Französischen, Italienischen, in der Musik, in der Malerei, im Tanz usw. vollauf genügten und von diesem Ansinnen völlig niedergeschmettert war, meinte zögernd: 'Nein, Madam, ich kann nicht sagen, daß ich politische Ökonomie lehre, aber wenn Sie es für notwendig halten, will ich versuchen, sie zu erlernen.' 'O nein, meine Liebe', erhielt sie zur Antwort, 'wenn Sie das nicht lehren, sind Sie nicht geeignet.'"[79] Gerade auch an diesem hier karikierten, für die Entwicklung der Gesellschaftswissenschaften wahrhaft bedeutsamen Phänomen hatte McCulloch einen größeren Anteil als irgendein anderer Politökonom seiner Zeit.

Wir haben allen Grund, das Urteil von Marx über McCulloch als Politökonomen zu übernehmen. Doch schiene es mir grundfalsch, dieses Urteil zu identifizieren mit einem Urteil, das McCullochs Rolle in der Geschichte der Gesellschaftswissenschaften gilt. Man kann auch eine nützliche Rolle in der Geschichte der Gesellschaftswissenschaftler spielen, ohne ein bedeutender Wissenschaftler zu sein.

[77] Ebendort, Bd. 26,3, S. 168 f. und 171 f.

[78] Ebendort, Bd. 13, S. 22.

[79] *A. W. Anikin,* a. a. O., S. 275.

3. *„Zwei Schulen" von Ricardianern*

Als Marx die politökonomischen Schriften Englands noch nicht so umfassend wie später studiert hatte, schrieb er an Engels am 2. April 1851: „Das schlimmste ist, daß ich jetzt plötzlich in meinen Bibliothekstudien gehemmt bin. Ich bin so weit, daß ich in 5 Wochen mit der ganzen ökonomischen Scheiße fertig bin. Et cela fait, werde ich zu Haus die Ökonomie ausarbeiten und im Museum mich auf eine andre Wissenschaft werfen. Ça commence à m'ennuyer. Au fond hat diese Wissenschaft seit A. Smith und D. Ricardo keine Fortschritte mehr gemacht, so viel auch in einzelnen Untersuchungen, oft supradelikaten, geschehn ist."[80] Anikin kommentiert den letzten Teil des letzten Satzes so:

„Die zahlreichen speziellen ökonomischen Untersuchungen waren Ausdruck der raschen Entwicklung des Kapitalismus und der objektiven Notwendigkeit, die verschiedenen Seiten der Wirtschaft zu erforschen. Das Skelett der ökonomischen Wissenschaft wurde mit Fleisch umgeben. Große Fortschritte machte die Statistik, so entstand zum Beispiel die Indexmethode. Das Wachstum der einzelnen Industriezweige wurde beschrieben und analysiert. Man stellte konkrete Untersuchungen in der Agrarökonomik, zur Preisdynamik, zur Geldzirkulation und zum Bankwesen an. Eine reichhaltige Literatur über die Lage der Arbeiterklasse entstand. Gegen Mitte des Jahrhunderts hatte die politische Ökonomie bereits einen festen Platz in den Lehrprogrammen der Universitäten. ...

Die Schriften von James Mill und John Ramsey McCulloch, die in den zwanziger und dreißiger Jahren des 19. Jahrhunderts erschienen, waren eine peinlich buchstabengetreue Nachbildung und Popularisierung von Ricardos Lehre. Doch den Geist seiner Lehre hatten sie nicht begriffen und sie konnten ihn so auch nicht weiterentwickeln. Die Armseligkeit der engsten Nachfolger Ricardos geben heute auch bürgerliche Ökonomen zu. Schumpeter schreibt darüber: 'Sie vermittelten die Lehre (Ricardos) in vereinfachter Form; in ihren Händen begann sie zu welken, wurde abgedroschen und unproduktiv.'[81] Aber die Ursachen sieht er im Grunde in der Unfruchtbarkeit von Ricardos Lehre selbst.

Aber was war der wahre Grund, daß dem Erbe des großen Ökonomen ein so trauriges Los zuteil wurde? Ricardo hatte ein tiefgründiges System hinterlassen, das aber auch voller schreiender Widersprüche und Lücken war. Er hat es selbst besser als irgendjemand anders gewußt. Um Ricardos Lehre weiterzuentwickeln, mußte man sich die Grundlagen seiner Lehre zueigen machen und nach der wissenschaftlichen Lösung dieser Widersprüche suchen.

Wesentlich dabei war natürlich auch, daß die Männer, die Ricardo umgaben, diesen Aufgaben nicht gewachsen waren. Aber damit ist es noch nicht getan. So groß

80 *Marx/Engels*, Werke, Bd. 27, Berlin 1963, S. 228.

81 *Schumpeter, J. A.*, Geschichte der ökonomischen Analyse, Bd. 1, Verlag Vandenhoeck & Ruprecht, Göttingen 1965, S. 590.

die Rolle einer Persönlichkeit in der Wissenschaft auch sein mag, sie unterliegt den gleichen Gesetzen, wie die Rolle der Persönlichkeit in der Geschichte überhaupt. Die Epoche, die Anforderungen der Geschichte bringen die Menschen hervor, die fähig sind, die vor ihr stehenden Aufgaben zu lösen. Und unter den damaligen Verhältnissen die Lehren Ricardos schöpferisch weiterzuführen, bedeutete, auf eine andere Ideologie überzugehen. Mit der bürgerlichen Ideologie war das im Grunde nicht mehr möglich. Deshalb wurde der Marxismus zum wirklichen Erben Ricardos."[82]

Doch ganz so einfach, wie Marx sich die Situation 1851 vorstellte und wie Anikin die Beziehungen zwischen Ricardo und Marx darstellt, ist die Sache nicht. Heute können wir nur liebevoll lächeln über die Naivität von Marx, der im April 1851 glaubte, „in 5 Wochen mit der ganzen ökonomischen Scheiße fertig" zu sein und sich „auf eine andere Wissenschaft werfen" zu können. Ungeheuer wichtige wissenschaftliche Entdeckungen auf dem Gebiete der Politischen Ökonomie standen Marx noch im nächsten Dutzend Jahre bevor.

Und auch sein Urteil über die Zeit nach Ricardo wird sich recht gründlich ändern, nachdem er die postricardianische Literatur nicht nur noch gründlicher gelesen, sondern auch gedanklich klarer in den Lauf der Entwicklung eingeordnet hat. Im Nachwort zur zweiten Auflage des ersten Bandes des „Kapital" schreibt Marx:

„Nehmen wir England. Seine klassische politische Ökonomie fällt in die Periode des unentwickelten Klassenkampfs. Ihr letzter großer Repräsentant, Ricardo, macht endlich bewußt den Gegensatz der Klasseninteressen, des Arbeitslohns und des Profits, des Profits und der Grundrente, zum Springpunkt seiner Forschungen, indem er diesen Gegensatz naiv als gesellschaftliches Naturgesetz auffaßt. Damit war aber auch die bürgerliche Wissenschaft der Ökonomie bei ihrer unüberschreitbaren Schranke angelangt. Noch bei Lebzeiten Ricardos und im Gegensatz zu ihm trat ihr in der Person Sismondis die Kritik gegenüber.

Die nachfolgende Zeit von 1820–1830 zeichnet sich in England aus durch wissenschaftliche Lebendigkeit auf dem Gebiet der politischen Ökonomie. Es war die Periode wie der Vulgarisierung und Ausbreitung der Ricardoschen Theorie, so ihres Kampfes mit der alten Schule. Es wurden glänzende Turniere gefeiert. Was damals geleistet worden, ist dem europäischen Kontinent wenig bekannt, da die Polemik großenteils in Revueartikeln, Gelegenheitsschriften und Pamphlets zerstreut ist. Der unbefangne Charakter dieser Polemik – obgleich die Ricardosche Theorie ausnahmsweise auch schon als Angriffswaffe wider die bürgerliche Wirtschaft dient – erklärt sich aus den Zeitumständen. Einerseits trat die große Industrie selbst nur aus ihrem Kindheitsalter heraus, wie schon dadurch bewiesen ist, daß sie erst mit der Krise von 1825 den periodischen Kreislauf ihres modernen Lebens eröffnet. Andrerseits blieb der Klassenkampf zwischen Kapital und Arbeit in den Hintergrund gedrängt, politisch durch den Zwist zwischen den um die Heilige Allianz gescharten Regierungen und Feudalen und der von der Bourgeoisie geführten Volksmasse, ökonomisch durch den Hader des industriellen Kapitals mit dem aristokratischen Grundeigentum, der sich in Frankreich hinter dem Gegensatz von Parzelleneigentum und großem

82 *A. W. Anikin*, S. 272 f. und S. 284 f.

Grundbesitz verbarg, in England seit den Korngesetzen offen ausbrach. Die Literatur der politischen Ökonomie in England erinnert während dieser Periode an die ökonomische Sturm- und Drangperiode in Frankreich nach Dr. Quesnays Tod, aber nur wie ein Altweibersommer an den Frühling erinnert. Mit dem Jahr 1830 trat die ein für allemal entscheidende Krise ein.“[83]

„Es wurden glänzende Turniere gefeiert“! Das heißt, wir haben gewissermaßen zwei Ricardianische Schulen oder Gruppierungen oder Richtungen – was uns nicht hindern kann, bisweilen auch einfach von der Schule Ricardos zu sprechen: eine Schule (Gruppierung, Richtung) der Vulgarisation und eine Schule (Gruppe, Richtung) höchst wertvollen Fortschritts. Und von dieser letzteren Schule höchst wertvollen Fortschritts hat auch Marx so manches übernehmen können.

Doch bevor wir auf diese beiden Schulen eingehen, sei noch ein anderes Urteil gehört – es stammt von dem, den Marx für ein Musterbeispiel des Standes der deutschen Politischen Ökonomie zu dieser Zeit hält, von Wilhelm Roscher, an den er bestimmt gedacht hatte, als er in dem soeben zitierten Nachwort schrieb: „Die politische Ökonomie blieb in Deutschland bis zu dieser Stunde eine ausländische Wissenschaft. Gustav von Gülich hat in ‘Geschichtliche Darstellung des Handels, der Gewerbe usw.’, namentlich in den 1830 herausgegebnen zwei ersten Bänden seines Werkes, großenteils schon die historischen Umstände erörtert, welche die Entwicklung der kapitalistischen Produktionsweise bei uns hemmten, daher auch den Aufbau der modernen bürgerlichen Gesellschaft. Es fehlte also der lebendige Boden der politischen Ökonomie. Sie ward als fertige Ware importiert aus England und Frankreich; ihre deutschen Professoren blieben Schüler. Der theoretische Ausdruck einer fremden Wirklichkeit verwandelte sich unter ihrer Hand in eine Dogmensammlung, von ihnen gedeutet im Sinn der sie umgebenden kleinbürgerlichen Welt, also mißdeutet. Das nicht ganz unterdrückbare Gefühl wissenschaftlicher Ohnmacht und das unheimliche Gewissen, auf einem in der Tat fremdartigen Gebiet schulmeistern zu müssen, suchte man zu verstecken unter dem Prunk literarhistorischer Gelehrsamkeit oder durch Beimischung fremden Stoffes, entlehnt den sog. Kameralwissenschaften, einem Mischmasch von Kenntnissen, deren Fegfeuer der hoffnungsvolle Kandidat deutscher Bürokratie zu bestehn hat.“[84]

Roscher stellt etwa ein Jahr nach dem Nachwort von Marx fest:

„Während der zwei Jahrzehnte von 1820–1840 sehen wir in England die Schule Ad. Smith’s noch immer vorherrschen. Ihre Popularität nimmt sogar zu, wie ja fast überall die größte Extensität einer Kunst oder Wissenschaft, ihre größte Ausbreitung und Beliebtheit beim Publicum nach der Zeit ihrer größten Intensität, also nach der Schöpfung ihrer klassischen Meisterwerke einzutreten pflegt.[85] Aber der Primat der englischen Nationalökonomik im Ganzen hat bereits aufgehört. Die tonangebenden Schriftsteller verfassen elegante Lehrbücher, wie J. Mill, Whately, Senior, in denen

[83] *Marx/Engels,* Werke, Bd. 23, S. 20.

[84] Ebendort, S. 19.

[85] Man denke an unsere deutschen Liederkränze, Musikfeste etc. lange nach Mozart’s und Beethoven’s Tode!

sie die Forschungen ihrer großen Vorgänger, zumal Ricardo's, systemisiren, mitunter auch in sehr glücklichen Ausdrücken präcisiren, da sie durchweg auf die Terminologie ein großes Gewicht legen. Oder aber sie wenden die, als endgültig anerkannte, Schuldoctrin bloß in größerer Ausführlichkeit auf die neu entstehenden Tagesinteressen an: wie so viele hervorragende Abhandlungen des Edinburgh Review. Oder endlich es werden Verse gemacht, die bisherige Wissenschaft zu popularisiren, wie von H. Martineau; wobei dann freilich manche Concession an den immer demokratischer werdenden Zeitgeist hereinschlüpft, welche die großen Klassiker auf's Strengste würden zurückgewiesen haben: so z. B. Abneigung wider alle gesellschaftlichen Rangunterschiede, die nicht auf 'Verdienst', d. h. Wahl beruhen, auch wider alle großen Landgüter, Erstgeburtsrechte etc.; Herbeiwünschung einer Zukunft, welche die Frauen den Männern gleichstellen, die Strafjustiz und disgrace of indigence abschaffen soll etc. ...

Das epigonische Wesen der Zeit äußert sich in der selbstzufriedenen Unfähigkeit, das wachsende Beobachtungsfeld anzubauen, wie denn z. B. jede Benutzung der gleichzeitigen deutschen Literatur blindlings verschmähet wird; in der Aeußerlichkeit, womit ein Mann wie McCulloch dicke Bücher schreibt über Geographie, Statistik, Handelskunde, Finanzen, volkswirtschafthliche Literaturgeschichte, ohne deren Inhalt irgendwie zur Bereicherung seiner Nationalökonomik zu verwerthen: eine Beschränktheit der Auffassung, die Whately sogar zu dem Vorschlage führt, den Namen der politischen Oekonomie gegen den der Katallaktik zu vertauschen! Man übertreibt, wie es die Schüler großer Meister so oft thun, die Fehler der letzteren. So ist Chalmers zum großen Theil ein übertriebener Malthus. So hat McCulloch an Ad. Smith großentheils eben die Punkte getadelt, welche gegen Ricardo's Fehler als Heilmittel hätten gebraucht werden können. Ricardo's Preislehre wird bei ihm, unter gänzlicher Verkennung von dessen Methode, zu dem Satze übertrieben, es sei ganz falsch, Angebot und Nachfrage als Bestimmungsgründe des Preises zu betrachten. Welchen Vortheil könnte der Socialismus von der Spitzfindigkeit ziehen, womit bei McCulloch selbst der preissteigernde Einfluß des längern Ausstandes der Kapitalien auf Arbeit zurückgeführt wird? Jene mammonistischen Irrthümer, welche oft sehr ungerechter Weise Ad. Smith und Ricardo zugeschrieben werden, treten hier wirklich auf."[86]

Roscher sieht in England nur kümmerliche Epigonen, die die Leistungen der Politischen Ökonomie in Deutschland, besonders natürlich Roschers, nicht kennen – wo Marx glänzende Turniere erkennt.

4. Die Schule der ricardianischen Vulgärökonomen

Ich möchte nicht James Mill zu den vulgären Schülern von Ricardo rechnen – nicht weil seine Schriften nicht voller vulgärer Elemente sind, sondern weil er kein Schüler, weil er doch ein recht selbständiger Vor- und Mitdenker von Ricardo war.

86 *W. Roscher*, Geschichte der National-Oekonomik in Deutschland, München und Berlin 1874, S. 843 f.

Über McCulloch, den wohl führenden vulgären Ökonomen unter den Schülern von Ricardo, haben wir schon in seiner anderen Eigenschaft als einzigen Schüler von Ricardo im Sinne einer „organisierten" Schule gesprochen. Er war der einzige bekanntere Ökonom, der sich als Schüler zu Ricardos Lebzeiten öffentlich bekannte und den Ricardo zugleich als Schüler und Wegbereiter seiner Lehren in der Öffentlichkeit anerkannte.

Soll man Robert Torrens (1780–1864) zu den vulgären Schülern von Ricardo rechnen? Torrens stand natürlich Ricardo im Gedankenaustausch nahe, und Ricardo folgte auch bei der zweiten Auflage seines Hauptwerks einigen Anregungen von Torrens. Er und McCulloch hatten manchen Meinungsstreit mit Torrens, und Torrens stand Ricardo natürlich viel näher als er selbst glaubte. So schrieb er dem begeisterten Artikel McCullochs in der Edinburgh Review folgend gegen Ricardos Arbeitswerttheorie und erklärte, daß „wenn Kapitalisten und Arbeiter sich scheiden, es stets die Menge des Kapitals und niemals die Quantität der Arbeit, die auf die Produktion verwendet wird, ist, welche den Tauschwert der Waren bestimmt".[87]

Wie urteilt Marx? etwas kompliziert: Einmal bemerkt er: ... „Dies gegenüber Torrens, Malthus etc., bei denen R[icardo]s Satz: Die Arbeit ist der Schöpfer des Werts – auf eine Seite der R[icardo]schen Darstellung fortbauend – in den umgekehrten Satz umschlägt: Das Kapital ist der Schöpfer des Werts."[88] Also Torrens stellt Ricardo auf den Kopf? vertritt eine genau entgegengesetzte Meinung? Ist das wirklich so? Bemerkt nicht Marx auch:

„T[orrens] hält noch soweit an R[icardo] fest, daß der Wert der Ware bestimmt sein soll durch Arbeitsquantität, aber [es ist] nur *'the quantity of accumulated labour'* expended upon the production of commodities, die ihren Wert bestimmen soll. ...

Es ist hier noch eins zu merken. Da [nach Torrens] der Wert der Ware bestimmt ist durch den Wert des Kapitals, das sie produziert, oder, in andren Worten, durch die Masse labour, die labour, accumulated und realized in diesem Kapital, so ist nur zweierlei möglich: ...

Ein Verdienst bei T[orrens], daß er überhaupt die Streitfrage über das, was *Produktionskosten* sind, anregt. Ric[ardo] verwechselt fortwährend den *Wert* der Ware mit den *Produktionskosten* (soweit sie gleich dem Kostenpreis) und daher seine Verwunderung, daß *Say*, obgleich er den Preis durch die Produktionskosten bestimmt, andre Konsequenzen zieht. Malthus behauptet wie R[icardo], daß der Preis der Ware durch die Produktionskosten bestimmt ist, und er rechnet den Profit wie R[icardo] in die Produktionskosten ein. Dennoch bestimmt er den Wert ganz verschieden, nicht durch das Quantum Arbeit, das in der Ware enthalten, sondern durch das Quantum Arbeit, das sie kommandieren kann.

Die Zweideutigkeiten des Begriffes *Produktionskosten* gehn aus der Natur der kapitalistischen Produktion selbst hervor."[89]

87 Der Artikel gegen Ricardo erschien unter der Überschrift „Kritische Bemerkungen zu Herrn Ricardos Lehre betreffend den Tauschwert" im „Edinburgh Magazine", October 1818, S. 335 bis 338.

88 *Marx/Engels*, Werke, Bd. 26,3, S. 262.

89 Ebendort, S. 70 f., 74.

Im Gegensatz zu Torrens selbst rechnet ihn Marx zu den Arbeitswerttheoretikern. Aber auch zu den Ricardianern? Hier hätten wir bei Marx dann ein Beispiel für die höchste Objektivierung des Begriffs des Schülers, da der Schüler sich auf das heftigste dagegen wenden würde, ein Schüler zu sein – und zwar nicht aus albernem Stolz, sondern weil er fest davon überzeugt ist, ganz anderer Meinung als das Haupt der Schule zu sein. Und könnte Torrens nicht auch erklären, daß er als „Arbeitswerttheoretiker" ein Schüler von Adam Smith sei und Ricardo als Schüler von Smith bekämpfe? Ein Kampf zwischen zwei Schülern von Adam Smith also?

Die Frage der Einschätzung durch Marx, ob jemand als Schüler von Ricardo zu betrachten ist oder nicht, ist deshalb so kompliziert, weil er in den Studien zur „Auflösung der Ricardoschen Schule" auch ausgesprochene Anti-Ricardianer behandelt, also nicht nur die Schule, sondern auch ihre Gegner, soweit diese Hauptprobleme der Schule zum Gegenstand ihrer Polemik machen. Beachten wir zum Beispiel den Anfang des „Streitschriften" überschriebenen Abschnitts. Dieser beginnt mit einer allgemeinen Einschätzung der Zeit, wie wir sie schon kennen, aber wie wir sie in diesem Kapitel, das sich mit der Auflösung und nicht mit den „sozialistischen Ricardianern" beschäftigt, nicht erwartet hätten: „Die Zeit zwischen 1820 und 1830 ist die metaphysisch bedeutendste Periode in der Geschichte der englischen Nationalökonomie. Theoretisches Lanzenbrechen für und wider die Ric[ardo]sche Theorie, Reihe anonymer Streitschriften; die wichtigsten hier angeführt und namentlich nur über die Punkte, die in unser Thema gehören. Es ist aber zugleich das Charakteristische jener Streitschriften, daß sie sich alle in der Tat bloß um die Bestimmung des Wertbegriffs und sein Verhältnis zum Kapital drehen."

Als erste solche Streitschrift nennt und kommentiert Marx dann:

„*'Observations on certain verbal disputes in Political Economy, particularly relating to value and to demand and supply', London 1821.*

Nicht ohne gewisse Schärfe. Der Titel charakteristisch – *'Verbal Disputes'*.

Zum Teil gegen Smith, Malthus, aber auch Ricardo.

Der eigentliche sense dieser Schrift, daß die 'Diskussionen ... ausschließlich davon herrühren, daß Worte von verschiedenen Personen in verschiedenem Sinn gebraucht werden, daß die Disputierenden wie die Ritter in der Erzählung den Schild von verschiedenen Seiten betrachten' (p. 59, 60).

Ein derartiger Skeptizismus ist immer der Ankündiger der Auflösung einer Theorie, der Vorläufer eines gedanken- und gewissenlosen, auf den Hausbedarf eingerichteten Eklektizismus."[90]

Also eine Streitschrift gegen Smith, Malthus, aber auch gegen Ricardo. Ja, das ist sie ganz offenbar.

Und doch wird sie von Marx ganz offenbar als Schrift der Ricardo-Schule betrachtet, wird geradezu als Symbol der Auflösung der Schule angesehen. Ricardo hat diese Schrift gelesen – Tooke hatte sie ihm bei einem Besuch mitgebracht. Wenig später schreibt er an seinen Freund Hutches Trower (22. August 1821): „Eine Broschüre 'On certain verbal disputes in Polit. Econ.' ist erschienen, die die gleichen

90 Ebendort, S. 105 f.

Vorwürfe enthält, die Sie mir machen; der Fehler liegt nicht in der Theorie selbst, sondern in meiner fehlerhaften Art ihrer Erklärung ..."[91]

Also auch Ricardo betrachtet sie als eine Schrift, die zwar gegen ihn polemisiert, aber nicht gegen seine Theorie, sondern gegen seine fehlerhafte Art der Darstellung seiner Theorie. Natürlich würde Ricardo den unbekannten Verfasser nicht als seinen Schüler betrachtet haben, ebensowenig wie der unbekannte Verfasser Ricardo als seinen Lehrer. Auch gibt Marx dem unbekannten Verfasser in gewisser Weise mit dessen Einwänden gegen Ricardo recht. Etwa so: „Mit Bezug auf die Arbeit der Einwand gegen R[icardo] soweit richtig, als er Kapital unmittelbar Arbeit kaufen läßt, also unmittelbar von value of labour spricht, während es das Arbeitsvermögen, selbst ein Produkt, ist, dessen temporärer Gebrauch gekauft und verkauft wird. Statt das Problem zu lösen, hier nur betont, daß ein Problem ungelöst ist."[92] Oder so: „In einer beiläufigen Bemerkung findet sich, aber ohne Bewußtsein auf Seite des Verfassers ... ein treffendes Wort über die Quelle, woraus das Kapital, das die Arbeit bezahlt, entspringt."[93] Oder so: „Sonst etwas Richtiges in der Bemerkung."[94] Oder so: „Hier nur das zu bemerken, daß in dieser Schrift zuerst Rent als die allgemeine Form von konsolidierten *surplus profits aufgefaßt.*"[95] Aber letztlich stellt er doch fest: „Es zeigt also, daß der 'verbal observer' so wenig wie Bailey irgend etwas vom Wert und Wesen des Gelds verstehn, wenn sie die Verselbständigung des Werts als eine scholastische Erfindung von Ökonomen behandeln. Noch mehr tritt diese Verselbständigung im Kapital hervor, was nach einer Seite hin *prozessierender* Wert – also, da der Wert selbständig nur in Geld existiert –, *prozessierendes Geld* genannt werden kann, das eine Reihe Prozesse durchläuft, in denen es sich erhält, von sich ausgeht, zu sich zurückkehrt in vergrößertem Umfang. Daß das Paradoxon der Wirklichkeit sich auch in Sprachparadoxen ausdrückt, die dem common sense widersprechen, dem what vulgarians mean and believe to talk of, versteht sich von selbst. Die Widersprüche, die daraus hervorgehn, daß auf Grundlage der Warenproduktion Privatarbeit sich als allgemeine gesellschaftliche darstellt, daß die Verhältnisse der Personen als Verhältnisse von Dingen und Dinge sich darstellen – diese Widersprüche liegen in der Sache, nicht in dem sprachlichen Ausdruck der Sache."[96]

Also letztlich vulgäre Auflösung der Ricardoschen Schule – wobei eben der Begriff der Schule von Marx denkbar weit gefaßt wird.

Und auch in gewisser Weise verschieden weit. Zum Beispiel hatte ich James Mill nicht als Schüler Ricardos betrachtet. Marx aber behandelt die Lehren von Mill in dem Kapitel über die Auflösung der Ricardoschen Schule und beginnt den Abschnitt genau so, als ob Mill ein Schüler Ricardos gewesen wäre: „Mill war der erste, der R[icardo]s Theorie in systematischer Form darstellte, wenn auch nur in ziemlich abstrakten Umrissen. Was er anstrebt, ist formell logische Konsequenz. Mit ihm

91 „Works", Bd. IX, S. 38.

92 *Marx/Engels,* Werke, Bd. 26,3, S. 106.

93 Ebendort, S. 107.

94 Ebendort, S. 108.

95 Ebendort, S. 113.

96 Ebendort, S. 134.

beginnt 'daher' auch die *Auflösung* der Ric[ardo]schen Schule. Bei dem Meister entwickelt sich das Neue und Bedeutende mitten im 'Dünger' der Widersprüche, gewaltsam aus den widersprechenden Erscheinungen. Die Widersprüche selbst, die zugrunde liegen, zeugen von dem Reichtum der lebendigen Unterlage, aus der die Theorie sich herauswindet. Anders mit dem Schüler. Sein Rohstoff ist nicht mehr die Wirklichkeit, sondern die neue theoretische Form, wozu der Meister sie sublimiert hat. Teils *der theoretische Widerspruch der Gegner der neuen Theorie,* teils das *oft paradoxe Verhältnis dieser Theorie zu der Realität* spornen ihn zum Versuch, die ersten zu *widerlegen,* das letztre *wegzuerklären.* Bei diesem Versuch verwickelt er sich selbst in Widersprüche und stellt mit seinem Versuch, sie zu lösen, zugleich die beginnende *Auflösung der Theorie* dar, die er dogmatisch vertritt. Mill will einerseits die bürgerliche Produktion als absolute Form der Produktion darstellen und sucht daher zu beweisen, daß ihre wirklichen Widersprüche nur scheinbare sind. Andrerseits die R[icardo]sche Theorie als die absolute theoretische Form dieser Produktionsweise darzustellen und die teils von andren geltend gemachten, teils ihm selbst sich aufdrängenden theoretischen Widersprüche ditto wegzubeweisen. Indes ist Mill in gewisser Weise auch noch Fortschritt der R[icardo]schen Ansicht über die Schranken hinaus, worin R[icardo] sie dargestellt. Er hat noch dasselbe geschichtliche Interesse, das Ricardo hat – *das des industriellen Kapitals gegen das Grundeigentum* –, und er zieht rücksichtsloser die praktischen Konsequenzen der Theorie, der der Grundrente z. B. gegen die Existenz des Grundeigentums, das er mehr oder minder direkt in Staatseigentum verwandelt wissen will. Hier haben wir es mit der letztren Konsequenz und dieser Seite Mills nicht zu tun."[97]

Zugleich aber schreibt er wenige Seiten weiter: „Wie die contemporaneous Ricardians den Mill auffaßten, z. B. aus folgendem zu ersehn: " ...[98] – und dann zitiert er den „echten" Schüler McCulloch über Mill:

„*McCulloch* in dem zitierten 'Discours' sagt, daß M[ill]s Zweck, '*eine logische Deduktion* der Prinzipien der politischen Ökonomie zu geben'. (p. 88.) Mill 'untersucht fast alle Fragen, die zur Diskussion stehen. Er versteht es, die verwickelsten und schwierigsten Fragen klarzumachen und zu vereinfachen und die verschiedenen Prinzipien der Wissenschaft in ihre natürliche Ordnung zu bringen.' (l.c.)

Man kann das aus seiner Logik schließen, daß er die ganz unlogische Struktur Ricardos, früher von uns auseinandergesetzt, naiv im ganzen als 'ordre naturel' beibehält."[99] McCulloch stimmt also völlig mit Mill in der Auslegung Ricardos überein, Mill ist ihm ein echter Ricardianer.

Vielleicht könnte man Mill als Mitstreiter Ricardos und so zwar nicht als Schüler, wohl aber als Anhänger Ricardos bezeichnen. Mill begann das von Marx unter „Auflösung der Ricardoschen Schule" behandelte Werk „Elements of Political Economy" 1820, und es erschien 1821, um *die* Politische Ökonomie, und das ist für ihn die Ricardosche Politische Ökonomie, zu popularisieren. McCulloch hatte 1818

[97] Ebendort, S. 80 f.
[98] Ebendort, S. 99.
[99] Ebendort, S. 100.

mit seinem begeisterten Artikel die allgemeine Aufmerksamkeit auf Ricardo als Politökonomen gelenkt, Mill wollte mit seinem Buch Ricardo popularisieren.

Wie stand Ricardo zu dem Buch von Mill? Am 4. September 1820 schrieb er an Malthus: „Mill ist seit 14 Tagen bei mir und wird noch länger bleiben. Er denkt daran, ein populäres Werk über Politische Ökonomie zu schreiben, in dem er die Prinzipien (Ricardos „Principles" – J. K.), die er für richtig hält, auf einfachste Weise für Lernende erklären wird."[100] Am 28. Dezember berichtet Mill an Ricardo, daß er guten Fortschritt mit dem Buch mache.[101] Am 17. Januar 1821 berichtet Ricardo an McCulloch über Mills Buch: „Sie wissen wohl, daß er mit Ihnen und mir in den Prinzipien, die wir für die richtigen halten, übereinstimmt, und so sind es diese Prinzipien, die er zu erklären und erläutern versuchen wird."[102] Endlich, am 30. November 1821, schreibt Mill an Ricardo, daß er ihm das Buch, von dem „Sie schon zur Genüge wissen, was es enthält",[103] gesandt hat. Ricardo antwortet am 10. Dezember: „Und nun zum Buch; ich danke Ihnen sehr dafür. Ich habe es mit Aufmerksamkeit gelesen, und Sie sind sich sicher klar darüber, daß nur wenige Dinge in ihm enthalten sind, mit denen ich nicht übereinstimme; ich habe sie notiert, und entweder werden wir über sie sprechen oder ich werde sie niederschreiben und Ihnen senden, wannimmer Sie es wünschen."[104] Einen Tag später schreibt Ricardo an Trower: „Auch Mill hat gerade sein Buch herausgebracht, in dem all die guten Lehren vorgetragen und befürwortet sind, so daß wir zufrieden mit dem Fortschritt, den wir machen, sein sollten."[105] Wir! noch keine Schule vielleicht, aber doch eine Gruppe Gleichgesinnter.

Und doch, was für ein merkwürdiges Phänomen! Das Haupt der Schule gibt ein Buch heraus – Höhepunkt seiner Wissenschaft für Jahrzehnte – in erster Auflage 1817, in zweiter 1819, die dritte folgt im Frühjahr 1821. Im Herbst 1821 erscheint Mills Buch, eine Popularisierung von Ricardos Lehren, das, bis auf Kleinigkeiten, von Ricardo gebilligt wird, Ricardo spricht stolz von „Wir", und wir können vielleicht vom Beginn einer Schule reden. Marx aber spricht genau in diesem Moment schon von einer Auflösung der Schule! Natürlich nicht von einer organisatorischen Auflösung, denn eine Organisation hat es nie gegeben. Natürlich von einer theoretischen Auflösung – und das gewissermaßen schon bei der Geburt der Schule!

Zugleich aber nahm die Schule auch eine andere Entwicklung. Sie entwickelte einen Zweig, der wunderbar und eigenartig blühte – einen Zweig, der natürlich zur Schule gehörte, aber zugleich in schärfstem Gegensatz zu ihr stand. Und auch das deutet noch nicht die ganze Kompliziertheit der Entwicklung der Ricardoschen Schule an. Denn zum Beispiel die Streitschrift „An Inquiry into those Principles, respecting the Nature of Demand and the Necessity of Consumtion, lately advocated by Mr. Malthus" etc., London 1821, (künftig zitiert einfach als „An Inquiry") behandelt Marx

100 „Works", Bd. VIII, S. 229.
101 Ebendort, S. 327.
102 Ebendort, S. 336 f.
103 Ebendort, Bd. IX, S. 114.
104 Ebendort, S. 117.
105 Ebendort, S. 122.

sowohl in dem Kapitel „Auflösung der Ricardoschen Schule" wie auch in dem Kapitel „Gegensatz gegen die Ökonomen (auf Basis der Ricardoschen Theorie)", in dem die „sozialistischen Ricardianer" behandelt werden.

Aber diese scheinbare und wirkliche Wirrnis ist letztlich in der Lehre von Ricardo, in ihrer Widersprüchlichkeit begründet.

5. *Die Schule der sozialistischen Ricardianer*

Wenn wir von der Widersprüchlichkeit in der Lehre von Ricardo sprechen, dann nicht im Sinne eines Denkfehlers, sondern im Sinne der Wiedergabe einer echten, der Wirklichkeit entsprechenden Widersprüchlichkeit. Marx geht sehr ausführlich auf sie in dem Abschnitt über die sozialistischen Ricardianer ein:

„Bei dem Gegensatz, den die Ric[ardo]sche Theorie hervorrief – auf [Basis] ihrer eignen Voraussetzungen –, dies das Charakteristische:

Im selben Maß, wie sich die politische Ökonomie entwickelte – und diese Entwicklung, soweit es die Grundprinzipien betrifft, erhielt den schärfsten Ausdruck in Ricardo –, stellte sie Arbeit dar als das einzige Element des Werts und den einzigen Schöpfer des Gebrauchswerts, und Entwicklung der Produktivkräfte als das einzige Mittel zur wirklichen Vermehrung des Reichtums; möglichste Entwicklung der Produktivkräfte der Arbeit als die ökonomische Basis der Gesellschaft. Dies in der Tat die Basis der *kapitalistischen Produktion.* Ric[ardo]s Schrift namentlich, indem sie das Gesetz des Werts als weder durch Grundeigentum, kapitalistische Akkumulation etc. gebrochen darstellt, ist eigentlich nur damit beschäftigt, alle Widersprüche oder Phänomene, die dieser Auffassung zu widersprechen scheinen, zu beseitigen. Aber in demselben Maß, wie Arbeit als *einzige* Quelle des Tauschwerts begriffen und als die aktive Quelle des Gebrauchswerts, in demselben Maß wird '*Kapital*' von denselben Ökonomen, und namentlich auch von Ricardo (noch mehr von Torrens, Malthus, Bailey etc. nach ihm) als der Regulator der Produktion, Quelle des Reichtums und Zweck der Produktion aufgefaßt, Arbeit dagegen als Lohnarbeit, deren Träger [und] wirkliches Instrument notwendiger Pauper (wozu außerdem noch Malthus' Populationstheorie hinzukam) – bloße Produktionskost und Produktionsinstrument – auf das Minimum des Salairs angewiesen, unter das er fallen muß, sobald er in einer für das Kapital 'überflüssigen' Masse existiert. In diesem Widerspruch sprach die politische Ökonomie bloß das Wesen der kapitalistischen Produktion aus oder, wenn man will, der Lohnarbeit aus; der sich selbst entfremdeten Arbeit, der der von ihr geschaffne Reichtum als fremder Reichtum, ihre eigne Produktivkraft als Produktivkraft ihres Produkts, ihre Bereicherung als Selbstverarmung, ihre gesellschaftliche Macht als Macht der Gesellschaft über sie gegenübertritt. Aber diese bestimmte *spezifische,* historische Form der gesellschaftlichen Arbeit, wie sie in der kapitalistischen Produktion erscheint, sprechen diese Ökonomen als allgemeine, ewige Form, Naturwahrheiten aus, und *diese* Produktionsverhältnisse als die absolut (nicht historisch) notwendigen, naturgemäßen und vernünftigen Verhältnisse der gesellschaftlichen Arbeit. Durchaus befangen in dem Horizont der kapitalistischen Produktion, erklären sie die *gegensätzliche* Form, worin die gesellschaftliche Arbeit hier erscheint, für ebenso notwendig als diese Form selbst, befreit von diesem Gegensatz. Indem sie so auf der einen Seite die *Arbeit* absolut (weil ihnen Lohnarbeit mit Arbeit identisch) und auf der andren Seite ebenso absolut das *Kapital,* die Armut des Arbeiters und den Reichtum des Nichtarbeiters in demselben Atem als einzige Quelle des Reichtums aussprechen, bewegen sie sich beständig in absoluten Widersprüchen, ohne die geringste Ahnung darüber. (*Sismondi* macht durch seine Ahnung dieses Widerspruchs Epoche in der politischen Ökonomie.) 'Labour *or* Capital' – in dieser Phrase Ricardos tritt der Widerspruch und die Naivität, mit der er als Identisches ausgesprochen ist, schlagend hervor.

Es war aber klar, daß – da dieselbe reale Entwicklung, die der bürgerlichen Ökonomie diesen theoretisch rücksichtslosen Ausdruck gab, die in derselben enthaltnen realen Widersprüche entwickelt, namentlich den Gegensatz zwischen dem wachsenden Reichtum der 'Nation' in England und der wachsenden Misere der Arbeiter, da ferner diese Widersprüche in der R[icardo]schen Theorie etc. einen *theoretisch* schlagenden, wenn auch unbewußten Ausdruck erhalten – es war natürlich, daß die Geister, die sich auf die Seite des Proletariats stellten, den theoretisch für sie schon zurechtgemachten Widerspruch aufgriffen. Die Arbeit ist die einzige Quelle des Tauschwerts und der einzige aktive Schöpfer des Gebrauchswerts. So sagt ihr. Anderseits sagt ihr, das *Kapital* ist alles, der Arbeiter nichts oder bloße Produktionskost des Kapitals. Ihr habt euch selbst widerlegt. Das Kapital ist *nichts* als Prellerei des Arbeiters. Die *Arbeit* ist alles.

Dies ist in der Tat das letzte Wort aller der Schriften, die das proletarische Interesse vom Ric[ardo]schen Standpunkt, auf dem Boden seiner eignen Voraussetzungen vertreten. Sowenig er die Identität von *Kapital* und *Arbeit* in seinem System begreift, sowenig *begreifen* sie den Widerspruch, den sie darstellen, weshalb die bedeutendsten unter ihnen, wie Hodgskin z. B., alle ökonomischen Voraussetzungen der kapitalistischen Produktion selbst als ewige Formen akzeptieren und nur das Kapital streichen wollen, die Basis und zugleich die notwendige Konsequenz."[106]

Und den letzten Gedankengang noch stärker mit den Worten eines recht vulgären Ricardo-Gegners herausarbeitend schreibt Marx:

„Mit diesem wissenschaftlichen Verdienst hängt eng zusammen, daß Ricardo den ökonomischen Gegensatz der Klassen – wie ihn der innre Zusammenhang zeigt – aufdeckt, ausspricht und daher in der Ökonomie der geschichtliche Kampf und Entwicklungsprozeß in seiner Wurzel aufgefaßt wird, entdeckt wird. *Carey* ... denunziert ihn daher als Vater des Kommunismus.

'Ricardos System ist ein System der Zwietracht ... es läuft hinaus auf die Erzeugung der *Feindschaft zwischen Klassen* und Nationen ... Seine Schrift ist das wahre Handbuch des Demagogen, der die Macht anstrebt vermittelst der Landteilung, des Kriegs und der Plünderung.' (p. 74, 75. H. [C.] *Carey, 'The Past, the Present, and the Future', Philadelphia 1848.*)"[107]

[106] *Marx/Engels,* Werke, Bd. 26,3, S. 254 ff.
[107] Ebendort, Bd. 26,2, S. 163.

Engels geht im Vorwort zum zweiten Band des „Kapital“ ebenfalls auf die sozialistischen Ricardianer, und zwar ausgehend von einer Broschüre aus dieser Zeit, ein: „Unser Pamphlet ist nur der äußerste Vorposten einer ganzen Literatur, die in den zwanziger Jahren die Ricardosche Wert- und Mehrwerttheorie im Interesse des Proletariats gegen die kapitalistische Produktion kehrt, die Bourgeoisie mit ihren eignen Waffen bekämpft. Der ganze Owensche Kommunismus, soweit er ökonomisch-polemisch auftritt, stützt sich auf Ricardo. Neben ihm aber noch eine ganze Reihe von Schriftstellern, von denen Marx schon 1847 nur einige gegen Proudhon (‘Misère de la Philosophie’, p. 49) anführt: Edmonds, Thompson, Hodgskin etc., etc., ‘und noch vier Seiten Etcetera’. ...

Ich gestehe, ich schreibe diese Zeilen nicht ohne eine gewisse Beschämung. Daß die antikapitalistische englische Literatur der zwanziger und dreißiger Jahre in Deutschland so gänzlich unbekannt ist, trotzdem Marx schon in der ‘Misère de la Philosophie’ direkt darauf hingewiesen und manches davon – das Pamphlet von 1821, Ravenstone, Hodgskin etc. – im ersten Band des ‘Kapital’ mehrfach zitiert, das mag noch hingehn.“[108]

Die Stelle, auf die Engels im „Elend der Philosophie“ hinweist, lautet: „Wer nur ein wenig mit der Entwicklung der politischen Ökonomie in England vertraut ist, dem ist nicht unbekannt, daß fast alle Sozialisten dieses Landes zu den verschiedensten Zeiten die egalitäre Anwendung der Ricardoschen Theorie vorgeschlagen haben. Wir können Herrn Proudhon zitieren: ‘*Die politische Ökonomie*’ von Hopkins, 1822, William Thompson, ‘*An Inquiry into the Principles of the Distribution of Wealth, most conducive to Human Happiness*’, 1824, T[homas] R[owe] Edmonds, ‘*Practical Moral and Political Economy*’, 1828 etc. etc. und noch vier Seiten Etceteras. Wir beschränken uns darauf, einen englischen *Kommunisten* sprechen zu lassen, Herrn Bray.“[109]

Ungeheuer groß und fruchtbar ist der Einfluß Ricardos – praktisch alle englischen Sozialisten vor der Bewegung des Chartismus waren Ricardianer als Ökonomen, auch Owen, der größte unter ihnen, den Marx und Engels aber niemals zur Ricardo-Schule gerechnet haben, da sein Gedankensystem und Wirken so weit und breit waren, daß sie seine Überlegungen auf dem Gebiet der Politischen Ökonomie nicht als charakteristisch genug für ihn hielten, um ihn einer Schule einzuordnen. Aber immer haben sie betont, daß er als Ökonom Ricardianer war.

Mir scheint, daß diese Seite der Wirkung Ricardos in unserer marxistischen Literatur völlig ungenügend beachtet worden ist, obgleich Marx ihr doch soviel Raum in seinen Arbeiten zur Geschichte der Theorie des Kapitalismus gewidmet hat. Natürlich mußte Marx auch den herrschenden Gedanken der Vulgär-Ricardianer viel Platz geben, denn das gehörte zum ideologischen Tageskampf. Aber heute den Postricardianismus ohne Differenzierung als eine vulgäre Angelegenheit abzutun und dabei zumeist noch die sozialistischen Ricardianer (Owen war ein ricardianischer Sozialist) völlig zu vergessen, hat wahrlich nichts mit Wahrung des fortschrittlichen Erbes der Vergangenheit zu tun.

[108] Ebendort, Bd. 24, S. 20 f. [109] Ebendort, Bd. 4, S. 98.

Als ersten sozialistischen Ricardianer behandelt Marx in den „Mehrwerttheorien" den anonymen Autor einer Schrift „The Source and Remedy of the National Difficulties etc. A Letter to Lord John Russell", London 1821. Marx bemerkt zunächst: „Dies kaum bekannte Pamphlet (about 40 pages) – [erschienen] zu einer Zeit, wo 'this incredible cobbler' McCulloch anfing, von sich reden zu machen – enthält einen wesentlichen Fortschritt über Ricardo hinaus. Es bezeichnet direkt die surplus value oder 'Profit', wie Ric[ardo] es nennt (oft auch 'surplus produce') oder '*interest*', wie der Verfasser des Pamphlets es heißt, als '*surplus labour*', die Arbeit, die der Arbeiter gratis verrichtet, die er über das Quantum Arbeit hinaus verrichtet, wodurch der Wert seines Arbeitsvermögens ersetzt wird oder ein Äquivalent für seine wages produziert wird. Ganz so wichtig es war, die *value* in labour aufzulösen, so die *surplus value*, die sich in einem *surplus produce* darstellt, als *surplus labour*. Dies ist in der Tat bei A. Smith schon gesagt und bildet ein Hauptmoment der R[icardo]schen Entwicklung. Aber es ist nirgends bei ihm in der *absoluten Form* herausgesagt und fixiert."[110]

Es handelt sich also um eine theoretisch nicht unbedeutende Schrift. Aber nicht deswegen wird sie von uns hier erwähnt. Sie ist einer der größten Schätze unserer theoretischen Vergangenheit, weil sie einen Gedanken enthält, oder Marx einen Gedanken aus ihr herausgelesen hat – beides würde sie uns lieb und teuer machen –, der uns in gewisser Weise das Wesen des vollendeten Kommunismus näher bringt als irgend eine andere vorausschauende Theorie oder Gedankenfolge. Marx beschreibt ihn:

„Der Verfasser ist sich selbst hierüber nicht klar, wie auch aus dem folgenden – worin eigentlich das letzte Wort seiner Schrift – erscheint:

'Wahrhaft reich ist eine Nation erst, wenn kein Zins für Kapital gezahlt wird; wenn statt 12 Stunden nur 6 gearbeitet wird. Reichtum ist *verfügbare* Zeit, und sonst nichts.' (p. 6.)

Da hier unter Zins – Profit, Rent, Interesse – kurz jede Form des Mehrwerts verstanden wird, und da nach dem Verfasser selbst Kapital nichts ist als produce of labour, accumulated labour which is able to exact in exchange for each self not only an equal quantity of labour, but surplus labour, so heißt nach ihm: Kapital trägt keinen Zins – es existiert kein Kapital. Das Produkt verwandelt sich nicht in Kapital. Es existiert kein *surplus produce* und keine *surplus labour*. Dann erst ist eine Nation wirklich reich.

Dies kann aber meinen: Es existiert kein produce, keine labour *über* das Produkt und die labour hinaus, die zur Reproduktion der Arbeiter erheischt sind. Oder: sie eignen *sich selbst* dies Surplus, sei es von Produkt oder labour, an.

Daß der Verfasser aber *nicht bloß* das letztre meint, geht daraus hervor, daß er [den Satz] 'kein Zins für Kapital' damit zusammenstellt: 'Eine Nation ist wirklich reich, wenn 6 statt 12 Stunden gearbeitet wird. *Wealth is disposable time, and nothing* more.'

Es kann dies nun heißen:

Wenn alle arbeiten müssen, der Gegensatz von Überarbeiteten und Müßiggängern

110 Ebendort, Bd. 26,3, S. 234 f.

wegfällt – und dies wäre jedenfalls die Konsequenz davon, daß das Kapital aufhörte zu existieren, daß Produkt nicht mehr Titel auf fremde *surplus labour* gäbe – und außerdem die Entwicklung der Produktivkräfte, wie das Kapital sie hervorgebracht hat, in Betracht gezogen wird, so wird die Gesellschaft die nötige abundance in 6 Stunden produzieren, mehr als jetzt in 12, und zugleich werden alle 6 Stunden 'disposable time', den wahren Reichtum haben; Zeit, die nicht durch unmittelbar produktive Arbeit absorbiert wird, sondern zum enjoyment, zur Muße, [so] daß sie zur freien Tätigkeit und Entwicklung Raum gibt. Die Zeit ist der *Raum* für die Entwicklung der faculties etc. Man weiß, daß die Ökonomen selbst die slave-labour der wages-labourers dadurch rechtfertigen, daß sie die Muße, freie Zeit für *andre,* einen andren Teil der Gesellschaft – und damit für die Gesellschaft der wages-labourers schafft.

Oder es kann auch heißen:

Die Arbeiter arbeiten jetzt 6 Stunden Zeit hinaus über das, was sie zu ihrer eignen Reproduktion (*jetzt*) brauchen. (Dies kann auch kaum die Ansicht des Verfassers sein, da er das, was sie *jetzt* brauchen, als unmenschliches Minimum darstellt.) Hört das Kapital auf, so arbeiten sie nur mehr 6 Stunden, und die Müßiggänger müssen ebensoviel arbeiten. Der materielle Reichtum für alle würde dadurch auf das Niveau der Arbeiter herabgedrückt. Aber alle hätten *disposable time,* freie Zeit zu ihrer Entwicklung.

Der Verfasser ist sich offenbar selbst nicht klar. Nevertheless bleibt immer der schöne Satz:

'Eine Nation ist wirklich reich, wenn 6 statt 12 Stunden gearbeitet wird. *Wealth is disposable time, and nothing more.*'"[111]

Der Reichtum einer Nation wird im vollendeten Kommunismus an der Zeit gemessen, die jedem außerhalb der Produktion zur Verfügung steht, also an der Zeit, in der die Arbeit erstes Bedürfnis ist, da sie sich auf, im weitesten Sinne, kulturelle Arbeit bezieht, da sie nicht Zwang zur Befriedigung der Notwendigkeiten des Lebens ist – was natürlich nicht ausschließt, daß ein kleiner Teil der Menschen auch aus Neigung, aus dem Bedürfnis nach Selbstverwirklichung gelegentlich in der materiellen Produktion arbeitet. Reichtum als jenseits der materiellen Produktion verfügbare Zeit ist ein wunderbarer Gedanke, den unsere Künstler ebenso wie unsere Gesellschaftswissenschaftler noch keineswegs aufgenommen haben. Und er stammt aus der Ricardoschen Schule! oder zumindestens verdanken wir ihn ihr, indem sie Marx zu ihm angeregt hat. Marx hat diesen Gedanken auch in den „Grundrissen" wiedergegeben[112] – ganz offenbar hat er ihn tief beeindruckt. Aber wir haben ihn nur ungenügend wieder aufgenommen! –

Nach diesem Pamphlet behandelt Marx *„Piercy Ravenstone, M. A. 'Thoughts on the Funding System, and its Effects', London 1824."*[113] Die Schrift erschien nach Ricardos Tode. Ravenstone (sein Geburtsdatum ist unbekannt, er starb 1830) war in

111 Ebendort, S. 251 f.

112 *K. Marx,* Grundrisse der Kritik der Politischen Ökonomie, Berlin 1953, S. 593 f.

113 *Marx/Engels,* Werke, Bd. 26,3, S. 254.

seiner Zeit nicht wenig gelesen und Ricardo insofern konzeptionell überlegen, als er historisch dachte. Ricardo kannte die erste Schrift Ravenstones über Bevölkerung und Ökonomie, die er für „voller Irrtümer" hielt, jedoch „von größtem Interesse" findet (Brief an Malthus vom 10. September 1821).

Marx nennt die obengenannte zweite Schrift von Ravenstone „höchst merkwürdig" und „orginell" und schildert ihren Inhalt so:

„Die Entwicklung der Produktivkräfte der Arbeit schafft *Kapital* oder *Property*, d. h. ein surplus produce for 'idlers', Faulenzer, Nichtarbeiter, und zwar erzeugt die Arbeit dieses ihr Parasitengewächs, das sie bis aufs Mark aussaugt, in um so höherm Grad, als ihre Produktivkraft entwickelt wird. Ob der Titel an dies surplus produce oder die Macht, sich das Produkt fremder Arbeit anzueignen, an den Nichtarbeiter kommt dadurch, daß er sich schon im Besitz von Reichtum befindet oder von Grund und Boden, Grundeigentum, ändert an der Sache nichts. Beides ist *Kapital*, d. h. Herrschaft über das Produkt fremder Arbeit. Eigentum, property, heißt bei R[avenstone] nur *Aneignung* der Produkte fremder Arbeit, und diese nur möglich und nur in dem Grade möglich, als die *produktive Industrie* sich entwickelt. Unter produktiver Industrie versteht R[avenstone] die Industrie, die necessaries produziert. Eine Folge der Entwicklung des Kapitals oder property ist die unproductive industry, die *industry of consumption.* Wie der Verfasser des obigen Pamphlets[114], erscheint R[avenstone] asketisch. Er ist darin selbst wieder in der Vorstellung der Ökonomen befangen. Ohne das *Kapital*, ohne die *property*, würden die necessaries des Arbeiters im Überfluß produziert werden, aber keine Luxusindustrie stattfinden. Oder es kann auch gesagt werden, daß R[avenstone] sowohl wie der Verfasser des obigen Pamphlets die *historische Notwendigkeit* des Kapitals soweit begreifen oder wenigstens faktisch zugeben, als es nach dem ersten *Surplusarbeit* produziert über die zum strikten Unterhalt nötige Arbeit und zugleich Schöpfung von Maschinerie (capital fixe bei ihm) und auswärtigem Handel, Weltmarkt, herbeiführt, um das den Arbeitern entrißne surplus produce teils zur Vermehrung der Produktivkraft zu vernutzen, teils um diesem surplus produce die mannigfaltigsten, über der Notdurft stehenden Formen des Gebrauchswerts zu geben. So, bei R[avenstone], würden ohne *capital und property* weder 'conveniencies' geschaffen, noch Maschinerie, noch Luxusproduktion, noch [gäbe es] die Entwicklung der Naturwissenschaften, noch die geistigen Produktionen, die der Muße geschuldet sind oder dem Trieb der Reichen, für ihr 'surplus produce' von Nichtarbeitern ein Äquivalent zu erhalten.

Dies sagt der Pamphletär und R[avenstone] nicht als Rechtfertigung des Kapitals, sondern machen es zu einem Punkt des Angriffs, weil alles das bloß im *Gegensatz* gegen und nicht *für* die Arbeiter geschieht. Sie geben aber so faktisch zu, daß es ein Resultat der kapitalistischen Produktion, daß sie so eine historische Form für die gesellschaftliche Entwicklung, wenn auch im Gegensatz zu dem Teil der Bevölkerung, der die Basis dieser ganzen Entwicklung bildet. Sie teilen hierin – wenn auch von dem umgekehrten Pol – mit den Ökonomen die Borniertheit, die *gegensätzliche* Form dieser Entwicklung mit ihrem Gehalt selbst zu verwechseln. Die einen wollen

114 Das zuvor besprochene anonyme Pamphlet.

den Gegensatz verewigen seiner Frucht wegen. Die andren sind entschlossen, um den Gegensatz loszuwerden, die in dieser antagonistischen Form herangewachsenen Früchte aufzuopfern. Es unterscheidet dies diesen Gegensatz gegen die Ökonomie von dem gleichzeitigen Owens etc. Anderseits auch Sismondis, der zu veralteten Formen des Gegensatzes zurückflüchtet, um ihn in seiner akuten Form loszuwerden."

Marx zitiert aus Ravenstone: „'Lehren, daß der Reichtum und die Macht einer Nation von ihrem *Kapital* abhänge, heißt, den Gewerbefleiß zur Magd des Reichtums, die Menschen dem Eigentum dienstbar machen.' (l.c.p. 7.)"[115]

Wir haben so ausführlich zitiert, um wieder die ganze Weite des Begriffs der Schule bei Marx anzuzeigen und zugleich die außerordentliche gedankliche Fruchtbarkeit der sozialistischen Ricardianer, ihre rücksichtlose Konsequenz im Denken, die sie mit Ricardo teilen, anzudeuten.

Natürlich hätte Ricardo nichts ferner gelegen, als die Konsequenzen, die das anonyme Pamphlet oder Ravenstone ziehen, anzuerkennen. Aber die Art ihres Denkens ist ihm vertraut und er findet Ravenstone höchst interessant. Wir wissen nicht, ob Plato den reifen Aristoteles als seinen Schüler anerkannt hätte, aber die Methodologie seiner Argumentation hätte er als die seine und die des Sokrates angesehen. Ähnlich steht es natürlich mit den Junghegelianern und Hegel. Und erst recht mit Hegel und seinem „Schüler" Marx. Voller Begeisterung hätte Hegel Marx seinen Schülern als den besten Dialektiker seiner Schule als Beispiel vorgehalten, sie jedoch gewarnt, ihm, wie Lenin es formuliert hätte, auch nur ein Wort zu glauben, was seine Theorien betrifft.

Wir müssen den Begriff der Schule eben auch so fassen, daß ein entscheidendes Charakteristikum unter anderen genügt, um jemandem zum Mitglied einer Schule zu machen. Darum können auch Sozialisten jener Jahre, ausgesprochene Feinde des Kapitals, des Profits, „Asketen" wie Ravenstone, Schüler des größten Vertreters der bürgerlichen Politischen Ökonomie sein. Darum können der (nach heutigen Wertmaßstäben) weit mehr als hundertfache Millionär Ricardo, der nur ein Ziel kennt: die gesellschaftliche Produktivität zu steigern, und der „Asket" Ravenstone, der gegen das Kapital kämpft, Mitglieder einer Schule sein. Darum gibt es auch bourgeoise und sozialistische Ricardianer, die in heftigstem Meinungsstreit miteinander liegen und es auf das schärfste ablehnen würden, als Mitglieder einer Schule mit einem einheitlichen Haupt betrachtet zu werden. Darum zögere ich auch immer wieder etwas, nur von zwei ricardianischen Schulen zu sprechen und sage gelegentlich auch einfach die Ricardo-Schule. Denn man darf nicht vergessen, daß in der Praxis der Schulen, wie ich schon zuvor angedeutet habe, ideologische Unterschiede und Meinungsverschiedenheiten nicht die Rolle spielten wie heute. Wenn Ricardo und Ravenstone sich persönlich gekannt hätten, hätte es auch sein können, daß Ricardo ihn als einen Schüler anerkannt hätte. Man soll sich doch folgendes vor Augen halten: Eine sowjetische Geschichte der Philosophie benennt den römischen Philosophen, Redner und Staatsmann Marcus Tullius Cicero einen „hartnäckigen Gegner des römischen Materialismus"[116] – meiner Ansicht nach mit vollem Recht. Diese hart-

[115] *Marx/Engels,* Werke, Bd. 26,3, S. 254–257.

[116] Geschichte der Philosophie, Bd. I, Berlin 1960, S. 137.

näckige Gegnerschaft aber hinderte Cicero jedoch nicht nur nicht, mit dem größten römischen Materialisten Titus Lucretius eng befreundet zu sein, sondern auch nach dessen Tode sein materialistisches Hauptwerk herauszugeben. Und wenn die Überlieferung, daß er das getan hat, nicht stimmen sollte, so hat doch niemand deswegen an ihr Anstoß genommen, weil ein Idealist niemals das Werk eines Materialisten herausgegeben haben könnte. Wir müssen uns abgewöhnen, unsere Maßstäbe und ihnen entsprechende Einschätzungen, die im ideologischen Klassenkampf unter der Anleitung von Marx, Engels und Lenin entstanden sind und wahrlich ihre Berechtigung haben, weil wir ohne sie niemals im Klassenkampf siegen könnten, auf die subjektiven Maßstäbe und Einschätzungen der Menschen in der Vergangenheit früherer Gesellschaftsordnungen und der Frühgeschichte des Kapitalismus zu übertragen. Sehr klar wird das auch daraus, daß die Institute für Marxismus und Leninismus in Moskau und Berlin im Sachregister zum dritten Band der „Mehrwerttheorien" – meiner Ansicht nach mit vollem Recht – folgendes anzeigen:

„Ricardianer, sozialistische

– als Verteidiger der Interessen des Industrieproletariats
– bürgerliche Grundlage ihrer Ansichten
– Unverständnis des Widerspruchs zwischen Kapital und Arbeit bei ihnen
– als Gegner der bürgerlichen politischen Ökonomie".[117]

Mit vollem Recht dehnt daher Marx den Begriff der Schule soweit aus, daß er auch Ricardo, McCulloch und Ravenstone umfassen kann – aber selbstverständlich hat er niemals die klassische Politische Ökonomie der Bourgeoisie als Ganze – also von Petty bis Ricardo – als *eine* Schule betrachtet.

Neben Ravenstone wollen wir unter den sozialistischen Ricardianern vor allem noch Hodgskin erwähnen, den Ricardo, soweit wir wissen, nicht gekannt hat. Thomas Hodgskin (1787–1869) war wohl der der englischen Arbeiterbewegung naheststehende sozialistische Ricardianer, eifriger Befürworter von Gewerkschaften, Mitbegründer des London Mechanics' Institute, einer Art Volkshochschule, ein Freund von Herbert Spencer, als sie beide am „Economist" zusammenarbeiteten, Verfasser auch eines zweibändigen Werkes über Reisen in Norddeutschland.

Marx nennt sein uns wichtigstes Werk Labour defended against the claims of capital ... By a Labourer, London 1825, eine „vorzügliche Schrift"[118]. In den „Mehrwerttheorien" behandelt Marx dieses und ein zweites, „Popular Political Economy", auf seinen Vorträgen in der genannten Volkshochschule basierendes Werk. Einleitend bemerkt er über beide Schriften: „Die erste anonyme Schrift auch von Hodgskin. Wenn die früher erwähnten Pamphlets und eine Reihe andrer, ähnlicher, spurlos vorübergingen, erregten diese Schriften, namentlich die erstre, bedeutendes Aufsehn und werden noch immer (vgl. *John Lalor, 'Money and Morals', London 1852)* unter die bedeutenden Produktionen der englischen politischen Ökonomie gerechnet."[119]

Hodgskin geht in gewisser Weise konsequent einen Schritt weiter als Ravenstone. War Ravenstones Kritik: „Die Vermehrung der Produktivkräfte der Arbeit vermehrt

[117] *Marx/Engels,* Werke, Bd. 26,3, S. 649.
[118] Ebendort, Bd. 23, S. 376.
[119] Ebendort, Bd. 26,3, S. 259.

nur den fremden sie beherrschenden Reichtum, das Kapital" – so „bricht" Hodgskin „endlich in den allgemeinen Satz aus, der die notwendige Konsequenz der R[icardo]-schen Darstellung: *Das Kapital ist unproduktiv.* Dies gegenüber Torrens, Malthus etc., bei denen R[icardo]s Satz: Die Arbeit ist der Schöpfer des Werts – auf eine Seite der R[icardo]schen Darstellung fortbauend – in den umgekehrten Satz umschlägt: Das Kapital ist der Schöpfer des Werts. Zugleich Polemik gegen den von Smith bis Malthus [durchgehenden], in letztrem namentlich zum absoluten Dogma heraufgeschraubten [Satz] (ditto bei James Mill): Absolute Abhängigkeit der Arbeit von der *vorhandnen Masse Kapital* als ihrer Lebensbedingung."[120]

Vielleicht keinem der sozialistischen Ricardianer fühlt Marx sich theoretisch so nahe wie Hodgskin. So zitiert und kommentiert er ihn über das fixe Kapital:

„Was das fixe Kapital angeht:

'Alle Werkzeuge und Maschinen sind das Produkt von Arbeit.' (p. 14.) 'Solange sie nichts sind als das Ergebnis *früherer* Arbeit und nicht von Arbeitern zweckentsprechend angewandt werden, ersetzen sie nicht den Aufwand, den ihre Herstellung erheischte ... Die meisten von ihnen verlieren an Wert durch längeres Liegenbleiben ... *Fixes Kapital zieht seine Nützlichkeit nicht aus vergangener, sondern aus gegenwärtiger Arbeit,* und es *bringt seinem Besitzer einen Profit* nicht deshalb, weil es aufgespeichert wurde, sondern deshalb, weil es ein *Mittel ist, Kommando über Arbeit zu erlangen.'* (p. 14, 15.)

Hier endlich die Natur des Kapitals richtig gefaßt."[121]

Oder Hodgskin über das Verhältnis von fixem und variablem Kapital:

„Der einzige sonstige Fall, wo bei gleichbleibender Anzahl Arbeiter mehr Kapital pro rata auf ihn kommen, und daher surplus capital zu vermehrter Exploitation derselben Anzahl benutzt, verausgabt werden kann, ist *Vermehrung der Produktivität der Arbeit, Änderung der Produktionsweise.* Dies bedingt change im organischen Verhältnis von konstantem und variablem Kapital. Oder die Vermehrung des Kapitals im Verhältnis zur Arbeit ist hier identisch mit Vermehrung des konstanten Kapitals in bezug auf das variable und überhaupt auf die Masse von ihm angewandter lebendiger Arbeit.

Hier löst sich also H[odgskin]s Ansicht auf in das allgemeine, von mir entwickelte Gesetz."[122]

Hodgskin antizipiert ein wichtiges Gesetz von Marx!

An anderer Stelle heißt es über ihn und die anderen sozialistischen Ricardianer: „H[odgskin] und alle diese proletarischen Gegensätzler heben mit gesundem Menschenverstand das fact hervor, daß die proportionelle Zahl der vom Profit Lebenden gewachsen ist mit der Entwicklung des Kapitals."[123]

Interessant auch, wie Marx ihn liest:

„Jetzt noch einige Schlußsätze aus H[odgskin]s '*Labour defended* etc.':

[120] Ebendort, S. 262.
[121] Ebendort, S. 292.
[122] Ebendort, S. 304 f.
[123] Ebendort, S. 307.

Entwicklung des Tauschwerts des Produkts, hence (also – J. K.) *der in der Ware enthaltenen Arbeit als gesellschaftlicher:*

'Fast jedes Produkt von Kunstfertigkeit und Geschicklichkeit ist das *Resultat gemeinsamer und kombinierter Arbeit.*'

(Dies Resultat der kapitalistischen Produktion.)

'So abhängig ist der Mensch vom Menschen und so sehr *wächst* diese Abhängigkeit, je mehr die Gesellschaft fortschreitet, daß kaum die Arbeit irgendeines einzelnen Individuums ... vom geringsten Wert ist, wenn sie nicht einen Teil der großen gesellschaftlichen Arbeit bildet.'

Diese Stelle zu zitieren, dabei [hervorzuheben], daß erst auf Grundlage des Kapitals *Waren*produktion oder Produktion des Produkts als Ware umfassend und das Wesen des Produkts selbst ergreifend."[124]

Wenn man die „Mehrwerttheorien" liest, muß man sich immer sagen: es handelt sich um ein „Notizwerk", aus dem einmal ein Buch werden sollte. Zahlreiche Zitate, die Marx sich notierte, hätte er nicht in das fertige Buch aufgenommen. Aber hier bei Hodgskin notiert er sich speziell, daß ein Zitat aufgenommen werden müßte und zwar wie.

Natürlich unterliegt Hodgskin auch noch einer Reihe von Illusionen, aber antikapitalistischen Illusionen. Marx bemerkt zum Beispiel: „Der *Kapitalist* als Kapitalist ist bloß die Personifikation des Kapitals, die mit eignem Willen, Persönlichkeit begabte Schöpfung der Arbeit im Gegensatz zur Arbeit. H[odgskin] faßt dies als rein subjektive Täuschung auf, hinter der sich der Betrug und das Interesse der ausbeutenden Klasse versteckt. Er sieht nicht, wie die Vorstellungsweise entspringt aus dem realen Verhältnis selbst, das letztre nicht Ausdruck der erstren, sondern umgekehrt. In demselben Sinn sagen englische Sozialisten: 'Wir brauchen das Kapital, nicht den Kapitalisten.' Aber wenn sie den Kapitalisten fortnehmen, nehmen sie den Arbeitsbedingungen den Charakter, *Kapital* zu sein."[125]

Im Ganzen aber scheint er mir der bedeutendste Politökonom unter den sozialistischen Ricardianern. Auch Anikin scheint dieser Meinung zu sein, wenn er allgemein über die sozialistischen Ricardianer schreibt:

„Die wirtschaftlichen Schwierigkeiten Englands nach den napoleonischen Kriegen und der 'Schlächterei bei Peterloo', die ersten Fabrikgesetze und Gewerkschaften, der Siegeszug des Ricardianismus und die Agitation Owens prägen die sozialökonomische und geistige Situation, in der zum ersten Mal Leute in Erscheinung treten, die in der politischen Ökonomie die Interessen der Arbeiterklasse ausdrücken. Auch sie sind nicht konsequent und gleiten in vielem zum kleinbürgerlichen Reformsozialismus ab. Dennoch haben sie große Verdienste. Diese englischen Sozialisten der zwanziger und dreißiger Jahre bilden ein wichtiges Bindeglied zwischen der klassischen politischen Ökonomie und dem utopischen Sozialismus auf der einen Seite und dem wissenschaftlichen Sozialismus von Marx und Engels auf der anderen.

Die Bedeutung dieser Leute für die Geschichte der politischen Ökonomie wird davon bestimmt, daß sie sich entgegen den bürgerlichen 'Erben' von Smith und

[124] Ebendort. [125] Ebendort, S. 290.

Ricardo bemühten, aus der Lehre der bürgerlichen Klassiker progressive, gegen die Bourgeoisie gerichtete Schlüsse zu ziehen. Sie waren manchmal mehr Ökonom als Owen und versuchten, das Ricardosche System in strengen wissenschaftlichen Formen weiterzuführen, wenngleich ihre Schriften häufig den konkreten Aufgaben der Arbeiterbewegung jener Jahre gewidmet waren. Die bedeutendsten von diesen Ricardo-Sozialisten (wie man sie auch nennt) waren William Thompson, John Gray und John Francis Bray. Eine besonders große Rolle hat auch Thomas Hodgskin gespielt, der uns bemerkenswerte Gedanken über die Natur des Kapitals, über das Verhältnis von Kapital und Arbeit und über die Tendenz der Profitrate im Kapitalismus hinterlassen hat. Seine Hauptwerke sind 1825 ('Verteidigung der Arbeit gegen die Ansprüche des Kapitals, oder Beweis der Unproduktivität des Kapitals') und 1827 ('Gemeinverständliche politische Ökonomie') erschienen.

Die Sozialisten übernahmen die Arbeitswerttheorie in der Form, die ihr Ricardo gegeben hatte. Sie führten auch die Hauptkonsequenz aus dieser Theorie zum logischen Ende. Der Wert der Ware wird nur durch Arbeit geschaffen. Folglich stellt der Profit des Kapitalisten und die Grundrente des Landlords einen direkten Abzug von diesem Wert dar, der ganz selbstverständlich dem Arbeiter gehört. Nachdem sie zu diesem Schluß gekommen waren, erkannten sie einen Widerspruch in der klassischen bürgerlichen politischen Ökonomie: Wie kann sie denn auf solchen Grundsätzen aufbauen und zugleich das kapitalistische System und die Ausbeutung der Arbeit durch das Kapital für natürlich und ewig halten?

Marx legt den proletarischen Gegnern der bürgerlichen Politökonomen folgende Entgegnung in den Mund: 'Die Arbeit ist die einzige Quelle des Tauschwerts und der einzige aktive Schöpfer des Gebrauchswerts. So sagt ihr. Anderseits sagt ihr, das *Kapital* ist alles, der Arbeiter nichts oder bloße Produktionskunst des Kapitals. Ihr habt euch selbst widerlegt. Das Kapital ist *nichts* als Prellerei des Arbeiters. Die Arbeit ist alles.'[126]

Diese Rede ließe sich etwa so fortsetzen: Ihr, so sagen die Sozialisten den bürgerlichen Politökonomen, ihr behauptet, daß die Arbeit ohne Kapital nicht produzieren kann. Aber in eurer Vorstellung ist das Kapital doch eine Sache, nämlich Maschinen, Rohstoffe, Vorräte. Dann ist doch aber das Kapital ohne lebendige Arbeit völlig tot. Wie kann das Kapital Profit, einen Teil des durch Arbeit geschaffenen Wertes, beanspruchen, wenn es nur eine Sache ist? Es macht seine Ansprüche also nicht als Sache, sondern als eine Art sozialer Macht geltend. Was ist das für eine Macht? Es ist das kapitalistische Privateigentum. Nur als Privateigentum, das eine bestimmte Gesellschaftsordnung ausdrückt, gewinnt das Kapital Macht über die Arbeit. Der Arbeiter muß essen und trinken, und dafür muß er arbeiten. Aber arbeiten kann er nur mit Erlaubnis des Kapitalisten, mit Hilfe von dessen Kapital.

Das sind fast die Worte Hodgskins an der Stelle, zu der Marx vermerkt: 'Hier endlich die Natur des Kapitals richtig gefaßt.' Das bedeutet: Hier findet sich der Kapitalbegriff als gesellschaftliches Verhältnis, das auf die Ausbeutung von Lohnarbeit hinausläuft."[127]

[126] Ebendort, S. 256. [127] *A. W. Anikin*, a. a. O., S. 374 f.

Zweimal hebt Anikin Hodgskin besonders heraus. Einmal als er ihn zusammen mit Thompson, Gray und Bray nennt und noch einmal am Schluß.

Interessant ist auch, daß Anikin die ricardianischen Sozialisten unter der Überschrift „Die Denker der Arbeiterklasse" behandelt. Ich meine, daß das richtig ist. Wenn das aber so ist, wirft das nicht ein ganz neues Licht auf die Ricardosche Schule? Es ist dann doch nicht nur so, daß Marx von dem Haupt der Schule, dem größten Politökonomen der Bourgeoisie, wertvollstes Gedankengut übernommen hat, daß, wie Lenin es nennt, Ricardos Lehre „Quelle und Bestandteil" des Marxismus geworden ist. Es ist dann doch auch so, daß die Denker der Arbeiterklasse schon vor Marx – nicht nur ein Genie wie Owen, sondern auch zahlreiche bedeutende Talente wie die sozialistischen Ricardianer – sich zu wahren Erben des Besten, das die Bourgeoisie geleistet, gemacht haben.

Zugleich ergibt sich das erstaunliche Phänomen, daß es eine gesellschaftswissenschaftliche Schule gibt, die zwar wahrhaftig nicht über den Klassen steht, aber Vertreter zweier in schärfstem Kampf entgegengesetzter Klassen enthält. Doch kann das nicht verwundern, wenn wir an die damaligen Verhältnisse denken. Alle hier von uns besprochenen Schriften sind in den zwanziger Jahren des 19. Jahrhunderts erschienen. Es sind die Jugendjahre des industriellen Kapitalismus. Die Klassengegensätze zwischen Kapital und Arbeit sind natürlich schon vorhanden, aber noch nicht offen ausgebrochen. Auch von James Mill, den Marx ja unter der vulgären Auflösung der Ricardoschen Schule abhandelt (obgleich er von ihm sagt: „Es ist Mills durchaus unwürdig [so etwas paßt für McCulloch, Say oder Bastiat] ..."[128]), sagt Marx noch: „Mill vertuscht den Gegensatz von Kapital und Arbeit nicht."[129]

Erst mit den dreißiger Jahren beginnt sich die Situation zu ändern und es entwickeln sich auch in der Politischen Ökonomie Verhältnisse, die Marx im Nachwort zur zweiten Auflage des „Kapital" so schildert: „Die Bourgeoisie hatte in Frankreich und England politische Macht erobert. Von da an gewann der Klassenkampf, praktisch und theoretisch, mehr und mehr ausgesprochne und drohende Formen. Er läutete die Totenglocke der wissenschaftlichen bürgerlichen Ökonomie. Es handelte sich jetzt nicht mehr darum, ob dies oder jenes Theorem wahr sei, sondern ob es dem Kapital nützlich oder schädlich, bequem oder unbequem, ob polizeiwidrig oder nicht. An die Stelle uneigennütziger Forschung trat bezahlte Klopffechterei, an die Stelle unbefangner wissenschaftlicher Untersuchung das böse Gewissen und die schlechte Absicht der Apologetik."[130]

William Thompson und John Gray, die Anikin nennt, schrieben ebenfalls in den zwanziger Jahren. Der einzige Spätling unter ihnen, der erst in den dreißiger Jahren zu schreiben begann, war John Francis Bray.

So ist es also durchaus verständlich, daß die Schule Ricardo sich in zwei Gruppen – zwei Schulen? – spaltete: die mehr und mehr vulgär werdende unter Führung von McCulloch und die sozialistischen Ricardianer, die „Denker der Arbeiterklasse".

[128] *Marx/Engels*, Werke, Bd. 26,2, S. 89.
[129] Ebendort, S. 93.
[130] Ebendort, Bd. 23, S. 21.

6. *John Stuart Mill*

Der letzte Brief, den Ricardo an James Mill schreibt (5. September 1823), ist im Grunde an dessen Sohn John Stuart gerichtet, der offenbar an Ricardo eine Studie über den Wert gesandt hatte. John war damals 16 Jahre alt und hatte an genau dem Tage, an dem ihm Ricardo über den Vater schrieb, einen Artikel im „Morning Chronicle" über das Maß des Tauschwerts veröffentlicht.

John Stuart Mill (1806–1873) ist einer der interessantesten (nicht der bedeutendsten!) Gestalten in der Geschichte der Gesellschaftswissenschaften, die Marx immer wieder Veranlassung gegeben hat, sein Urteil zu qualifizieren (nicht zu korrigieren!) und die unter marxistischen Gesellschaftswissenschaftlern ungenügend eingeschätzt worden ist.

John Stuart Mill war der bedeutendste Theoretiker des englischen Liberalismus und stand auf seinem linken Flügel. Viele radikale Bewegungen fanden in ihm einen treuen Anhänger – radikal im Sinne des Bürgertums. Er stand gut mit den englischen Gewerkschaftsführern, er war ein Vorkämpfer der Rechte der Frau und des Kampfes für den Frieden.

In der Marx-Biographie des Instituts für Marxismus-Leninismus wird er mit Victor Hugo, Garibaldi, Bakunin zusammen zu den „namhaften Radikalen und Demokraten" gezählt,[131] die alle 1867 die im Entstehen begriffene internationale pazifistische Friedens- und Freiheitsliga unterstützten, und von der sich die I. Internationale insofern nicht fernhalten durfte, als Marx die Ansicht vertrat, daß die Teilnahme an einer solchen Bewegung, bei allem Unterschied der Klassenziele, dem Fortschritt diene. Im Personenregister des ersten Bandes des „Kapital", der ja ebenfalls 1867 erschienen ist, finden wir jedoch heute folgende Charakterisierung von John Stuart Mill: „englischer Ökonom und positivistischer Philosoph; vulgarisierte die Lehre Ricardos und predigte die Harmonie zwischen den Profitinteressen der Bourgeoisie und den Lebensinteressen der Arbeiterklasse. Er wollte die Widersprüche des Kapitalismus durch Reform der Verteilungsverhältnisse überwinden."[132]

In dem gleichen Band des „Kapital" finden wir folgende Urteile von Marx über Mill:

S. 138: „Herr J. St. Mill versteht es, mit der ihm geläufigen eklektischen Logik, der Ansicht seines Vaters J. Mill und zugleich der entgegengesetzten zu sein."

S. 616: „Trotz seiner 'Logik' kommt Herr J. St. Mill nirgendswo auch nur solcher fehlerhaften Analyse seiner Vorgänger auf die Sprünge, welche selbst innerhalb des bürgerlichen Horizonts, vom reinen Fachstandpunkt aus, nach Berichtigung schreit. Überall registriert er mit schülermäßigem Dogmatismus die Gedankenwirren seiner Meister."

S. 638: „Zur Vermeidung von Mißverständnis bemerke ich, daß, wenn Männer

[131] *Karl Marx,* Biographie, Berlin 1973, S. 577.
[132] *Marx/Engels,* Werke, Bd. 23, S. 906.

wie J. St. Mill usw. wegen des Widerspruchs ihrer altökonomischen Dogmen und ihrer modernen Tendenzen zu rügen sind, es durchaus unrecht wäre, sie mit dem Troß der vulgärökonomischen Apologeten zusammenzuwerfen."

Und auf S. 21, im 1873 geschriebenen Nachwort zur zweiten Auflage des Bandes, heißt es: „Die kontinentale Revolution von 1848 schlug auch auf England zurück. Männer, die noch wissenschaftliche Bedeutung beanspruchten, und mehr sein wollten als bloße Sophisten und Sykophanten der herrschenden Klassen, suchten die politische Ökonomie des Kapitals in Einklang zu setzen mit den jetzt nicht länger zu ignorierenden Ansprüchen des Proletariats. Daher ein geistloser Synkretismus, wie ihn John Stuart Mill am besten repräsentiert."

Anikin zitiert Tschernyschewski, der ihn scharf und klug kritisierte, auch so über Mill: „Mill schreibt wie ein Denker, der nur die Wahrheit sucht, und der Leser erkennt, wie sehr sich der Geist der Wissenschaft, die er darlegt, von jenen Dingen unterscheidet, die bei uns für Wissenschaft ausgegeben werden."[133], [134] In dieser Beziehung war er ein echter Schüler Ricardos – aber unter ganz anderen Umständen als dieser, zur Zeit des offen ausgesprochenen Klassenkampfes.

Über die Behandlung Mills durch die sowjetischen Historiker der politökonomischen Lehrmeinungen (das Gleiche gilt für seine Behandlung auch durch die meisten Politökonomen in der DDR) schreibt Anikin, mit einer allgemeinen Einschätzung Mills als Politökonom beginnend:

„Mill bleibt so lange Wissenschaftler, wie er sich bemüht, bei den Grundlagen zu bleiben, die Smith und Ricardo gelegt haben, und wie er die wirklichen Vorgänge nicht zu Nutz und Frommen der Bourgeoisie zu entstellen sucht. Aber Mill entwickelt die Klassiker nicht weiter. Im Gegenteil, er paßt sie dem schon vorhandenen Niveau der vulgären politischen Ökonomie an und er steht stark unter dem Einfluß von Malthus, Say und Senior. Deshalb spricht Marx vom Eklektizismus Mills, davon, daß ihm der konsequent wissenschaftliche Standpunkt gefehlt habe und er charakterisiert Mills Werke als 'Bankrotterklärung der bürgerlichen Ökonomie'. Mill hat der 'politischen Ökonomie der Kompromisse', die die Interessen des Kapitals mit den Forderungen der Arbeiterklasse vereinbaren wollte, die entwickelte und deutlich abgrenzende Form gegeben.

Eine wichtige Besonderheit der 'Grundsätze' Mills besteht darin, daß es für die Mitte des 19. Jahrhunderts das beste Beispiel einer Abhandlung war, in der die politökonomische Wissenschaft als Ganzes untersucht wird. Bis zu Marshalls 'Grundsätze der Ökonomie', die 1890 erschienen, waren sie die maßgebende Darstellung der bürgerlichen politischen Ökonomie. Schumpeter ist von der Geistesfreiheit der viktorianischen Epoche begeistert, in der ein Werk, das der Arbeiterklasse gewisse Sympathien entgegenbrachte, den Geldkult mißbilligte und den Sozialismus nicht schmähte, zum Evangelium der Bourgeoisie werden konnte. Aber es ging hier nicht nur um Geistesfreiheit. Das wichtigste an Mills Buch bestand nicht darin, daß er

133 *N. G. Tschernyschewski,* Isbrannye ekonomitscheskije proiswedenija, t. III, tsch. 1, OGIS-Verlag, Moskau 1948, S. 7 (russ.)

134 *A. W. Anikin,* a. a. O., S. 293.

den Kapitalismus kritisierte, sondern darin, daß er in ihm die Perspektiven der Vervollkommnung und des friedlichen Hineinwachsens in einen für die Bourgeoisie ungefährlichen evolutionären Sozialismus sah. Sicher sind John Stuart Mills Verdienste um die Bourgeoisie größer als die der vielen engstirnigen Konservativen und offenen Apologeten, von denen es immer mehr als genug gegeben hat. Mill ist der Vorläufer der ökonomischen und sozialen Ideen des englischen Labourismus des 20. Jahrhunderts.

Angesichts dieser bedeutenden Rolle Mills erscheint es merkwürdig, daß er in sowjetischen Vorlesungen und Lehrveranstaltungen zur Geschichte der politischen Ökonomie kaum erwähnt wird. Bestenfalls taucht sein Name im Zusammenhang mit den ökonomischen Auffassungen N. G. Tschernyschewskis auf.[135] Die Ursache liegt ganz offensichtlich darin, daß die Verfasser von einem zu engen Schema der Geschichte der ökonomischen Wissenschaft befangen sind. Sie stellen die gesamte Entwicklung der bürgerlichen politischen Ökonomie nach Ricardo als kontinuierlichen und 'glatten' Vulgarisierungsprozeß dar: in England mit der Linie Ricardo – MacCulloch – Senior; in Frankreich mit der Linie von den Physiokraten (und dem Einfluß Smith') zu Say und Bastiat. Für J. St. Mill mit seinen Schwankungen und Kompromissen ist in diesem Schema einfach kein Platz. Und um die Studenten nicht zu verwirren, wirft man ihn über Bord.

Doch ist Marx wiederholt auf den Gedanken zurückgekommen, daß sich die bürgerliche politische Ökonomie nach den zwanziger Jahren des 19. Jahrhunderts in zwei große Strömungen geteilt habe: in die offene Apologetik und in die Versuche, einen Mittelweg zwischen dem 'von Gott gegebenen Recht des Kapitals' und den Interessen der Arbeiter zu finden. Zudem waren beide Richtungen nicht homogen. Die zweite Richtung bot noch gewisse Möglichkeiten zu objektiver wissenschaftlicher Untersuchung. Diese Untersuchung mochte zur Begründung der Reformprogramme sogar notwendig sein."[136]

So glaube ich, sollte man John Stuart Mill sehen.

Marx hat ihn stets als Ricardianer, als Schüler von Ricardo, betrachtet.

Unsere Ausgabe der „Mehrwerttheorien" ordnet ihn in das Kapitel über die Auf-

[135] Ich habe dieses Bild in wenigstens vier Büchern angetroffen: In den veröffentlichten Vorlesungen D. I. Rosenbergs (1940 – russ.), im Lehrbuch der Moskauer Universität, herausgegeben von I. I. Udalzow und F. J. Poljanski (1961 – russ.), in dem vom Sozekgis-Verlag herausgegebenen, von einem Autorenkollektiv unter Leitung von N. Karatajew verfaßten Lehrgang (1963, deutsch 1965) und im gleichen von P. I. Sarrin herausgegebenen Lehrgang (Verlag „Wysschaja schkola", 1963 – russ.). Im letztgenannten Buch finden sich auch folgende schwer erklärliche Dinge: in Kapitel 11 („Die Entstehung der vulgären bürgerlichen politischen Ökonomie") wird im Abschnitt über Deutschland gesagt, daß Mill starken Einfluß auf die deutschen bürgerlichen Ökonomen ausgeübt habe, doch ist er unter den englischen Ökonomen gar nicht erwähnt. Eine marxistische Einschätzung von J. St. Mill aus heutiger Sicht findet sich in den Büchern L. W. Lewschins „Kritika teorii stoimosti angliiskich burshuasnych ekonomistow" (Verlag Sojekgis, 1961 – russ.) und S. M. Nikitins „Theorii stoimosti i ich evoljuzija" (Verlag „Mysl", 1970 – russ.).

[136] *A. W. Anikin*, a. a. O., S. 293 ff.

lösung der Ricardoschen Schule ein, was einer unter mehreren Anordnungen von Marx entspricht. Auch hier wieder ein gewisser Widerspruch bzw. eine Schwierigkeit der Einordnung von John Stuart Mill. Nie besteht ein Zweifel, daß er ein Ricardianer ist – aber was für einer? Ich würde es – mit Anikin? – vorziehen, ihm ein Sonderkapitel zwischen der vulgären und der sozialistischen Richtung zu geben. Beide Mills passen ausgezeichnet in die Schule von Ricardo – aber in welche von beiden Richtungen? der ältere Mill natürlich nicht zu den Sozialisten – aber zu den vulgären? der jüngere war im Grunde ein Radical auf allen Gebieten außer dem der Politischen Ökonomie, so daß er vielfach der englischen Arbeiterbewegung nahe stand, auch später gegen Ricardos „ehernes Lohngesetz" für steigende Löhne auftrat; als Politökonom aber war er ein letztlich doch kümmerlicher Abkömmling von Ricardo – bei aller auch hier durchscheinender Klugheit, etwa wenn Mill den „geschichtlich entwickelten Charakter der Verteilungsverhältnisse" anerkennt und Marx das ein „weitergebildetes, mehr kritisches Bewußtsein" nennt.[137]

Doch gerade diese etwas lobende Bemerkung wird von Marx wieder an einer anderen Stelle auf ein recht geringes Maß zurückgeführt, wenn er notiert: „Wie albern daher – später darauf zurückzukommen – J. St. Mill etc., die die bürgerlichen Produktionsformen als absolut, die bürgerlichen Distributionsformen aber als relativ historisch, hence transitory auffassen."[138] Und am Ende des Kapitels der „Auflösung der Ricardoschen Schule", noch einmal die ganze Zwiespältigkeit der Haltung von Mill beleuchtend, schreibt Marx:

„Sonst in der Schrift von J. St. Mill nur noch die 2 folgenden Sätze zu merken: '*Kapital* hat, genaugenommen, keine *produktive Macht.* Die einzige produktive Macht ist die der Arbeit, assistiert zweifelsohne von Werkzeugen und auf Maschinerie wirkend.' (l. c. p. 90.)

Strictly speaking verwechselt er Kapital hier mit den stofflichen Bestandteilen, aus denen es besteht. Der Satz aber gut für die, die dasselbe tun und doch die produktive Kraft des Kapitals behaupten. Auch hier natürlich die Sache nur richtig, soweit of the production of value gesprochen wird. Im übrigen produziert auch die Natur, soweit es sich um bloßen Gebrauchswert handelt.

'*Produktive Macht des Kapitals* ist nichts als die Quantität der realen produktiven Macht, welche der Kapitalist vermittelst seines Kapitals kommandieren kann.' (l. c. p. 91.)

Hier das Kapital richtig als Produktionsverhältnis gefaßt."[139]

Die Schule Ricardos umfaßt noch viele andere in ihrer Zeit bekannte Politökonomen, sowohl in ihrer vulgären wie in ihrer sozialistischen Richtung. Die vulgäre Richtung können wir, außer in Spezialstudien über den Niedergang einer Wissenschaft – der bürgerlichen Politischen Ökonomie – vergessen, die sozialistischen Ricardianer (und teilweise vielleicht auch das nicht-ökonomische Werk von J. St. Mill) aber müssen

[137] *Marx/Engels,* Werke, Bd. 25, S. 885.
[138] Ebendort, Bd. 26,3, S. 79.
[139] Ebendort, S. 232.

wir in unser Erbe aufnehmen. Wie schön ist es etwa bei Bray zu lesen: „Das Gebot: Du sollst arbeiten! bleibt gleich für alle geschaffenen Wesen ... Der Mensch allein kann dies Gesetz umgehn; und seiner Natur nach kann es von einem Mann nur auf Kosten eines andren umgangen werden." oder „Unter dem gegenwärtigen System sind Kapital und Arbeit, die Schaufel und der Gräber, zwei getrennte und antagonistische Mächte." oder auch: „Die gegenwärtige Konstitution der Gesellschaft wurde befruchtet durch die Maschinerie, und durch Maschinerie wird sie zerstört werden ... Die Maschinerie selbst ist gut, ist unentbehrlich; aber ihre Anwendung, der Umstand, daß sie besessen ist von Individuen statt von der Nation, ist schlecht."[140] Man fühlt sich bei ihnen so oft ganz in der Nähe von Marx.

Ricardo und seine sozialistischen Schüler waren auf politökonomischem Gebiet in der Tat die unmittelbaren Vorgänger von Marx. Darum widmet er ihnen auch in den „Mehrwerttheorien" rund ein Drittel des mehr als 1500 Seiten umfassenden Textes. Noch ist keine einzige Monographie über die sozialistischen Schüler Ricardos in der marxistischen Literatur erschienen. Doch auch solch ein Werk ist eine Voraussetzung für eine Geschichte der Gesellschaftswissenschaften.

[140] Ebendort, S. 314, 317 f.

Kapitel V

Die kleindeutsche Schule – 1840–1870

Schon einmal sind wir ganz kurz auf die kleindeutschen Historiker des 19. Jahrhunderts im Bd. 4 dieses Werkes eingegangen – und zwar um an Hand des Briefwechsels Droysen–Treitschke aufzuzeigen, wie aufschlußreich ein Briefwechsel für eine Geschichte der Gesellschaftswissenschaften sein kann.

Wenn wir hier noch einmal auf die kleindeutschen Historiker zu sprechen kommen, dann um sie ausführlich als Schule zu untersuchen. In gewisser Beziehung sind sie als Schule in der Geschichte der Wissenschaft im Kapitalismus ganz einzigartig. Ihr Charakter ist nämlich vor allem politisch und in gewisser Weise auch religiös durch ihre starke Betonung des Protestantismus bestimmt – und darin ähneln sie den wissenschaftlichen Schulen des alten Griechenland, die ja auch politisch und religiös zusammengehalten wurden. Ferner – und das ist ebenfalls recht selten unter gesellschaftswissenschaftlichen Schulen: sie hatten kein Haupt. Schließlich ist zu bemerken, daß ihre wichtigsten Vertreter oft intensiv journalistisch tätig waren. Nie standen Vertreter einer bürgerlich wissenschaftlichen Schule der letzten Jahrhunderte so im Vordergrund des gesellschaftlichen Lebens als Redner, Abgeordnete, Publizisten wie die der Schule der kleindeutschen Historiker. Es ist darum auch notwendig, einleitend kurz auf die Geschichte Deutschlands in den Jahren von 1840 bis 1870 einzugehen.

1. Der historische Hintergrund

Engels beginnt seine Untersuchung der deutschen Geschichte im 19. Jahrhundert in „Die Rolle der Gewalt in der Geschichte“ so: „Der Wiener Kongreß hatte 1815 Europa in einer Weise verteilt und verschachert, die die totale Unfähigkeit der Potentaten und Staatsmänner vor aller Welt klarlegte. Der allgemeine Völkerkrieg gegen Napoleon war der Rückschlag des bei allen Völkern von Napoleon mit Füßen getretenen Nationalgefühls. Zum Dank dafür traten die Fürsten und Diplomaten des Wiener Kongresses dies Nationalgefühl noch schnöder unter die Füße. Die kleinste Dynastie galt mehr als das größte Volk. Deutschland und Italien wurden wieder in Kleinstaaten zersplittert, Polen wurde zum vierten Mal geteilt, Ungarn blieb unterjocht. Und man kann nicht einmal sagen, daß den Völkern Unrecht geschah, warum ließen sie sich's gefallen, und warum hatten sie im russischen Zaren ihren Befreier begrüßt?“[1]

[1] *Marx/Engels*, Werke, Bd. 21, S. 407.

Doch dieser Zustand widersprach in jeder Beziehung den Ansprüchen der Basis an den Überbau, insbesondere an das Gefüge des Staates. Engels fährt fort: „Aber das konnte nicht dauern. Seit dem Ausgang des Mittelalters arbeitet die Geschichte auf die Konstituierung Europas aus großen Nationalstaaten hin. Solche Staaten allein sind die normale politische Verfassung des europäischen herrschenden Bürgertums und sind ebenso unerläßliche Vorbedingung zur Herstellung des harmonischen internationalen Zusammenwirkens der Völker, ohne welches die Herrschaft des Proletariats nicht bestehn kann. Um den internationalen Frieden zu sichern, müssen vorerst alle vermeidlichen nationalen Reibungen beseitigt, muß jedes Volk unabhängig und Herr im eignen Hause sein. Mit der Entwicklung des Handels, des Ackerbaus, der Industrie und damit der sozialen Machtstellung der Bourgeoisie hob sich also überall das Nationalgefühl, verlangten die zersplitterten und unterdrückten Nationen Einheit und Selbständigkeit."[2]

Es entwickelte sich daher einerseits ein Kampf der Bourgeoisie um die nationale Einigung und andererseits, innerhalb Deutschlands, ein Kampf zwischen den beiden größten Staaten, Österreich und Preußen, um die Hegemonie. Dieser Kampf erreichte einen ersten Höhepunkt in den Revolutionen von 1848. Da die Bourgeoisie jedoch aus Furcht vor dem Proletariat die Revolution nicht zum siegreichen Ende führte, sondern sich auf einen schmählichen politischen Kompromiß mit den halbfeudalen Kräften der Reaktion einließ, ging politisch als Sieger der Vertreter der äußersten – praktisch noch feudalen – Reaktion, der Zar von Rußland, hervor, der auch aktiv in den konterrevolutionären Kampf eingegriffen hatte. Engels bemerkt: „In Ungarn ... marschierten die Russen ein und warfen die Revolution nieder. Damit nicht zufrieden, kam der russische Zar nach Warschau und saß dort zu Gericht als Schiedsrichter von Europa. Er ernannte den Glücksburger Christian, seine fügsame Kreatur, zum Thronfolger Dänemarks. Er demütigte Preußen, wie es noch nie gedemütigt worden, indem er ihm selbst die schwächsten Gelüste auf Ausbeutung deutscher Einheitsbestrebungen verbot und es zwang, den Bundestag wiederherzustellen und sich Östreich zu unterwerfen. Das ganze Resultat der Revolution, auf den ersten Blick, schien also zu sein, daß in Östreich und Preußen nach konstitutioneller Form, aber im alten Geist, regiert wurde und daß der russische Zar Europa mehr beherrschte als je zuvor."[3]

Das Resultat *schien* also zu sein ... aber auch der politisch so mächtige Zar konnte nicht gegen das Drängen der Basis und ihren Überbauvertreter, die Bourgeoisie, an:

„In Wirklichkeit aber hatte die Revolution das Bürgertum auch der zerstückelten Länder, und namentlich Deutschlands, mächtig aus dem alten ererbten Schlendrian aufgerüttelt. Es hatte einen, wenn auch bescheidnen, Anteil an der politischen Macht bekommen; und jeder politische Erfolg der Bourgeoisie wird ausgebeutet in einem industriellen Aufschwung. ...

Dieser sich mächtig hebenden Industrie und dem sich an sie knüpfenden Handel aber mußte die deutsche Kleinstaaterei mit ihren vielfachen verschiednen Handels- und Gewerbegesetzgebungen bald eine unerträgliche Fessel werden. ...

[2] Ebendort. [3] Ebendort, S. 408.

Auf dem Weltmarkt hatte sich die junge deutsche Industrie zu bewähren, nur durch die Ausfuhr konnte sie groß werden. Dazu gehörte, daß sie in der Fremde den Schutz des Völkerrechts genoß. Der englische, französische, amerikanische Kaufmann konnte im Ausland sich immer noch etwas mehr erlauben als zu Hause. Seine Gesandtschaft trat für ihn ein und im Notfall auch ein paar Kriegsschiffe. Aber der Deutsche! In der Levante konnte wenigstens der Östreicher sich einigermaßen auf seine Gesandtschaft verlassen, sonst half sie ihm auch nicht viel. Wo aber ein preußischer Kaufmann in der Fremde sich bei seinem Gesandten über widerfahrene Unbill beklagte, da hieß es fast immer: 'Das geschieht Euch ganz recht, was habt Ihr hier zu suchen, warum bleibt Ihr nicht hübsch zu Hause?' Der Kleinstaatler vollends war überall erst recht rechtlos. ...

Man sieht hieraus, wie das Verlangen nach einem einheitlichen 'Vaterland' einen sehr materiellen Hintergrund besaß."[4]

Das erste europäische Land, das nach 1848 die nationale Einheit errang, war Italien. Wann würde Deutschland folgen und wie würde die nationale Einigung vor sich gehen? Engels schreibt:

„Drei Wege lagen offen, nachdem die fast ausnahmslos nebelhaften Versuche von 1848 gescheitert waren, aber auch eben dadurch manchen Nebel zerstreut hatten.

Der erste Weg war der der wirklichen Einigung durch Beseitigung aller Einzelstaaten, also der offen revolutionäre Weg. Dieser Weg hatte soeben in Italien zum Ziel geführt; die savoyische Dynastie hatte sich der Revolution angeschlossen und dadurch die Krone Italiens eingeheimst. Solch kühner Tat aber waren unsre deutschen Savoyer, die Hohenzollern, und selbst ihre verwegensten Cavours à la Bismarck absolut unfähig. ...

Der zweite Weg war die Einigung unter der Vorherrschaft Östreichs. ...

Je mehr die nachmärzliche Regierung die alte Pfaffen- und Jesuitenwirtschaft wiederherzustellen strebte, desto unmöglicher wurde ihr die Hegemonie über ein zu zwei Dritteln protestantisches Land. Und endlich war eine Einigung Deutschlands unter Östreich nur möglich durch Sprengung Preußens. Sowenig aber diese an sich ein Unglück für Deutschland bedeutet, so wäre doch die Sprengung Preußens durch Östreich ebenso unheilvoll gewesen, wie die Sprengung Östreichs durch Preußen sein würde vor dem bevorstehenden Sieg der Revolution in Rußland (nach welchem sie überflüssig wird, weil das dann überflüssig gemachte Östreich von selbst zerfallen muß).

Kurz, die deutsche Einheit unter Östreichs Fittichen war ein romantischer Traum und erwies sich als solcher, als die deutschen Klein- und Mittelfürsten 1863 in Frankfurt zusammentraten, um Franz Joseph von Östreich zum deutschen Kaiser auszurufen. Der König von Preußen blieb einfach weg, und die Kaiserkomödie fiel elend ins Wasser.

Blieb der dritte Weg: die Einigung unter preußischer Spitze. Und dieser, weil wirklich eingeschlagen, führt uns aus dem Gebiet der Spekulation wieder herab auf den solideren, wenn auch ziemlich unflätigen Boden der praktischen, der 'Realpolitik'."[5]

[4] Ebendort, S. 408 ff. [5] Ebendort, S. 416 ff.

Wie sah dieses Preußen damals aus, das eine kleindeutsche Einigung, also ohne Österreich, bringen würde?

Ganz anders jedenfalls, als das Preußen unter Friedrich II. in der zweiten Hälfte des 18. Jahrhunderts und ganz anders auch als nach 1870.

Dem militaristischen Preußen jener beiden Epochen glich es wie ein mit Orden und Epauletten geschmückter kastrierter Ochse. Engels spricht von dem „schlechten Zustand der Armee" und fährt fort: „Da man auch schon vor 1848 ohne ständische Bewilligung keine neuen Steuern auflegen oder Anleihen aufnehmen konnte, aber auch keine Stände dazu einberufen wollte, war nie Geld genug für die Armee vorhanden, und diese verkam unter der grenzenlosen Knickerei gänzlich. Der unter Friedrich Wilhelm III. eingerissene Paraden- und Gamaschengeist tat den Rest. Wie hülflos diese Paradearmee sich 1848 auf den dänischen Schlachtfeldern bewies, kann man beim Grafen Waldersee nachlesen. Die Mobilmachung 1850 war ein vollständiges Fiasko; es fehlte an allem, und was vorhanden, war meist untauglich. Dem war nun zwar durch Geldbewilligung von seiten der Kammern abgeholfen; die Armee war aus dem alten Schlendrian aufgerüttelt worden, der Felddienst verdrängte, wenigstens großenteils, den Paradedienst. Aber die Stärke der Armee war noch immer dieselbe wie um 1820, während alle andern Großmächte, namentlich Frankreich, von dem grade jetzt die Gefahr drohte, ihre Heeresmacht bedeutend gesteigert hatten. Und dabei bestand in Preußen allgemeine Wehrpflicht; jeder Preuße war Soldat auf dem Papier, während doch die Bevölkerung von 10½ Millionen (1817) auf 17¾ Millionen (1858) gewachsen war und die Rahmen der Armee nicht hinreichten, mehr als ein Drittel der wehrfähigen Leute aufzunehmen und auszubilden."[6]

Auch die Aggressivität und Annexionslust, die unter Friedrich II. so ausgesprochen waren, waren Preußen vergangen. 1805 machte es einen letzten, vergeblichen Versuch, sich durch Verrat seiner Bundesgenossen Rußland und Österreich an Napoléon von dessen Gnade Hannover zu sichern ... „verfing sich aber in seiner eignen Dummschlauheit dermaßen, daß es nun doch in Krieg mit Napoleon kam und bei Jena die verdiente Züchtigung erhielt. Im Nachgefühl dieser Hiebe wollte Friedrich Wilhelm III. selbst nach den Siegen von 1813 und 1814 auf alle westdeutschen Außenposten verzichten, sich auf den Besitz von Nordostdeutschland beschränken, sich, ähnlich wie Östreich, möglichst aus Deutschland zurückziehn – was ganz Westdeutschland in einen neuen Rheinbund unter russischer oder französischer Schutzherrschaft verwandelt hätte. Der Plan gelang nicht; ganz wider den Willen des Königs wurden ihm Westfalen und die Rheinprovinz aufgezwungen und damit ein neuer 'deutscher Beruf'.

Mit den Annexionen – den Ankauf einzelner winziger Landfetzen ausgenommen – war es jetzt vorderhand vorbei."[7]

In dieser Haltung verblieb Preußen während der ganzen fünfziger Jahre und kompensierte seine Unfähigkeit, innerhalb Deutschlands an Ansehen zu gewinnen, mit einem reaktionären Junkerregime im Innern Preußens, das die Bourgeoisie auch durch

[6] Ebendort, S. 425.

[7] Ebendort, S. 421.

zahlreiche kleinste Schikanen zur Wut bringen mußte, während es in den kleineren Staaten alle die, die Preußen noch erträglicher fanden als Österreich, abstieß.

Als Ende 1858 der preußische König Friedrich Wilhelm IV. offiziell als für immer regierungsunfähig erklärt worden war, übernahm der spätere Kaiser Wilhelm I. die Regierung und schien der liberalen Bourgeoisie Zugeständnisse zu machen; die offen junkerlich-reaktionäre Regierung wurde entlassen. Doch: „Es war nur ein Dekorationswechsel. Der Prinzregent geruhte, den Bourgeois zu erlauben, wieder liberal zu sein. Die Bourgeois machten mit Vergnügen Gebrauch von dieser Erlaubnis, bildeten sich aber ein, sie hätten jetzt das Heft in der Hand, der preußische Staat müsse nach ihrer Pfeife tanzen. Das war aber keineswegs die Absicht 'in maßgebenden Kreisen', wie der Reptilienstil lautet. Die Armeereorganisation sollte der Preis sein, mit dem die liberalen Bourgeois die Neue Ära bezahlten. Die Regierung verlangte damit nur die Durchführung der allgemeinen Wehrpflicht bis zu dem Grad, der um 1816 üblich gewesen. Vom Standpunkt der liberalen Opposition ließ sich dagegen absolut nichts sagen, das nicht ihren eignen Phrasen von Preußens Machtstellung und deutschem Beruf ebenfalls ins Gesicht geschlagen hätte. Die liberale Opposition knüpfte aber an ihre Bewilligung die Bedingung der gesetzlichen zweijährigen Maximaldienstzeit. Dies war an sich ganz rationell, es frug sich aber, ob diese zu erzwingen sei, ob die liberale Bourgeoisie des Landes bereit sei, für diese Bedingung bis zum äußersten, mit Gut und Blut einzustehn. Die Regierung beharrte fest auf drei Dienstjahren, die Kammer auf zwei; der Konflikt brach aus."[8]

Und nun spielte sich auf der Bühne Preußens eine der groteskesten Szenen ab.

Der König berief den Junker Bismarck, um die Militärfrage gegen die Bourgeoisie, aber faktisch in ihrem Interesse zu lösen. Und während der Erzjunker gegen die Bourgeoisie arbeiten muß, um ihr die Einigung Kleindeutschlands als Geschenk zu machen, kann er mit den Junkern zusammenarbeiten, um revolutionär gegen sie, gegen alle ihnen heiligen Legitimitätsprinzipien durch Sturz und Enteignung von „angestammten Herrschern" vorzugehen.

Es begann 1864 mit der Eroberung Schleswig-Holsteins von der „dänischen Fremdherrschaft", gegen die sich die Herzogtümer 1848 vergeblich erhoben hatten, – vergeblich vor allem, da sie von Preußen, das sie zunächst ermutigt hatte, verraten worden waren. Die Ansprüche der „angestammten" Herzöge, der Glücksburger und der Augustenburger, wurden für ungültig erklärt. Der Krieg wurde noch gemeinsam von Preußen und Österreich geführt, welch letzteres auch einen Teil des eroberten Landes zur Verwaltung erhielt. 1866 erfolgte die kriegerische Auseinandersetzung mit Österreich und einer Reihe von deutschen Staaten, die sich auf die Seite Österreichs geschlagen hatten. Wiederum fielen „angestammte Kronen". Und dann folgte der anfangs gerechte und dann zu einem ungerechten Eroberungsfeldzug gegen die fortschrittlichen Kräfte Frankreichs werdende Krieg gegen Napoléon III., der zur Einigung Deutschlands auf kleindeutscher Basis führte.

Die Rolle Bismarcks und seine Haltung werden von Engels in dieser Zeit so gekennzeichnet:

[8] Ebendort, S. 424 f.

„Bismarck war bis 1871 nie, und damals (1865 – J. K.) erst recht nicht, konservativ."[9]

Was aber den Krieg gegen Österreich betrifft, so erklärt Engels, „daß Bismarck den deutschen Bürgerkrieg 1866 für das erkannte, was er war, nämlich eine *Revolution,* und daß er bereit war, diese Revolution durchzusetzen mit revolutionären Mitteln. Und das tat er. Sein Verfahren gegenüber dem Bundestag war revolutionär. Statt sich der verfassungsmäßigen Entscheidung der Bundesbehörden zu unterwerfen, warf er ihnen Bundesbruch vor – eine reine Ausrede –, sprengte den Bund, proklamierte eine neue Verfassung mit einem durch das revolutionäre allgemeine Stimmrecht gewählten Reichstag und verjagte schließlich den Bundestag aus Frankfurt. In Oberschlesien richtete er eine ungarische Legion ein unter dem Revolutionsgeneral Klapka und andern Revolutionsoffizieren, deren Mannschaft, ungarische Überläufer und Kriegsgefangene, Krieg führen sollten gegen ihren eignen legitimen Kriegsherrn. Nach Eroberung Böhmens erließ Bismarck eine Proklamation 'an die Bewohner des glorreichen Königreichs Böhmen', deren Inhalt den Traditionen der Legitimität ebenfalls arg ins Gesicht schlug. Im Frieden nahm er für Preußen die sämtlichen Besitzungen dreier legitimer deutscher Bundesfürsten und einer Freien Stadt weg, ohne daß diese Verjagung von Fürsten, die nicht minder 'von Gottes Gnaden' waren als der König von Preußen, sein christliches und legitimistisches Gewissen irgendwie beschwerten. Kurz, es war eine vollständige Revolution, mit revolutionären Mitteln durchgeführt. Wir sind natürlich die letzten, ihm daraus einen Vorwurf zu machen. Was wir ihm vorwerfen, ist im Gegenteil, daß er nicht revolutionär genug, daß er nur preußischer Revolutionär von oben war, daß er eine ganze Revolution anfing in einer Stellung, wo er nur eine halbe durchführen konnte, daß er, einmal auf der Bahn der Annexionen, mit vier lumpigen Kleinstaaten zufrieden war."[10]

Und wie war die Situation nach dem Krieg gegen Österreich? Engels analysiert:

„Nicht nur Östreich war auf den böhmischen Schlachtfeldern geschlagen – die deutsche Bourgeoisie war es auch. Bismarck hatte ihr bewiesen, daß er besser wußte, was ihr frommte, als sie selbst. An eine Fortführung des Konflikts von seiten der Kammer war nicht zu denken. Die liberalen Ansprüche der Bourgeoisie waren auf lange Zeit begraben, aber ihre nationalen Forderungen erfüllten sich von Tag zu Tag mehr. Mit einer ihr selbst verwunderlichen Raschheit und Genauigkeit führte Bismarck ihr nationales Programm aus. Und nachdem er ihr ihre Schlaffheit und Energielosigkeit und damit ihre totale Unfähigkeit zur Durchführung ihres eignen Programms handgreiflich in corpore vili, an ihrem eignen schäbigen Leibe dargetan, spielte er auch ihr gegenüber den Großmütigen und kam bei der nun tatsächlich entwaffneten Kammer um Indemnität ein wegen der verfassungswidrigen Konfliktsregierung. Zu Tränen gerührt, bewilligte sie der nunmehr harmlose Fortschritt. ...

Während dieser ganzen Zeit des Norddeutschen Bundes kam Bismarck der Bourgeoisie auf wirtschaftlichem Gebiet bereitwillig entgegen und zeigte auch in der Behandlung parlamentarischer Machtfragen die eiserne Faust nur im samtnen Hand-

[9] Ebendort, S. 431.
[10] Ebendort, S. 432 f.

schuh. Es war seine beste Periode; man konnte stellenweise zweifeln an seiner spezifisch preußischen Borniertheit, an seiner Unfähigkeit einzusehn, daß es in der Weltgeschichte noch andre und stärkere Mächte gibt als Armeen und auf sie gestützte Diplomatenschliche."[11]

Die Periode, die wir hier betrachtet, endet mit dem ersten, gerechten, Teil des Krieges gegen Frankreich. Ein Krieg, der als wahrer Volkskrieg begann. Engels bemerkt über den Beginn des Krieges im Jahre 1870: „Bismarck dagegen war nicht nur militärisch vollständig schlagfertig, sondern hatte diesmal das Volk in der Tat hinter sich, das durch alle beiderseitigen diplomatischen Lügen hindurch nur die eine Tatsache sah: hier handle es sich um einen Krieg nicht nur um den Rhein, sondern um die nationale Existenz. Reserven und Landwehr strömten – zum erstenmal seit 1813 – wieder bereitwillig und kampflustig zu den Fahnen. Einerlei, wie das alles so gekommen war, einerlei, welches Stück des zweitausendjährigen nationalen Erbteils Bismarck auf eigne Faust dem Louis-Napoleon versprochen oder nicht versprochen hatte: Es galt, dem Ausland ein für allemal beizubringen, daß es sich in innere deutsche Dinge nicht zu mischen habe und daß Deutschland nicht berufen sei, den wackligen Thron Louis-Napoleons durch Abtretung deutschen Gebiets zu stützen. Und vor diesem nationalen Aufschwung verschwanden alle Klassenunterschiede, zerflossen alle Rheinbundsgelüste süddeutscher Höfe, alle Restaurationsversuche verjagter Fürsten in nichts."[12]

Seit 1864 hatten auch wachsende Teile der Bourgeoisie begonnen, sich auf Bismarcks Seite zu schlagen und ihn als Retter Preußens und Deutschlands aus seiner Misere zu erkennen. Man darf jedoch nicht verkennen, in welch jämmerlichem Zustand unentschiedener Schwäche sich die politischen Verhältnisse Preußens damals befanden. Und dann kam der wahrhaft energische Bismarck. „Den", schreibt Engels, „hat seine Willenskraft nie im Stich gelassen; viel eher schlug sie in offne Brutalität um. Und hierin vor allem liegt das Geheimnis seiner Erfolge. Sämtlichen in Deutschland herrschenden Klassen, Junkern wie Bourgeois, ist der letzte Rest von Energie so sehr abhanden gekommen, es ist im 'gebildeten' Deutschland so sehr Sitte geworden, keinen Willen zu haben, daß der einzige Mann unter ihnen, der wirklich noch einen Willen hat, eben dadurch zu ihrem größten Mann und zum Tyrannen über sie alle geworden ist, vor dem sie wider beßres Wissen und Gewissen, wie sie selbst es nennen, bereitwillig 'über den Stock springen'."[13]

Doch fügt Engels an den letzten Satz an: „Allerdings, im 'ungebildeten' Deutschland ist man noch nicht so weit; das Arbeitervolk hat gezeigt, daß es einen Willen hat, mit dem auch der starke Wille Bismarcks nicht fertig wird."[14]

In der Tat war die Haltung des deutschen Proletariats, und insbesondere seiner Vorhut, der Sozialdemokratischen Partei, damals großartig – ganz großartig auch und gerade so, wenn man sie mit der 44 Jahre später vergleicht.

In „Klassenkampf Tradition Sozialismus" heißt es dazu: „Für die deutsche Arbei-

[11] Ebendort, S. 434 f.

[12] Ebendort, S. 439.

[13] Ebendort, S. 428.

[14] Ebendort.

terbewegung stellte der Kriegsausbruch eine schwierige Belastungsprobe dar. Um für Bismarck kein Vertrauensvotum abzugeben, übten Bebel und Liebknecht bei der Abstimmung über die Kriegskredite im Norddeutschen Reichstag Stimmenthaltung. Während die Lassalleaner den Krieg in seiner ersten Phase vorbehaltlos unterstützten, entsprachen Haltung und Auftreten der Mehrheit der Eisenacher Partei einer Abeiterpolitik, die zugleich internationalistisch und patriotisch war."[15]

Ich glaube nicht, daß dieses Lob der Linie von Bebel und Liebknecht ihrer Größe gerecht wird. Die Stimmenthaltung im Norddeutschen Reichstag war nicht richtig, nicht nur gegen die Stimmung unter den Werktätigen sondern auch gegen ihre Interessen gerichtet. Bebel und Liebknecht hätten in diesem Verteidigungskrieg für die Kriegskredite stimmen müssen – doch selbstverständlich mit einer entsprechenden Begründung vom Standpunkt der Arbeiterklasse. Aber was für ein Fehler war das! Was für ein Gefühl eigener Kraft und der absoluten Selbständigkeit des Proletariats kommt in diesem Fehler zum Ausdruck, welche Reife! die eben nur noch von der von Marx und Engels übertroffen wurde. Darum übersetzte Marx auch die Erklärung von Bebel und Liebknecht ins Englische und ließ sie nach Verlesung in einer Sitzung des Generalrats in der englischen Presse veröffentlichen. Als es aber zwischen dem Parteiorgan „Der Volksstaat" und dem Ausschuß der Sozialdemokratischen Arbeiterpartei in Braunschweig zu sehr ernsten Meinungsverschiedenheiten wegen der Erklärung von Bebel und Liebknecht kam, wandten sich beide Seiten an Marx, um seine Meinung zu hören. Marx antwortete in einem leider nur bruchstückweise erhaltenen „Brief an den Ausschuß der Sozialdemokratischen Arbeiterpartei". Zu diesem Brief gibt das Institut für Marxismus-Leninismus einen Kommentar, der meiner Ansicht nach die Sachlage völlig klärt. Es heißt dort:

„Der vorliegende *Brief an den Ausschuß der Sozialdemokratischen Arbeiterpartei* war eine Antwort an die Mitglieder des Braunschweiger Ausschusses, die sich gemäß einer Vereinbarung mit Liebknecht und Bebel mit der Bitte an Marx gewandt hatten, eine Klärung über die Stellung des deutschen Proletariats zum Deutsch-Französischen Krieg herbeizuführen. Marx hielt es darüber hinaus für notwendig, seine Meinung zu dieser Frage zu sagen, weil die Redaktion des 'Volksstaats' (Liebknecht und andere), die im großen und ganzen einen internationalistischen Standpunkt vertrat, anfangs jedoch den Krieg einseitig einschätzte und nicht erkannte, daß der Krieg bis Sedan von deutscher Seite ein nationaler Verteidigungskrieg war.

In ihrem Briefwechsel behandelten Marx und Engels diese Frage ausführlich. So legte Engels in seinem Brief an Marx vom 15. August 1870 für die deutschen Arbeiter und ihre Partei die Taktik unter den komplizierten Bedingungen des Deutsch-Französischen Krieges fest: '1. sich der nationalen Bewegung anschließen ... soweit und solange sie sich auf Verteidigung Deutschlands beschränkt ..., 2. den Unterschied zwischen den deutsch-nationalen Interessen und den dynastisch-preußischen dabei betonen, 3. jeder Annexation von Elsaß und Lothringen entgegenwirken ..., 4. sobald in Paris eine republikanische, nicht chauvinistische Regierung am Ruder, auf ehrenvollen Frieden mit ihr hinzuwirken, 5. die Einheit der Interessen der deutschen und

[15] Klassenkampf Tradition Sozialismus, Berlin 1974, S. 272.

französischen Arbeiter, die den Krieg nicht gebilligt und die sich auch nicht bekriegen, fortwährend hervorzuheben.'"[16]

Man vergleiche diese Haltung der Partei der Arbeiterklasse mit der der deutschen Sozialdemokratie vom 4. August 1914, ja mit der fast aller sozialistischen Parteien in jenen Augusttagen! Fast überall wurde im August 1914 der Klassenstandpunkt verraten – und wie übergenau wahrten im Juli 1870 Bebel und Liebknecht den Klassenstandpunkt des deutschen Proletariats!

Und dann kamen die glorreichen Tage der Commune von Paris und die von internationalistischem Geist erfüllten Solidaritätserklärungen des deutschen Proletariats.

Oft – so großartig von Marx und Lenin – sind die Heldentaten der Commune geschildert worden. Mit Recht wird in der Geschichtsschreibung der deutschen Arbeiterbewegung die stolze und mutige Haltung der deutschen Arbeiterpartei gepriesen. Doch nirgendwo habe ich eine Gegenüberstellung der Haltung von 1870/71 und 1914 verbunden mit einer Erklärung des so steilen Verfalls des proletarischen Internationalismus von der Höhe jener Jahre um 1870 gefunden. Muß man für die Haltung der deutschen Partei um 1870 und in den unmittelbar nachfolgenden Jahren die Erziehungsarbeit von Marx, Engels und ihrer direkten Schüler nicht viel stärker noch hervorheben, als wir es bisher getan haben? Und wenn wir wieder 44 Jahre zum letzten Datum hinzuziehen und zum Jahre 1958 kommen – wie großartig hatte sich wieder der Geist des Internationalismus entwickelt! Auch hier erhebt sich nochmals die Frage, ob wir deutlich genug die Rolle von Lenin und seinen Schülern für das Wiederaufleben des Internationalismus herausgearbeitet haben.

Viel wird heute über den proletarischen Internationalismus geschrieben. Manches wäre tiefer in der Analyse und überzeugender, wenn die wechselnde Geschichte des proletarischen Internationalismus stärker verarbeitet werden würde.

In dieser Zeit von 1840 bis 1870 war die Bourgeoisie noch der Bannerträger des Fortschritts, sie spielte noch eine progressive Rolle in der Geschichte. In dieser Zeit setzte auch eine starke „Kapitalisierung" des Adels ein. Das heißt, der Gegensatz zwischen der kapitalistischen Bourgeoisie und dem aus der Feudalzeit überkommenen Adel verwandelte sich aus einem antagonistischen in einen nicht-antagonistischen. Das bedeutet nicht, daß Bourgeoisie und Adel sich dieser Wandlung des Widerspruchs zwischen ihnen beiden in stärkerem Maße bewußt wurden. Das bedeutet jedoch, daß die objektiven Verhältnisse die bonapartistische Politik Bismarcks begünstigten. Als Vertreter der Junker handelte er im Interesse der Bourgeoisie und war so in der Lage, den Junkern nach 1870 eine politische und gesellschaftliche Position zu erhalten, die weit mächtiger war als ihr wirtschaftliches Gewicht. Und indem er als Junkervertreter der Bourgeoisie die nationale Einheit schenkte, lehrte er sie, weiter Geschenke von oben anzunehmen. Bismarck handelte – immer nur bis 1870 – revolutionär im Interesse der Bourgeoisie und entband daher die Bourgeoisie von ihrer Pflicht zur Revolution gegen die Junker, wofür sie ihm zutiefst dankbar war.

Der Weg zur Einheit Deutschlands war daher nicht der erste Weg, von dem

[16] *Marx/Engels*, Werke, Bd. 17, S. 691.

Engels sprach, der demokratisch-revolutionäre Weg, der selbstverständlich nicht etwa zur „Herrschaft des Volkes" oder gar der Arbeiterklasse, sondern auch zur Herrschaft der Bourgeoisie geführt hätte und den Italien gegangen war. Es war vielmehr der dritte Weg: Einigung Kleindeutschlands unter Führung Preußens in einer Revolution von oben. Selbstverständlich war auch das ein Weg gesellschaftlichen Fortschritts, auch ein revolutionärer Weg, und selbstverständlich waren auch die Kleindeutschen politisch fortschrittliche Kräfte – auch wenn sie nicht den besten Weg zum Fortschritt gingen.

2. *Die gesellschaftliche Position der Kleindeutschen*

Die Kleindeutschen, die für ein geeintes Deutschland unter Führung Preußens kämpften, standen von 1840 bis 1864 in schärfstem Gegensatz zu den herrschenden Schichten Preußens. Sie waren Vertreter der Interessen der fortschrittlichen Klasse der Bourgeoisie und entsprechend unbeliebt bei der Regierung. Parteipolitisch waren sie im allgemeinen das, was man damals liberal nannte, wobei dieser Liberalismus die verschiedensten Schattierungen hatte.

Die Intellektuellen unter ihnen kamen oft von Hegel und den Junghegelianern her. Die kleindeutschen Professoren Haym, Duncker und Baumgarten standen in ihrer Jugend unter dem Einfluß von Ruge. Viele verlangten eine Revolution – von oben, so wie sie Bismarck später durchführte.

Wie sollte man auch anders als zumindest „revolutionär von oben" bei den Zuständen damals denken, wenn man für die Einheit Deutschlands unter Preußen kämpfen will?

1848 ist man natürlich monarchisch gesinnt, aber auf parlamentarischer Grundlage. Ein wirkliches Parlament, in dem die Bourgeoisie die Macht hat, wollen ihr die herrschenden Schichten jedoch weder in Preußen noch anderswo gewähren, obgleich man in den Staaten des Südwestens in dieser Richtung weiter geht als in Preußen.

So ist es selbstverständlich, daß, als 1850 Rudolf Haym Leiter der „Constitutionellen Zeitung", geworben dafür vor allem auch von Max Duncker, wird, um den kleindeutschen pro-preußischen Standpunkt dort zu vertreten, die Zeitung ihr Hauptfeuer gegen die Regierung und die Verhältnisse in Preußen richtete. Haym schreibt in seinen Erinnerungen: „Der Anfang meiner Redaction fiel mit dem denkwürdigen Moment zusammen, in welchem Preußen durch den Frieden mit Dänemark die Herzogthümer (Schleswig-Holstein – J. K.) fallen ließ, um demnächst auch die Union fallen zu lassen. ... Es bedurfte fürs Erste nur, dem verletzten patriotischen Ehrgefühl zum Ausdruck zu verhelfen und scharf abzuschneiden gegen eine Regierung, die ihre eigenen Schützlinge und damit ihre Pflicht gegen Deutschland so schnöde im Stich ließ. Die Sache unserer Partei (der Kleindeutschen – J. K.) war in diesen Tagen gut vertreten, wenn sie leidenschaftlich, rücksichtslos, warm und stolz vertreten wurde. Je einfacher die Dinge lagen, je weniger es sich um verwickelte Fragen des Staatsrechtes handelte, um so wirksamer konnte eine in ehrliche Leidenschaft getauchte Feder wirken. Ich würde wahrscheinlich mit meiner Kraft viel früher zu Ende gewesen sein, wenn nicht die Situation mich gehoben und fortgerissen hätte. Dem Anfang entsprach die weitere Entwicklung. Eben in diese Monate fiel die entscheidende Umkehr der preußischen Politik, der Heldenkampf der Herzogthümer, der definitive Bruch mit der Unionspolitik, das Scheinmanöver der Mobilisirung, das Spottgefecht von Bronnzell, die mit dem Vertrage von Olmütz abschließende Unterwerfung Preußens unter den Willen Rußlands und unter die Hand Oesterreichs. Die Zeitung folgte allen diesen Hergängen mit dem temperamentvollsten Antheil. Bald sturmläutend, bald hochfahrend, bald kalt und boshaft, mit ausgesuchter Rhetorik kritisirte ich die Rückzugsbewegungen des Ministeriums. Ich hielt es für die erste patriotische Pflicht, gegen diese Verkleinerer des preußischen Namens und der preußischen Macht so verletzend wie möglich, im Tone der Verachtung, des Spottes und Hohnes zu schreiben. Ich studirte auf diesen schneidenden Stil und stärkte mich für denselben durch anhaltende Lektüre der Juniusbriefe. Da man aber doch auch für die stärkste Würze einen Fond, eine nahrhafte Substanz haben muß, so würde ich allein nicht im Stande gewesen sein, den Bedarf an Leitartikeln zu bestreiten, wenn ich nicht von den Freunden unterstützt worden wäre. Die stilistisch am schärfsten zugespitzten Artikel schmiedete ich selbst. Eine Anzahl mehr sachlich gefärbter lieferte unter Anderen Droysen und Duncker."[17]

Sie alle kämpften für die Hegemonie Preußens, indem sie gegen die herrschenden Schichten in Preußen kämpften. Schier unerträglich sind ihre Wut und Zorn über die Verhältnisse dort. Am 4. März 1856 schreibt Treitschke dem Vater: „Erlebt habe ich nichts Interessantes als was Ihr Alle mit erlebt – und das ist wahrlich nichts Erfreuliches. Ich habe neulich erst die Schilderung Häussers über Preußens Zustände vor der Schlacht von Jena gelesen; die Aehnlichkeit mit den gegenwärtigen ist furchtbar. Ich kann mich nicht hart genug darüber aussprechen, wie dieser Staat nach innen systematisch Alles vernichtet was ihm bisher dem größten Theile Deutschlands gegenüber einen Vorsprung gab, nach außen sich selbst aus der Reihe der Großmächte ausstreicht. Gebe Gott, daß es keiner Schlacht von Jena bedürfen möge um diesem unseligen System ein Ende zu machen."[18]

Im Dezember 1860 schreibt er dem Freunde Ferdinand Frensdorff: „Was ist aus unsrer Großmacht geworden? Schurkerei und Stieberei in der Verwaltung, eine Kammer, der die eine unsrer Parteien gänzlich fehlt, eine auswärtige Politik, feig, unentschlossen und geleitet von 'Ideen', deren Nichtigkeit mir die Schreiberei des deutschen Webers* allwöchentlich klar macht. Ich traue meinen Sinnen nicht, wenn ich sehe, daß man in Berlin die erhabne positive Aufgabe, die Preußen gestellt ist, gar nicht zu kennen scheint. Ich verlange nicht eine Kaiser=Politik (wer darf jetzt so Kühnes hoffen?), ich wünsche ganz einfach, daß Preußen einen klugen und ehrlichen Schritt zugleich thut und den europäischen Krieg, der binnen einigen Jahren doch eintreten wird, selbst beginnt. Denke nicht, ich predige Kreuzzeitungslehren. Nein, Preußen soll – auf die Gefahr eines ungeheuren Kampfes – endlich, endlich die

[17] *R. Haym*, Aus meinem Leben, Berlin 1902, S. 203 f.

[18] *H. von Treitschkes* Briefe, Bd. I, Leipzig 1913, S. 351 – künftig zitiert als „Briefe".

* Max Weber im „Preußischen Wochenblatt", das er seit April 1860 redigierte.

deutsche Ehrenschuld von Dänemark einfordern. ... Es ist unwürdig, daß Preußen in einer Zeit so rasend schneller Entwicklung, wo alle andren Mächte sich in ungemeßnen Planen überbieten, keinen Schritt thut, um selber der Welt eine andre Gestalt zu geben. Die Friedensliebe sitzt uns Allen viel zu sehr im Blute, wir erschrecken fast vor dem Gedanken eines großen Aufschwungs, und doch wird nur eine kühne sittliche Politik der kühnen Unsittlichkeit Bonapartes gewachsen sein."[19]

Als Bismarck zum Ministerpräsidenten ernannt wird, sind sie genau so verzweifelt. 1862 schreibt Treitschke dem Freunde Wilhelm Nokk: „Die dürftigen politischen Nachrichten, die ich hier aus den lügenhaften Erzählungen unsrer amtlichen Blätter mühsam herauslese, reichen grade hin mich aufs tiefste zu verstimmen. Du weißt, wie leidenschaftlich ich Preußen liebe; höre ich aber einen so flachen Junker, wie diesen Bismarck, von dem 'Eisen und Blut' prahlen, womit er Deutschland unterjochen will, so scheint mir die Gemeinheit nur noch durch die Lächerlichkeit überboten."[20] Alle Kleindeutschen sehen in Bismarck zunächst einen Gegner.

Ist dieser „flache Junker" denn nicht ein Vertreter des Adels, von dem die meisten Kleindeutschen nichts halten – unter den Historikern machten vor allem Droysen und Duncker darin eine Ausnahme. Wie eifrig hatte doch Baumgarten 1858 Duncker auseinandergesetzt, daß dessen (an England orientierte Auffassung) von der „natürlichen Mitarbeit des Adels im Verfassungsleben unanwendbar auf den Adel des Kontinents"[21] sei. Auch Treitschke vertrat zeitweise eine ähnliche Linie. Erst später, als Bismarck ihn „bekehrt" hatte, wird Baumgarten die kleindeutschen Liberalen aufrufen, sich von ihrer alten Anti-Junker-, Anti-Adel-Haltung abzuwenden: „Nachdem wir erlebt haben, daß in einem monarchischen Staat der Adel einen unentbehrlichen Bestandtheil ausmacht, und nachdem wir gesehen haben, daß diese viel geschmähten Junker für das Vaterland zu kämpfen und zu sterben wissen trotz dem besten Liberalen, werden wir unsere bürgerliche Einbildung ein wenig einschränken und uns bescheiden, neben dem Adel eine ehrenvolle Stelle zu behaupten."[22]

Wie sollten sie in der Zeit bis 1864 für den Adel sein, wenn so viele von ihnen eine Revolution zumindest von oben verlangten! Als Bismarck seine Presseknebelungs-Verordnung am 1. Juni 1863 erlassen hatte, schrieb Treitschke an Haym: „Endlich – das Allerwichtigste – wie denken Sie sich zu den Ordonnanzen zu stellen? Wenigstens der erste Theil der Jahrbb. (die größeren Aufsätze) wird doch wohl unverändert bleiben? Hier meine Herzensmeinung in aller Ruhe und Bedächtigkeit. Die Revolution ist in meinen Augen nur noch eine Zweckmäßigkeitsfrage; sobald sie Aussicht auf Erfolg hat, muß sie gewagt werden. Ich wünsche kein Ende der Krisis ohne eine demüthigende, schmachtvolle Abdankung. Das Königthum v. G. Gn. bedarf einer heilsamen, furchtbar ernsten Züchtigung."[23] Und als dann unter Führung Bismarcks die Revolution von oben kommt, da sind sie alle begeistert dafür, auch

[19] Ebendort, Bd. II, S. 114 f.

[20] Ebendort, S. 238.

[21] *E. Marcks*, biographische Einleitung zu H. Baumgarten, Historische und politische Aufsätze und Reden. Strassburg 1894, S. LXIV.

[22] *H. Baumgarten*, ebendort, S. 211.

[23] „Briefe", II., S. 268 f.

Droysen, der nach den Siegen gegen Dänemark dafür ist, alle deutschen Fürsten, Herzöge, Könige – natürlich mit Ausnahme des preußischen Königs und des Kaisers von Österreich – wie kleinen Dreck zu behandeln, völlig die „konstitutionellen" Beziehungen zwischen Gott und diesen „gesalbten Herren" übersehend. Er schreibt an Sybel:

„Die sogenannte deutsche Frage scheint mir sehr sekundär. Wenn Preußen zu seiner Macht und dem rechten Gebrauch seiner Macht kommt, ist es ziemlich gleichgültig, ob die Herren in Baden, München, Hannover, Dresden sich die deutsche Einheit so oder anders denken. Ob das, was seit dem Februar geschehen ist, dem Bundesrecht entspricht oder nicht, ist irrelevant, weil es lächerlich ist, daß der 18 Millionenstaat und der von 37 Millionen die Ehre haben sollen, mit den Kleinen und Kleinsten in einer Art demokratischer Gleichheit zu leben und zu handeln. Das ist gegen die Natur der Dinge und Recht immerhin, aber ein unwahres Recht, weil es nicht gleichen Pflichten und Pflichtleistungen entspricht. Das quos ego, das gleichzeitig im Zollverein gesprochen ist, erquickt mich. Und der Kleinschinderei, die Mecklenburg, Hannover, Nassau, die selbst Hamburg zu üben liebt, wird auf dem eingeschlagenen Wege de l'ancien système vigoureux de la maison de Brandebourg gelegentlich auch wohl heimzuleuchten sein. ...

Meine Freude ist die kühne und bis ins kleinste gelungene Düppeler Geschichte, die freudige Tüchtigkeit unsrer 'vertierten Soldateska', die gleiche Leistung der Landwehr- und Berufsoffiziere, vor allem aber der freudige Anfang unsrer Marine. Wir haben endlich einmal wieder Taten, nicht bloß Reden in der Kammer, in den Fraktionen, in Wahlversammlungen, Besserwisserei und Mäkelei und Mißvergnüglichkeit und Sehnsucht nach Taten, sondern deren wirkliche, gesunde, ernste, wirkungsreiche. Unser Staat lebt noch."[24]

Und nach der Schlacht von Königgrätz am 3. Juli 1866 schreibt der preußenbegeisterte Sachse Treitschke – Sachsen stand in diesem Krieg auf Seiten Österreichs – an seine Braut am 20. Juli: „Vielleicht hast Du schon aus meinen Andeutungen in den Preuß. Jahrbüchern gesehen, daß ich aus sittlichen Gründen, um einen Zustand der Lüge und Unredlichkeit zu vermeiden, die Rückkehr der vertriebenen Könige nicht wünsche. Wie tief sind doch die servilsten Kammerdienerbegriffe über den Staat in unser Volk eingedrungen, wenn selbst eine vornehme Natur wie die Deine auf Augenblicke davon berührt werden kann! Als ob der Staat ein Landgut, das Volk eine Heerde wäre, die sich kraft Erbrechtes im Besitze eines Menschen befänden! Als ob nicht diesem Fürstenrechte eine Fürstenpflicht gegenüberstände, deren frevelhafte Verletzung den Verlust des Rechtes nach sich zieht! Und wie himmelschreiend sind diese Pflichten verletzt worden durch die scheußliche Metzelei von Langensalza, durch die Opferung der sächsischen Armee für eine schlechte, fremde Sache! Wahrhaftig, wenn solche Sünden in einer sittlichen Nation nicht bestraft würden, so würde ich zittern für Deutschlands Zukunft; alle fremden Völker würden uns verachten, wenn sie auch vielleicht zu schlau sind uns das zu sagen. Und zum Ueberfluß steht

[24] *J. G. Droysen,* Briefwechsel, Bd. II, Berlin und Leipzig 1929, S. 844 – künftig zitiert als „Droysen".

ja das Recht, das seit Jahrtausenden von allen civilisirten Völkern heilig gehaltene Völkerrecht vollständig auf unserer Seite. Die Länder sind erobert in einem gerechten Kriege, sie unterliegen also der Verfügung des Siegers; und da die Eroberung eine vollständige ist, so ist, wiederum nach einem uralten völkerrechtlichen Satze, eine Abtretung von Seiten des früheren Landesherren gar nicht mehr nöthig."[25] Und ganz deutlich den revolutionären Prozeß erkennend erklärt er seiner Braut (Brief vom 28. Juli): „die Revolution, in der wir stehen, kommt von oben".[26]

Die große Wende in der Haltung zum Staat und zu dem noch 1862 und 1863 so verachteten und gehaßten Bismarck – man bedenke, daß Treitschke, als die „Preußischen Jahrbücher" ihm nicht scharf genug gegen die oben erwähnte Presseverordnung Bismarcks auftraten, die Mitarbeit an ihnen aufgab! – kam 1864 und setzte sich bis 1870 fort.

Wir wollen sie an Hand der Wendung von Treitschke konkret nachvollziehen. Cornicelius, der Herausgeber der Briefe Treitschkes, verfolgt sie in der Einleitung zum dritten Band. Gehen wir von Treitschkes Haltung in der Zeit der „Neuen Aera", das heißt den ersten Jahren der Regentschaft und der Königszeit Wilhelm I. aus:

„Das halbe Jahrzehnt seit dem Frieden von Villafranca bis zum dänischen Kriege hatte Treitschkes anfängliches Vertrauen zu Preußens 'neuer Aera' zuletzt fast in Verzweiflung gewandelt. Das Ziel seines politischen Strebens, an das er 'schlechthin Alles' gesetzt haben wollte: die deutsche 'eine und untheilbare Monarchie', schien ihm in immer weitere Ferne entwichen. ...

'Ich weiß recht gut,' schreibt er vom Königstein am zweiten Weihnachtstage 1861 an seine Freundin Gustava von Haselberg, 'daß die treibende Kraft in Preußen heute im Volke, nicht mehr in der Krone, liegt.'

Dieses Vertrauen in das preußische Volk und die demokratisch liberale Mehrheit seiner Abgeordneten erhält sich und steigt, je mehr das frühere zu dem Prinzregenten und König und seit September 1862 die Stimmung gegen das Ministerium Bismarck sich in Empörung verkehrt. Treitschke billigt den Antrag Hagen, der im März 1862 das liberale Ministerium stürzt, und findet im November, daß die Fortschrittspartei in dem Konflikt um die Militärvorlage 'erst durch die Starrheit der Regierung in die reine Negation hineingetrieben wurde'. Er kann die Zeit nicht herbeiwünschen, 'wo wir uns wieder mit der Demokratie messen müßten; sie wird noch lange unser bester Bundesgenosse bleiben'."[27]

Doch dann kommt die Wendung:

„Aber nicht eben lange darnach hatte auch diesen Bundesgenossen wiederum ein anderer, nunmehr der bleibende und von Jahr zu Jahr immer höher gestellte abgelöst. Nicht der Liberalismus, weder der radikale noch der gemäßigte, wurde der Führer zu Deutschlands Einheit, sondern Bismarck, als er, was Treitschke so heftig ersehnt hatte, 'in Deutschlands erster Ehrensache' entschlossen vorging und die Elbherzogtümer von der Dänenherrschaft befreite. Vollends als ihm seit November 1864 die

[25] „Briefe", Bd. III, S. 27 f.

[26] Ebendort, S. 34.

[27] Ebendort, S. 2.

preußische Annexion Schleswig-Holsteins durch Bismarck möglich zu erscheinen anfing, war Treitschke ganz der deutschen Politik des Ministers gewonnen. Und hiermit zugleich begann auch sein Vertrauen zu dem Herrscher zurückzukehren: 'Gott erhalte den König!' ruft er im Mai des folgenden Jahres. Seine Entrüstung gehört fortan den 'Herren auf der Linken' im Abgeordnetenhause, die 'zuerst Parteimänner, dann erst Preußen' sind. Wie sie im Juni 1865 sogar die Marineanleihe versagt haben und von Bismarck wegen ihrer dauernden impotent negativen Haltung mit beißender Ironie traktiert worden sind, da ist ihm 'der moralische Bankrott' solcher Politiker vollständig; 'sie hat Bismarck nicht mehr zu fürchten'. Und dem Minister selber schreibt er ein Jahr später, kurz vor Ausbruch des Krieges, daß sein wahres Gefühl gegen 'diese Parteifanatiker' eine 'grenzenlose Verachtung' sei. Aber den Stand der politischen Bildung und Tatkraft unter den Deutschen überhaupt, das sieht Treitschke nunmehr, hat er früher 'unendlich überschätzt'. 'Selbst der rohe patriotische Instinkt ist kaum im Keime vorhanden.' ...

Auch für die innere, zumal die Verfassungspolitik Preußens weist Treitschke den in der öffentlichen Aussprache von ihm immer aufs neue ermahnten nationalen Liberalismus schon im Juli auf 'das Maß des Erreichbaren' hin. Er solle den Wahn aufgeben, Preußen 'lasse sich ohne Weiteres nach englisch-belgischem Muster umgestalten'. Treitschke selber war bereits auf dem Wege auch zu dieser Einsicht, als sie in Berlin durch die großen Ereignisse des Sommers sein fester Besitz wurde. Auf einer der bemerkenswertesten Seiten von 'Bundesstaat und Einheitsstaat' hatte er dem 1864 niedergeschriebenen Satze: 'Die von der Demokratie ersehnte Umbildung Preußens zu einem deutschen Belgien kann nur das Werk langjähriger Entwicklung sein' das Jahr darauf die Einschränkung angefügt: 'ja, es bleibt fraglich, ob ein Staat, der eines starken Heeres und einer rührigen auswärtigen Politik nicht entrathen kann, seine executive Gewalt in demselben Maße schwächen darf, wie dies in dem kleinen Nachbarlande geschehen ist.' Seit 1866 war diese Frage für ihn beantwortet. Und ebenso, mehr oder weniger bald nach 1866, auch andere, die ihn seit Jahren erregt hatten. 'Entschlossene Änderung des Systems im Innern' überhaupt forderte er in seinem am 7. Juni ausgegebenen Aufsatz: 'Der Krieg und die Bundesreform'."[28]

Noch aber hält Treitschke am Parlament, insbesondere am Recht der Steuerbewilligung fest. „Noch im Dezember" 1866, schreibt Cornicelius, ist Treitschke das Recht der Steuerbewilligung „'das höchste der parlamentarischen Rechte, das wir einst erobern müssen, wenn unser Verfassungswerk sich vollenden soll; die Gründer der Verfassung haben es dem Landtage versagt und dadurch einen Conflict heraufbeschworen, den Dahlmann schon vor siebzehn Jahren kommen sah'. Näher ausgeführt hatte er diese Ansicht 1864 in seinem Dahlmann-Aufsatz."[29]

Aber schon „im Juni 1867, sicherlich unter dem Eindruck der Ausführungen Gneists im verfassunggebenden norddeutschen Reichstage, wendet er sich gegen 'die gewöhnlichen Vorstellungen über das sogenannte Budgetrecht', die 'nicht dem englischen, sondern dem französischen Vorbilde traurigen Angedenkens' entlehnt seien, und

[28] Ebendort, S. 3 ff.

[29] Ebendort, S. 5.

Ende 1869 ist ihm die alte Meinung, 'welche die Macht des Parlaments in der power of the purse suchte, längst beseitigt'. ...

Überhaupt erhielt Treitschkes Ansicht von der Notwendigkeit des 'parlamentarischen Systems' in jenen 'caesarischen' Tagen, da das preußische Königstum die Führung zu Deutschlands Einheit übernahm, den vernichtenden Stoß. Ob das parlamentarische System 'die absolute Regierung mit schein-konstitutionellen Formen' ersetzen und so auch 'die Organisation des Heeres' von den Beschlüssen des Parlaments abhängen werde, das war 1864 auch für Treitschke 'die große Frage'. Ebenso weist noch der im Juni 1866 Bismarck übersandte Aufsatz ausdrücklich auf diesen konstitutionellen Grundmangel in Preußen hin. Aber schon im Juli, obwohl der 'Kampf um das parlamentarische System' noch nicht aufgegeben werden soll, wird doch zugleich dem Liberalismus der bescheidene Umfang seiner Macht vorgestellt, und da im Dezember Treitschke 'nicht leugnen' kann, 'daß die Interessen der nationalen Einheit und des Parlamentarismus einander mehrfach widerstreiten', zweifelt der teilnehmende Leser schon gar nicht mehr, wer in diesem Widerstreit Sieger sein wird. 'Neben dem grandiosen Gedanken der Einheit Deutschlands erscheint jede andere politische Hoffnung als ein bescheidenes Werkzeug', sagt Treitschke in seinem großen Aufsatz über das konstitutionelle Königtum in Deutschland, dessen Umrisse vor seinem Geist unter den unvergeßlichen Eindrücken des Sommers 1866 schon aufstiegen. So kommt es dem Leser der 'Deutschen Kämpfe' ganz erwartet, wenn er bereits im Dezember 1868 in Treitschkes Betrachtungen zum Jahreswechsel die Worte antrifft: 'Das Volk von Norddeutschland ist Gott sei Dank irr geworden an der alleinseligmachenden constitutionellen Doctrin.'"[30]

Nicht alle Kleindeutschen gehen soweit, aber Treitschke steht keineswegs allein. Und damit werden alle, die so denken wie er, zu Verrätern des Fortschritts. Sie ordnen nicht bestimmte Fragen wie die des Parlamentarismus und des Steuerbewilligungsrechts zeitweise und aus taktischen Gründen dem Kampf um die Einheit Deutschlands unter – was eine verfehlte aber noch nicht fortschrittsfeindliche Politik gewesen wäre. Sie systematisieren vielmehr diesen taktischen Fehler zu einer Strategie, die – ohne daß die kleindeutschen Historiker eine solche bewußte Konzeption hatten – in den folgenden Jahrzehnten nicht nur zu einer absolut fortschrittsfeindlichen, ultrareaktionären gesellschaftsfeindlichen Entwicklung hätte führen müssen, wenn sie sich durchgesetzt hätte, die vor allem auch die legale, parlamentarische Seite der Entwicklung der Arbeiterbewegung auf das Schwerste geschädigt, ja auch die politische Entwicklung der Bourgeoisie ärgstens behindert hätte. Nicht alle Kleindeutschen – zum Beispiel ganz entschieden nicht Sybel bis in die achtziger Jahre –, aber auch nicht wenige standen auf dieser Linie Treitschkes, die zu Ende der sechziger Jahre eine seltsame Kombination von Revolution und Konterrevolution von oben darstellte, die in der Tat die offene Diktatur der jeweils mächtigsten Fraktion innerhalb der herrschenden Klasse hätte bringen können.

Man wird darum auch verstehen, daß ich schon in der Überschrift dieses Kapitels eine klare Periodisierung in der Geschichte der kleindeutschen Historikerschule ange-

[30] Ebendort, S. 5 f.

deutet habe. Ab 1871 wandelt sich ihr Charakter von einer in der Ausrichtung letztlich fortschrittlichen Bewegung in eine reaktionäre. In den Jahren, die 1870 folgen, gehören die meisten der Kleindeutschen zu Vertretern des Militarismus, zeigen antiparlamentarische Tendenzen und bereiten den ideologischen Übergang zum Imperialismus vor.

3. *Die kleindeutschen Historiker*

Unter den kleindeutschen Historikern versteht man eine Gruppe von Geschichtsschreibern, deren Ziel es war, durch ihre wissenschaftliche wie allgemein gesellschaftliche Aktivität die Einigung Deutschlands unter Führung Preußens und unter Ausschluß Österreichs mit allen Mitteln zu fördern. Die bedeutendsten Vertreter dieser Schule waren:
Johann Gustav Bernhard Droysen, 6. 7. 1808 bis 19. 6. 1884,
Max Wolfgang Theodor Julius Duncker, 15. 10. 1811 bis 21. 7. 1886,
Heinrich Karl Ludolf von Sybel, 2. 12. 1817 bis 1. 8. 1895,
Ludwig Häusser, 26. 10. 1818 bis 19. 3. 1867.
Diesen schließen sich als jüngere Generation an:
Carl August Ludwig Hermann Baumgarten, 28. 4. 1825 bis 19. 6. 1893,
Heinrich Gotthard von Treitschke, 15. 9. 1834 bis 28. 4. 1896.
Schließlich muß man zu ihnen rechnen den Literaturhistoriker
Rudolf Haym, 15. 10. 1821 bis 27. 8. 1901.

Sie alle waren in ihrer Zeit hervorragende, objektiv jedoch wohl mittelmäßige Historiker, ungewöhnlich vielseitig begabte und aktive Gelehrte, zum Teil ausgezeichnete, ja glänzende Publizisten und Herausgeber von Zeitschriften.

Droysen war als Philologe und Althistoriker ein Schüler Boeckhs, als Philosoph ein Schüler Hegels, aktiver Teilnehmer am Aufstand Schleswig-Holsteins gegen Dänemark im März 1848, Abgeordneter, Publizist, Übersetzer von Äischylos und Aristophanes, Verfasser einer 14bändigen „Geschichte der preußischen Politik" sowie eines philosophisch-methodologischen Werkes „Historik" (aus dem Nachlaß herausgegebene Vorlesungen).

Duncker hatte Philosophie, Philologie und Geschichte studiert, war Abgeordneter, Zeitungsredakteur, hoher ministerieller Beamter, Vortragender Rat beim preußischen Kronprinzen, Verfasser einer neunbändigen „Geschichte des Altertums".

Sybel, in dessen Elternhaus Schadow, Immermann, Felix Mendelssohn-Bartholdy verkehrten, studierte Geschichte, war Abgeordneter, zeitweise Vertrauter des bayerischen Königs Maximilian II., Herausgeber der „Historische Zeitschrift", Verfasser einer vielbändigen „Geschichte der Revolutionszeit von 1789 bis 1795" und eines siebenbändigen Werkes „Die Begründung des Deutschen Reiches durch Wilhelm I."

Häusser studierte Philosophie, Philologie und Geschichte, war Journalist, Abgeordneter, glänzender Redner, Herausgeber der Schriften Fr. Lists, schrieb eine vierbändige „Deutsche Geschichte vom Tode Friedrich des Großen bis zur Gründung des Deutschen Bundes".

Baumgarten studierte Philologie und Geschichte, war Journalist, preußischer ministerieller Beamter, schrieb eine dreibändige „Geschichte Spaniens vom Ausbruch der französischen Revolution bis auf unsre Tage" und eine dreibändige „Geschichte Karl V.".

Treitschke studierte Geschichte und Staatswissenschaften, Professor auch der Nationalökonomie, Dissertation „Produktivität der Arbeit", Habilitation „Die Gesellschaftswissenschaft", war Abgeordneter, Journalist, Herausgeber der „Preußische Jahrbücher" und der „Historische Zeitschrift", glänzender Redner, Verfasser einer fünfbändigen „Deutsche Geschichte im 19. Jahrhundert".

Die sechs hier genannten waren alle ordentliche Professoren der Geschichte, fünf von ihnen waren Abgeordnete in den verschiedensten deutschen Parlamenten, alle waren zu dieser oder jener Zeit journalistisch tätig, vier von ihnen waren zeitweise Herausgeber von Zeitungen oder Zeitschriften, alle waren Verfasser vielbändiger wissenschaftlicher Werke.

Und zu ihnen gesellte sich Haym, Philosoph, Literaturhistoriker, Abgeordneter, Journalist einer Zeitung und Herausgeber einer Zeitschrift.

In ihrer Abgeordnetentätigkeit trafen sich alle zu dieser oder jener Zeit im gleichen Parlament. In der Paulskirche saßen gleichzeitig Droysen, Duncker und Haym, im Erfurter Parlament Droysen, Duncker, Häusser, Sybel, im Norddeutschen Reichstag Duncker, Sybel und Treitschke.

Ganz ähnlich in ihrer journalistischen und herausgeberischen Tätigkeit: An der Gründung der pro-preußischen bayerischen „Süddeutsche Zeitung" arbeiteten zum Beispiel Baumgarten, Duncker und Sybel Hand in Hand. Doch damit kommen wir bereits zum Hauptthema unserer Studie.

4. *Die Schule der kleindeutschen Historiker*

Wir deuteten schon an, daß diese Schule insofern an die wissenschaftlichen Schulen der Antike erinnert, als es sich hier um eine wissenschaftliche Schule mit starker, ja mit entscheidender politischer Bindung handelt – auch das religiöse Element spielt insofern eine Rolle, als man zwar nicht streng religiös aber streng protestantisch und antikatholisch (weil anti-österreichisch) war.

a. Das wissenschaftliche Band

Es gibt zwei Hauptrichtungen bürgerlicher Geschichtsschreibung: die eine, die (subjektiv ehrlich oder unehrlich) behauptet, sie schreibe sine ira et studio, ohne Haß und Eifer, unparteilich und ohne Absichten, Geschichte. Ihr bedeutendster Vertreter in der deutschen Geschichtsschreibung des 19. Jahrhunderts war Ranke. Die andere erklärt offen, sie schreibe Geschichte parteilich und mit Absichten. Ihre bedeutendsten Vertreter waren in der deutschen bürgerlichen Geschichtsschreibung des 19. Jahrhunderts die kleindeutschen Historiker. In einem Brief an seinen Freund Wilhelm Arendt, Professor an der Universität Louvain in Belgien, vom 8. Mai 1857 über die deutsche Geschichtsschreibung seiner Zeit schildert Droysen andeutend die Einstellung der kleindeutschen Historiker (meine Unterstreichungen – J. K.):

„Ich glaube, daß man die Gründlichkeit der deutschen Forschung immer schon anerkannt hat, aber ich denke, man tut unsrer Art nicht ihr Recht, wenn man nur darin ihren Vorzug findet. Das *tiefe praktisch-politische Bedürfnis in unsrer Nation* zeigt sich nicht bloß in der lebhaften Teilnahme, mit der bei uns Macaulay aufgenommen worden – eine Teilnahme, die man mit Unrecht dem Verdienst des Autors allein zuschreiben würde. *Deutlicher spricht sich diese Wendung unsrer Gedankenrichtung in der starken und energischen Produktion historischer Werke aus,* die, zumal seit unserm Fiasko von 1848, lebhaft ist und immer rascher verlangt wird. *Ihr wesentlicher Zug ist die nationale Stimmung;* so sehr, daß die Werke, denen dieser fehlt, weit zurückstehen; und andererseits, wo er ist, übersieht man auch bedeutende Mängel, wie davon der Beifall, den Häusser gefunden hat, den Beweis liefert. Ganz verdrängt aus der Teilnahme der Nation ist die Leisetreterei Rankes so gut wie das unfruchtbare moralische Pauken Schlossers. Ranke wird – mit vollem Recht – wegen seiner Feinheit, seiner tiefen Gelehrsamkeit, seines weiten Blickes bewundert; aber man hat kein Herz zu ihm, da er keins – für niemand außer für sich – hat. Und so hoch man Schlossers Namen hält: man findet doch, was er auftischt, zu gewöhnlich und platt. Selbst die gewähltere Form, in der Gervinus dessen Art fortsetzt, und welche an Rhetorik gewiß sehr bedeutend ist, macht nicht mehr die bloß moralisierende und zankende Geschichtsbetrachtung gefallen. Unser Publikum hat den richtigen Instinkt, sich nicht mit angeblichen Hoffnungslosigkeiten traktieren lassen zu wollen, und es fühlt sich mit nicht minderem Recht noch nicht so tief gesunken, daß es wie in Tacitus' Zeit die ganze handelnde Welt als lauter Schurken und einige Märtyrer ansehen möchte. Es begreift, daß *der praktische Historiker der Staatsmann sein* würde, daß also der Historiker in der Theorie etwas von der Ruhe, Hoheit und Mäßigung des Staatsmannes an sich haben, daß er auch ein weiser Mann sein muß. Wehe dem, der in der historischen Betrachtung der Dinge kein anderes Resultat gewinnt, als daß die Dinge morgen oder höchstens übermorgen völlig zu Ende sein werden! Ich weiß [nicht], ob vom Menschen, gewiß aber vom Historiker könnte man sagen, *daß seine Hoffnung den Maßstab seines Wertes gäbe.* Denn Hoffen heißt, dem Alten der Tage vertrauen, der die sittliche Welt zu einem großen und weiten Tummelplatz menschlicher Arbeit geschaffen hat; heißt, den großen Aufgaben vertrauen, in die er die Menschen gestellt hat, damit sie mit dem Pfunde, das er ihnen anvertraut, wuchern. Die mürrische, pessimistische, lieblose Art, wie die Moralisten die Dinge und ihren immer verbohrten Lauf ansehn, erhebt nicht, reinigt nicht, belehrt nicht; sie macht nur mürrisch, oder, was schlimmer ist, lehrt den Ofenhocker sagen: 'so schlecht, so dumm, so schwach sind diese großen und berühmten Menschen; da bin ich besser'. ...

Von den andern will ich wenig sagen. Ganz hervorragend ist Sybel in München, dessen Geschichte der Französischen Revolution vielleicht das Beste ist, was bisher über die Jahre 1789–1795 geschrieben worden. Da ist ein wirklich innerlich durcharbeiteter Mensch, ruhig, klar, mäßig, ungeblendet; sollte ich irgend etwas tadeln, so wäre es – ich habe ihm selbst ausführlich diesen Vorwurf dargelegt –, daß er ein zufälliges Stück europäischer Geschichte behandelt, dessen Gravitationspunkt und, wenn ich so sagen darf, Subjekt sich nicht erkennbar macht. Von uns allen nach Ranke der gelehrteste und fruchtbarste ist Waitz, aber er ist ein kalter, trockener, dürftiger Boden; er ist mehr Kritiker als Historiker, *er hat den Sinn der Wirklichkeiten nicht, keine Fühlung von der lebendigen Friktion der Dinge,* kein pectus; alles, was er arbeitet, ist klar, rein, scharf umzeichnet, aber kleiner als die lebendige Wirklichkeit – wie es Thorwaldsens Statuen scheinen, verglichen mit den alten Meistern, die, weil sie die Schwellung des Lebendigen atmen, größer erscheinen, als sie sind. Von Mommsen brauche ich nichts weiter zu sagen, den kennst Du in seiner energischen, heftigen, oft barocken, ganz modernen Weise; ich möchte sagen mehr Virtuos als Musiker. Auch Dunckers Alte Geschichte hat vielen Beifall; aber ich tadle diesen meinen wackren Freund darum, daß er sich die Größe seiner Aufgabe nicht klargemacht hat, eine Menge von Richtigkeiten statt der Wahrheit bringt und schließlich – in dem dritten Teil, der Griechenland behandelt –, weil ihm der Sinn der Wahrheit, der Hauch des Gedankens fehlt, gelegentlich die willkürlichsten Hypothesen auf den Markt bringt.

Das sind die hauptsächlichen Arbeiten, von denen bei uns gesprochen wird. Mir wirft man die Herbigkeit meiner Darstellung vor, meine preußische Geschichte, sagt man, lese sich schwer. Ich habe auch nicht ein populäres Geschichtsbuch mehr auf den Markt bringen wollen, sondern bin zufrieden, wenn ernste Leser Nahrung für ihre Gedanken finden. Es ist große Gefahr, daß wir uns durch bequeme, einschmeichelnde Lektüre in der Historie mehr ruinieren, als die erweiterte Sachkenntnis Gewinn bringt. Die üble Manier Macaulays, anschaulich, gleichsam sinnlich faßbar zu sein wie ein Roman, richtet uns großen Schaden an; weder Hume noch Thucydides haben in diesem leichten Ton der Unterhaltungslektüre geschrieben."[31]

Die Geschichtsschreibung muß politisch sein – nicht mehr der Philosoph wie bei Plato, sondern der Historiker ist der wahre Staatsmann. Und nicht nur allgemein politisch soll sie sein, sondern speziell national hat der Historiker in dieser Zeit zu schreiben – national, das heißt natürlich pro-preußisch. Und weiter: in dieser schlimmen Zeit (1857) hat der Historiker optimistisch zu sein. So optimistisch, daß die Hoffnung, das heißt die ersehnte Zukunft, Maßstab seines Wertes ist. Unnütz ist eine Geschichtsschreibung, die keinen Sinn für die widerspruchsvolle Wirklichkeit, „keine Fühlung von der lebendigen Friktion der Dinge" – welch wundervoll dialektische Formulierung Droysens! – hat.

So müssen Wissenschaft und Politik (Parteilichkeit!) eine Einheit werden. Haym schildert den Prozeß des Einswerden von Wissenschaft und Politik an sich, dabei durchaus kritisch seiner jugendlich unbekümmerten Haltung diesem so ernsten und schweren Verschmelzungsprozeß gegenüber: „Mit Leib und Seele hing ich an dem Docentenberuf; hier, wenn irgendwo, traute ich mir zu, etwas leisten zu können; die Erfolge würden nicht ausbleiben, wenn ich nur ausharrte und mich etliche Jahre über Wasser halten könnte; denn daran, daß die Raumer und Westphalen nicht immer regieren würden, ja, daß die Jahre der Reaction gezählt seien, zweifelten wir keinen

[31] „Droysen", Bd. II, S. 450 f.

Augenblick. Es blieb also nichts übrig, als daß der Schriftsteller den Docenten ernähre. Freilich ein zweideutiges Mittel; denn die streng wissenschaftliche Schriftstellerei ist nicht lohnend und die journalistische Thätigkeit muß auf die Länge der wissenschaftlichen Abbruch thun. Nicht als ob ich das in dieser Schärfe empfunden hätte, dazu war ich viel zu wenig Gelehrter, und viel zu sehr Parteimann. Es war gewiß sehr verständig, was mir eines Tages Burmeister, der stark demokratisirende Gelehrte, sagte, der den Hallischen Wahlkreis in der preußischen Nationalversammlung vertreten hatte, – er könne es nicht billigen, daß ich mich vorzeitig so stark politisch compromittirt habe, man müsse sich erst durch anderweitige Leistungen eine Position schaffen, um dann ungefährdet und außerdem wirksamer in den politischen Kampf einzutreten. Das kluge Wort gab mir wohl ein paar Tage zu denken, aber meiner Gesinnung entsprach es doch nicht, auch wenn die Weisung nicht zu spät gekommen wäre. Zugleich mit all' den wissenschaftlichen Ideen, die mich erwärmt hatten, hatte mich die liberale Richtung ergriffen, und war ich in den Kampf des Tages hineingezogen worden. Die Antheilnahme an den höchsten Problemen, die den sittlichen und den wissensdurstigen Menschen beschäftigen, war bei mir zusammengeflossen mit der Antheilnahme an den öffentlichen Fragen und hatte von diesen ihren leidenschaftlichen Parteicharakter angenommen. Im Dienste der Wissenschaft fühlte ich mich zugleich der Partei verpflichtet. Beides ging in Einem Gefühl und Einer Gesinnung zusammen. Ich hatte zwischen Beiden nicht zu unterscheiden gewußt, und wie ich den abstracten Gelehrten, der seine Cirkel durch die Sorge um Staat und Vaterland nicht stören zu lassen gewillt ist, als einen Halben und Gesinnungslosen zu verachten geneigt war, so erschien mir die auf lebendige und praktische Wirkung ausgehende Geistesthätigkeit, welche die Kluft zwischen Wissenschaft und Leben zu überbrücken sucht, als die würdigste, ohne mir klar zu machen, wie leicht diese Denkweise nach beiden Seiten zu Oberflächlichkeit und Dilettantismus führen kann. Nicht bedenkend, daß die tiefste Wirkung der Wissenschaft auf das sittliche und staatliche Leben nur aus der gründlichsten Vertiefung in Beide hervorgehen kann, war ich bereit, aus der Noth eine Tugend zu machen und ergriff in ehrlichem Glauben eine Reihe schriftstellerischer Pläne, die auf dem Grenzgebiet zwischen Wissenschaft und Leben, zwischen dem gelehrten und dem volksthümlichen Interesse, gleich nahe dem Beruf des akademischen Lehrers und dem des Publicisten lägen. Es war das Ideal der gebildeten Form, wie ich es aus unserer klassischen Litteratur, aus Lessing zumeist geschöpft hatte, welches mir vorschwebte, und welches mit dem Inhalt des neuen politischen Bewußtseins der Nation zu erfüllen mir als die reizvollste Aufgabe vorkam."[32]

Vielleicht fürchtete Burmeister, der Ratgeber Hayms, auch, daß dieser Wissenschaft und „reine Propaganda", beide notwendig jedoch sehr verschieden, verwechseln statt sie verbinden würde. Wie klug schreibt darüber Droysen an Karl Biedermann, den liberalen Geschichtsprofessor, der gerade aus politischen Gründen seinen Lehrstuhl verlassen mußte. Es handelt sich um die Wahl von Autoren für die von Biedermann geplante „Staatengeschichte der neuesten Zeit": „Die Personen, welche Sie mir

[32] *R. Haym*, a. a. O., S. 214 ff.

genannt haben, finde ich in vieler Weise vortrefflich gewählt. Aber wird Wurm wirklich wollen? Sollte für Andree nicht Olshausen, der in Nordamerika lebt, geeigneter sein? Bei Buddeus halte ich zweierlei bedenklich. Einmal: er schreibt nicht geschult. Sodann: er ist ein enragierter Russenfeind; sehr vortrefflich für die publizistischen Kämpfe, aber doch nicht ratsam, wenn es sich um historische Würdigung handelt. Das verfluchte Rußland ist eben doch eine imposante Erscheinung, wenn auch seine Größe wesentlich darauf beruht, daß es Europa und besonders Deutschland mit tiefer Verachtung zu behandeln verstanden hat. Für dies Thema hätte ich gern die feinste diplomatische Feder, wenn eine solche irgend zu finden wäre. Arendt ist gut, Baumgarten, so weit ich ihn kenne, gleichfalls."[33]

Wie klar wird hier zwischen wissenschaftlich fundierter Geschichtsschreibung und Propaganda für den Tag unterschieden!

Doch nicht die Gefahr solcher Verwechslung steht im Vordergrund ihrer Aufmerksamkeit. Vielmehr: Alles, was sie an wissenschaftlichen Arbeiten unternehmen, ist auf die Politik, auf die Einigung Deutschlands in einem mächtigen Staat unter Führung Preußens ausgerichtet. Hans Schleier, der beste Kenner der kleindeutschen Historikerschule, den ich so ausführlich in Bd. 4 dieser Studien zitiert habe und darum hier nur einmal anführen will, sagt mit Recht über Droysens Arbeiten zur Antike:

„Diese große Wirkung der kleindeutschen Schule beruhte vor allem darauf, daß in ihren Werken, ganz gleich ob über das Altertum oder über die neueste Geschichte, die Probleme des Nationalstaates und die Wege zu ihm im Mittelpunkt standen. ...

Es ist kein Zufall, daß Droysen in seinen ersten Hauptwerken, der 'Geschichte Alexanders des Großen' (1833) und der 'Geschichte des Hellenismus' (1836, 1843) als Ausgangspunkt der Schilderung die mazedonische Monarchie wählte. In diesen Arbeiten hob er Mazedoniens Rolle bei der Überwindung der griechischen Kleinstaaterei hervor und knüpfte daran die aktuelle politische Lehre, erst durch den starken artverwandten Militärstaat seien die griechische Freiheit, Unabhängigkeit und Geltung gerettet worden. Das war ganz auf die besonders in Süddeutschland vorhandene Antipathie gegen Preußen bezogen! Der Aufgabe Preußens in Deutschland waren dann direkt seine 'Vorlesungen über die Freiheitskriege' (1846) gewidmet."[34]

Haym bemerkt in seiner Dunckerbiographie über dessen letzte Bände, die die griechische Geschichte behandeln:

„Die Wahrheit ist: in die Erzählung dieser alten Dinge nahm der Verfasser etwas von dem unterdrückten Verlangen, die Geschichte näher liegender Zeiten zu schreiben, hinüber. Die alte war ihm statt der neuen, die griechische statt der vaterländischen Geschichte; indem er sich in jene vertiefte, war ihm diese gegenwärtig. Was ihn hier wie dort am meisten anzog, war das, was in der Einrichtung der Staaten und in deren Schicksalen von menschlicher Berechnung, von dem Verstande und Charakter der leitenden Persönlichkeiten abhängt, mit Einem Worte: der politische Kern der Geschichte. Ob er sich gleich verpflichtet hielt, seine Darstellung über die

[33] „Droysen", Bd. II, S. 285.
[34] *H. Schleier*, Sybel und Treitschke, Berlin 1965, S. 21 und 25.

ganze Breite des Volkslebens auszudehnen, so war ihm doch oft verdrießlich, diese ganze Last des geschichtlichen Stoffes, so vieles bloß Zuständliche, das sich nur unsicher auf Begebenheiten zurückführen, in Handlung auflösen ließ, mit sich zu führen: der Werth seiner culturgeschichtlichen Abschnitte ist am größten da, wo er im Stande ist, sie im deutlichen Reflex politischer Vorgänge erscheinen zu lassen. Wie froh war er gewesen, nach Ueberwindung der vorgriechischen Völkergeschichte und der dunkleren Gegenden der Griechengeschichte bei den staatsklugen Athenern und Spartanern angelangt zu sein, von denen sich auch für die Staatskunst der Gegenwart etwas lernen ließ, und die wiederum nach dem Maße heutiger Staatskunst zu beurtheilen erlaubt schien! Es gewährte ihm den höchsten Genuß, sich die Ursachen und Wirkungen ihrer staatlichen Entwicklungen, des Wachsens oder Abnehmens, des Sinkens und Steigens ihrer Macht und Größe, der Erfolge und Fehlschläge ihrer Unternehmungen zu vergegenwärtigen, sich in die Lage der Handelnden zu versetzen, ihre Absichten combinirend zu errathen, deren Nothwendigkeit zu begreifen, deren Zweckmäßigkeit oder Unzweckmäßigkeit mit praktisch geübtem Blicke zu beurtheilen. Wie um sich schadlos zu halten dafür, daß ihm nach eifrigster und antheilvollster eigener politischer Arbeit versagt war, bei den eingreifendsten letzten Wendungen und Entscheidungen der Geschichte der Gegenwart in maßgebender Weise mitzurathen und zu thaten, begiebt er sich in die Mitte von Parteien, die vor mehr als zweitausend Jahren stritten und um die Herrschaft rangen, setzt er sich mit in den Rath der Feldherren und Staatsmänner, der Redner und Diplomaten des alten Griechenlands ...

Er selbst hat nicht geleugnet, daß ihm bei der Schilderung und Würdigung des Themistokles, des 'Gründers der attischen Macht, des weitblickendsten und thatkräftigsten aller Hellenen', das Bild des großen Zeitgenossen, des gewaltigen deutschen Staatsmannes vor der Seele geschwebt habe, an dem er gleicherweise die Vereinigung von Kraft und Klugheit, Mäßigung und Kühnheit bewunderte."[35]

Duncker sieht nicht nur engste Verbindungen zwischen der Problematik von Staat und Politik im alten Griechenland und im Preußen-Deutschland seiner Zeit. Da sich sein politischer Ehrgeiz, ministeriell zu wirken, nicht verwirklichte, so möchte er wenigstens als postumer Historiker-Staatsmann über die griechische Politik und Staatskunst zu Gericht sitzen.

Erich Marcks schreibt über das Alterswerk Baumgartens, das Buch über Karl V., dessen dritter Band nach dem notdürftig beigelegten „Kulturkampf" Bismarcks gegen die Katholiken in Deutschland erschien:

„Baumgarten hat in dem letzten, ganz persönlichen Bekenntniß seiner Gedanken, das er veröffentlicht hat, in dem Vorwort zum 3. Band, 1892, an diese seine Darlegung des deutschen Verhängnisses im Zeitalter Karls V. eine höchst charakteristische Betrachtung angeknüpft. Die Feindschaft der Confessionen, meint er, die unser Vaterland zerreißt, hat sich seit 20 Jahren an der tendentiösen Ausnützung der Reformationsgeschichte – er denkt an Janssen und seine Genossen – immer heilloser entzündet. 'Solche Leidenschaften des Tages müssen vor der vollen geschichtlichen Erkenntniß

[35] *R. Haym*, Das Leben Max Dunckers, Berlin 1891, S. 458 f.

verstummen.' Nicht geheilt, aber gemildert werden könnte die Erbitterung durch diese Erkenntniß. 'Wenn wir sehen, daß die Entwicklung unsres Volkes in jener Zeit nicht durch das Verdienst oder die Schuld irgend eines Menschen, sondern durch übermächtige Verhältnisse, durch die gesammte Weltlage und die besonderen deutschen Zustände, durch das Zusammenwirken der allerverschiedensten Kräfte und Richtungen bestimmt worden ist, so werden wir uns bescheiden, daß es nicht anders gehen konnte, als es gegangen ist, und aufhören, uns mit leidenschaftlichen Anklagen das Herz erleichtern zu wollen.'

Das ist eine resignirte Art, aus der Geschichte zu lernen und zu lehren: eine Art des gereiften und ein wenig des ermüdenden Alters, die von Baumgartens früherer Weise immerhin abweicht. Aber selbst hier dringt doch jene ihn leitende Sehnsucht seiner Generation durch, das Forschen 'dem Leben' allezeit nutzbar zu machen. Und der leitende Gedanke seiner Reformationsgeschichte klingt so deutlich an die Erfahrungen der 50er, 60er Jahre unseres Jahrhunderts, an die Worte an, die wir damals wieder und wieder aus Baumgartens Munde vernommen haben – der Gedanke: der deutsche Staat war krank, deshalb verkümmerten dem deutschen Wesen auch seine tiefsten und edelsten innerlichen Bestrebungen. Gesund sein kann eine Nation nur innerhalb eines nationalen, eines gesunden Staates."[36]

Und Baumgarten selbst schrieb 1866 rückblickend auf Haltung und Stellung der kleindeutschen Historiker: „Da wir nun einmal so lange Diener der wissenschaftlichen Arbeit gewesen waren, schien es die naturgemäße Vorbereitung für politisches Thun, daß wir uns der Politik zuerst auf den Wegen der Wissenschaften nahten. Und in dieser Beziehung leistete jetzt Preußen höchst anerkennenswerthes. Wie seit 1815 seine Verwaltung durch Intelligenz sich ausgezeichnet hatte, so ergriff nun dieselbe geistige Kraft die politischen Materien. Für den Entwickelungsgang unseres politischen Lebens war das von der größten Bedeutung. Eine rohe Routine hätte uns nie aus dem Zimmer gelockt, ein tumultarischer Naturalismus konnte uns Kinder des Buchs, der Speculation, der musikalisch-religiösen Stimmung nie mit den rauhen Werken des Staatslebens aussöhnen. Wir mußten zuerst geistig bewältigen, was wir in der Praxis versuchen sollten. Diese wissenschaftliche Vorarbeit war in den vierziger Jahren zuerst mit directerer Anwendung auf die einzelnen politischen Aufgaben begonnen. Der Sturm von 1848 hatte die Fenster der Studirstuben aufgerissen und den Gelehrten einen Blick auf die tobende Bewegung des Tages und die Kräfte des Volkslebens überhaupt aufgenöthigt. Was das bedeutete, erfuhren wir in den fünfziger Jahren namentlich an unserer Geschichtsschreibung: ein ganz neues Wesen war in uns entwickelt, wir sahen Welt und Menschen, ob sie dem Alterthum oder der neueren Zeit angehörten, mit ganz anderen Augen, wir dachten und empfanden anders bei den Geschicken der Vorzeit, seit wir selbst etwas erlebt hatten, und wir schrieben folgeweise auch anders. Fast alle die damals erschienenen geschichtlichen Werke ruhten auf politischen Gedanken; ihre Verfasser wollten so sehr auf die Welt wirken als auf die Wissenschaft. Jetzt nun wurde diese wissenschaftliche Kraft direct auf die Tagespolitik gelenkt: wir thaten den ersten Schritt aus dem unseligen Dilettantismus heraus."[37]

[36] *E. Marcks,* a. a. O., S. CXXVI f. [37] *H. Baumgarten,* a. a. O., S. 151 f.

Ja, so schrieben sie Geschichte, erfüllt von tiefer Parteilichkeit für die nationale Frage, ganz hingegeben der Einheit von Wissenschaft und Politik, oft in eindringlichstem Stil, Meister des Quellenstudiums (natürlich nicht der Quelleninterpretation), von ihrer wissenschaftlichen und politischen Sendung erfüllt und in ihrem Bewußtsein, niemandes Diener zu sein, dienend nur ihrer ihnen wissenschaftlich begründet erscheinenden Idee der Schaffung der Einheit Deutschlands unter Führung Preußens.

Wie schon bemerkt, war Treitschke noch im Juni 1866 der Ansicht, daß eine Einigung Deutschlands nur möglich wäre, wenn Preußen ein insofern echtes bürgerliches Parlament hätte, als diesem das Steuerbewilligungsrecht zustand. Das schien ihm auch wissenschaftlich in der Lehre vom „besten Staate" unbestreitbar. In dieser Haltung erreicht ihn über den preußischen Gesandten Grafen v. Flemming in Baden eine Anfrage Bismarcks, ob er bei ihm arbeiten wolle, Kriegsmanifeste für den Kampf gegen Österreich, für die deutsche Politik der Regierung zu schreiben usw. Was für eine Chance! welche Verlockung! aber Treitschke antwortet Bismarck:

„Ew. Excellenz haben mir die Ehre erwiesen, anfragen zu lassen, ob ich jetzt nach Berlin kommen könne. Ich halte für schicklich, der vorläufigen eiligen Antwort, welche ich dem Herrn Grafen v. Flemming gab, einige Zeilen hinzuzufügen, und ich bitte Ew. Excellenz, es nicht für anmaßend zu halten, wenn ich bei dieser Gelegenheit einige Bemerkungen über die politische Lage nicht unterdrücken kann.

Die formellen Bedenken, welche meiner Reise nach Berlin im Wege stehen, sind nicht unüberwindlich. Gewänne ich wirklich die Ueberzeugung, daß meine Anwesenheit in Berlin nicht ganz unnütz sei, so würde ich mich verpflichtet halten, meine Professur, selbst auf etwas tumultuarische Weise, niederzulegen.

Anders steht es mit einem grundsätzlichen Bedenken. Ich habe aus dem Gange, den die k. Regierung bisher genommen hat, nicht die Hoffnung schöpfen können, daß ich ihr meine Dienste widmen dürfe, und ich kann bis jetzt nicht die feste Zuversicht auf das Gelingen der deutschen Bundesreform gewinnen. Wie mir die Lage erscheint, und ob meine Ansichten mit denen der k. Regierung einigermaßen verträglich sind, das werden Ew. Excellenz am einfachsten aus einem Artikel der Preußischen Jahrbb. ersehen, der Ihnen gleichzeitig zukommen wird. Aufgabe des Aufsatzes war, einige noch nicht unheilbar verblendete Liberale für eine Versöhnung mit der Regierung zu gewinnen; daher mußte ich schonend über die Fortschrittspartei sprechen und die grenzenlose Verachtung verbergen, welche ich gegen diese Parteifanatiker hege. Im Uebrigen enthält der Aufsatz genau meine Meinung. Mir erscheint die unbedingte Anerkennung des Budgetrechts der Abgeordneten als eine unabweisliche Nothwendigkeit; keine Kunst der Welt wird je einen preußischen Landtag zu Stande bringen, der auf dieses Recht verzichtet."[38]

Doch als Baden sich im Kriege gegen Preußen wendet, legt Treitschke – Einheit von Wissenschaftler und Politiker! – seine Professur in Freiberg nieder.

Ja, sie hatten alle Charakter, auch Duncker, der, als der Kronprinz mit Bismarck in tiefstem Streit gerät, seine so einflußreiche Stelle als dessen Berater niederlegt.

[38] „Briefe", Bd. II, S. 475 f.

Und als Droysen gebeten wird, die Biographie Scharnhorsts zu schreiben – jedoch bei Moltke, dem 1857 geschäftsführenden Chef des Generalstabes, wegen seiner Haltung zu „den in unserm Staate herrschenden oder leitenden Prinzipien“ auf Bedenken stößt, antwortet er dem Major Graf Siegmar zu Dohna am 25. Dezember 1857: „Ich hoffe, daß Sie mich gerechtfertigt finden werden, wenn ich unter den gegebnen Verhältnissen und Bedingungen auf die mir angebotne Auszeichnung, die Biographie Scharnhorsts zu schreiben, verzichten zu müssen glaube. Ich bin, wie sich von selbst versteht, sehr weit entfernt, mit dieser Äußerung irgend jemandem zu nahe treten zu wollen, und ich würdige es vollkommen, daß man von dem Biographen Scharnhorsts fordert, seine fertige Arbeit zur Prüfung und Genehmigung vorzulegen. Nur bin ich nicht in der Lage, dann dieser Biograph sein zu können. Ich würde ebensosehr mir wie dem Gegenstande zu nahe zu treten glauben, wenn ich ein solches Werk anders als in voller freier Überzeugung und mit eigener Verantwortung herzustellen übernehmen wollte. Auch dem Gegenstande: nicht diese oder jene technische Verbesserung hat den Namen Scharnhorsts unvergeßlich gemacht, auch nicht, daß er nach den in Marwitz' Nachlaß ausgesprochenen Ansichten unter den verderblichen Neuerern seit 1808 der am wenigsten verderbliche war, sondern daß er in dem sinkenden und dem gestürzten Preußen die doch unvergängliche Idee des Staates und seines Berufes und den Glauben an denselben festhielt. In dieser und nur in dieser Tendenz würde ich die Biographie des stillen, tiefernsten Mannes haben schreiben können, nur in dieser würde ich der Pflicht gegen mein preußisches Vaterland, wie ich sie verstehe und festzuhalten gedenke – ein Preuße in partibus –, zu genügen geglaubt haben. Sie begreifen, verehrter Herr Major, daß ich meine Feder von meiner Überzeugung nicht kann trennen wollen; selbst der Schein, als könnte es geschehen, darf nicht möglich sein.“[39]

Es waren stolze, selbstbewußte, mindestens bis an das Ende der ersten Hälfte der sechziger Jahre, politisch unbeliebte und bespitzelte Wissenschaftler, diese kleindeutschen Historiker, besessen von einer politischen Idee, die fortschrittlich war, und die sie in tiefster Einheit ihrer wissenschaftlichen und politischen Aktivität betrieben, eng auch persönlich miteinander verbunden und sich gegenseitig in jeder Weise unterstützend.

Droysen, der älteste, ist auf das engste mit Duncker befreundet. Schon zuvor bekannt und korrespondierend kamen sie sich im Frankfurter Parlament 1848/49 nahe. Haym schreibt: „Beide Männer waren sich besonders in den letzten drang- und sorgenvollen Wochen vor dem Austritt aus dem Parlament immer näher getreten. Sie wohnten damals nur wenige Schritte von einander im Englischen Hofe, dem Hauptquartier der Erbkaiserlichen, Beide des baldigen Aufbruchs gewärtig. Es war die Studentenwirthschaft, wenn Droysen des Morgens seinem Max zurief, wenn Einer auf des Andern Stube kam, wenn sie plaudernd mit einander die verworrene Lage der Dinge hin und her überlegten und sich das Herz in kluger Rede erleichterten.“ Und als Duncker 1884 sein goldenes Doktorjubiläum feierte, hielt er Umschau unter den

[39] „Droysen“, Bd. II, S. 509.

alten Freunden, die ihm geblieben waren: „Einen darunter, dem er drei Jahre zuvor bei gleichem Anlaß im Namen der Akademie einen reichen Ehrenkranz hatte entgegenreichen dürfen, vermißte er schmerzlich. Es war sonst nach der Heimkehr von seinen alljährlichen Reisen allemal sein erster Gang gewesen, Droysen aufzusuchen, um mit ihm die eigenen wie die öffentlichen Angelegenheiten durchzusprechen, und Jahre lang, bis dem Arbeitsamen auch dazu die Zeit zu theuer wurde, hatte Droysen den Freund auf seinen nachmittäglichen Spaziergängen begleitet. Das war vorüber."[40]

Sybel und Droysen nennen sich lieber Freund im Briefwechsel, gelegentlich sich zu liebster Freund steigernd. An Waitz berichtet Droysen im April 1860: „Wir hatten hier durch Häussers und Sybels Besuch in den Ferien vielerlei erfreuliche Anregung, und die politischen Fragen, die im Gang waren, erhöhten den Reiz des Zusammenseins."[41] An Häusser schreibt Droysen „Verehrter Freund". Mit Baumgarten macht Häusser 1853 eine Wanderung von Heidelberg nach München, wo Baumgarten später zum engsten Mitarbeiter und zum Freund Sybels wird. Baumgarten ist auch gut befreundet mit dem Jüngsten unter ihnen, Treitschke – sie schreiben sich Lieber Freund ... bis zum Krach unter ihnen über den zweiten Band von Treitschkes Deutscher Geschichte, der einzige ernste Streit unter den kleindeutschen Historikern, der aber weit nach 1870 fällt, ebenso wie die Entfremdung zwischen Droysen und Treitschke über des letzteren Antisemitismus. Treitschke hatte den ersten Band seiner Deutschen Geschichte Duncker gewidmet:

„Nehmen Sie, mein verehrter Freund, die Widmung dieser Blätter als ein Zeichen alter Treue freundlich auf. Sie haben mir bei den langwierigen Vorarbeiten so oft Ihre warme Teilnahme erwiesen; es tut mir wohl, zuerst vor Ihnen auszusprechen, was ich über Anlage und Absicht des Buchs den Lesern zu sagen habe. ...

Sie, lieber Freund, haben schon in der Paulskirche den Traum vom preußischen Reiche deutscher Nation geträumt und sind im Herzen jünger geblieben als mancher aus dem altklugen Nachwuchs; denn Sie wissen, wie erträglich die Sorgen der Gegenwart erscheinen neben dem Jammer der alten kaiserlosen Tage. Sie werden mich nicht tadeln, wenn Ihnen aus der gleichmäßigen Ruhe der historischen Rede dann und wann ein hellerer Ton entgegenklingt. Der Erzähler deutscher Geschichte löst seine Aufgabe nur halb, wenn er bloß den Zusammenhang der Ereignisse aufweist und mit Freimut sein Urteil sagt; er soll auch selber fühlen und in den Herzen seiner Leser zu erwecken wissen, was viele unserer Landsleute über dem Zank und Verdruß des Augenblicks heute schon wieder verloren haben: die Freude am Vaterlande."[42]

Duncker hatte sich als erster des jungen, noch studierenden Baumgarten angenommen. Marcks schreibt: „In Halle (Ostern 1843) traf er (Baumgarten – J. K.) nun zwar nicht auf die Philosophen allein; für seine spätere Anschauung wurde vielmehr Max Duncker der Historiker von weit höherer Bedeutung, er, dem Baumgarten nach 24 Jahren in dauernder Dankbarkeit sagen konnte, er sei 'der erste Lehrer gewesen,

40 *R. Haym*, Das Leben Max Dunckers, a. a. O., S. 107 f. und 462.

41 „Droysen", Bd. II, S. 677.

42 *H. v. Treitschke*, Deutsche Geschichte im Neunzehnten Jahrhundert, Bd. 1, 8. Aufl., Leipzig 1909, S. V und VII f.

der mir wirklich Lehrer war, der mir nicht nur äußere Dinge nahe brachte, sondern mein innerstes Wesen berührte,' zu dessen Schüler in deutscher Politik er sich 1858 und 1866 ausdrücklich bekannt hat."[43]

Ebenso wie den jungen Baumgarten hatte Duncker auch schon den jungen Haym in Halle gefördert. Später erinnert sich Haym an Dunckers Fürsorge in Halle, als Haym sich dort schon habilitiert hatte, zugleich dessen Frau, die so bemerkenswerte Charlotte Duncker, ehrend: „Noch jetzt empfinde ich in der Erinnerung das Glück, das mir diese Arbeit verursachte. Es waren überhaupt trotz aller Eingeschränktheit meiner äußeren Lage, trotz der Wolken, die unser öffentliches Leben überschatteten, und meine private Existenz mit einhüllten, Jahre des Glückes, des in sich befriedigten Strebens. Dem jugendlichen Gemüthe ging die Hoffnung nicht aus. Mich hob der wachsende Erfolg meiner Vorlesungen, mich trug das Einverständniß mit Freunden, die ihre Parteistellung in ähnlicher Weise ächtete wie mich. Mit Verehrung und Zuversicht hing ich vor allem an Freund Duncker. Die Achtung vor dem zuverlässigen Ernst seines Charakters, der Sicherheit seines Urtheils, der ich mich entschieden unterordnete, verband sich mit Dankbarkeit für die Theilnahme, die der selber Bedrängte meiner Lage schenkte. Es waltete in seinem Hause ein ernster und edler Geist. Denn die Gesinnung des Gatten theilte die Gattin, und diese, die Tochter des wackeren Arztes Gutike, verlangte und erzwang sich von Allem, was die Männer bewegte, ihren Theil, während sie zugleich, eine Meisterin in ausdrucksvollem Gesange, den Ernst der kleinen um ihren Theetisch versammelten Gesellschaft durch Anmuth zu bannen verstand. Die seltene Frau zu schildern wäre schwer. Liebenswerth muß man sie nennen, ihr einen hohen und reichen Geist zusprechen – aber liebenswürdig schlechtweg oder geistreich im gewöhnlichen Sinne, das träfe nicht zu oder wäre zu wenig. Es sei keine Frau, sagte Mathy von ihr, sondern ein Wesen."[44]

In dieser Zeit besuchten Duncker und Haym Droysen in Jena: „Gern begleitete ich nach dem Schlusse des Sommersemesters 1854 Duncker zu einem Besuche Droysens in Jena, und Droysen erwiderte den Besuch. Mir sind diese Tage in Jena – soeben waren dort die ersten Exemplare meines Antisthal angekommen und Droysen durfte das Geheimniß der Autorschaft verrathen werden – in besonders sonniger Erinnerung. Droysen hatte damals bereits sein großes Werk, die Geschichte der preußischen Politik, in Angriff genommen. Ganz im Geiste dieses Werkes sah er mit der ruhigen Zuversicht des Historikers in die Zukunft, die sich für ihn aus dem vergangenen Leben des preußischen Staates nothwendig entwickeln mußte. Seine wissenschaftliche Arbeit deckte sich mit seiner Hoffnung. Auch seine Jenaische Lehrthätigkeit hatte er sich als politische Erziehung einer Jugend zurechtgelegt, die muthmaßlich berufen sein würde, im Staatsdienst oder als Abgeordnete die deutsche Geschichte ihrem Ziele entgegenführen zu helfen. Und doch galt ihm Jena nur als ein Vorposten – seine Augen waren bereits sehnsüchtig nach Berlin gerichtet."[45] – Natürlich ist Duncker auch mit Sybel gut befreundet und sie nennen sich in den Briefen Lieber

[43] *E. Marcks,* a. a. O., S. IX f.

[44] *R. Haym,* Aus meinem Leben, a. a. O., S. 228.

[45] Ebendort, S. 230 f.

Freund. Mit Sybel unterhielt Duncker auch wohl den intimsten politischen Briefwechsel unter allen kleindeutschen Historikern.

Seiten über Seiten könnte man schreiben über das so gute, oft so innige persönliche Verhältnis dieser Männer, die den Kern der kleindeutschen Historikerschule bildeten – ein Verhältnis, das so eng war, weil sie auch politisch so eng verbunden waren in einer Zeit, in der ihre politische Gesinnung ihnen das Leben erschwerte und sie in ihrer wissenschaftlichen Karriere stören mußte. Man denke nur an die Schwierigkeiten, die Treitschke in Sachsen hatte, und die, die ihn zwangen, seinen Lehrstuhl in Freiburg aufzugeben. Droysen war jahrelang nach Jena verbannt. Duncker konnte lange keine ordentliche Professur finden.

Darum ist es nicht verwunderlich, daß die Besetzung der Lehrstühle eine große Rolle in der organisatorischen Tätigkeit dieser Schule spielte. Und da sie alle zwar mittelmäßige, doch in ihrer Zeit hervorragende Historiker waren, gelang es ihren Bemühungen doch im Laufe der Zeit, die wichtigsten Historiker-Lehrstühle in ihre Hand zu bekommen.

(Vielleicht habe ich nicht recht mit der Mittelmäßigkeit, was Droysen als Theoretiker der Geschichtsschreibung betrifft. Ich denke dabei nicht nur an seine so problemreiche „Historik", sondern auch etwa an folgende Gedanken, die der fast 75jährige seinem Sohn Gustav, der ebenfalls Historiker ist, gegenüber äußert: „Wir sind auf dem besten Wege, selbst unsere Historiographie, die schon daran ist, sich durch größere Masse und Material zu verlangsamen, und Mühe genug haben würde, noch zu steigen, in den Dreck herabzuziehn. Es kommt dazu, daß unsere Disziplin ganz dicht vor dem Punkt steht, wo sie sich erinnern muß, daß sie nicht bloß Rechnung mit unbenannten Zahlen ist, nicht bloß abstrakt geschichtliche, d. h. politische Bewegung zu behandeln hat, sondern die Bewegung dicker, träger, durch ihre besonderen Gesetze und Zwecke bedingter Realitäten. Die Franzosen haben eine Witterung davon, und was Tocqueville begonnen, hat Taine in glänzendster Weise weitergeführt."[46] Auch muß man bedenken, daß etwa Häusser und Treitschke vom Katheder aus die Studenten in einem erregten und begeisterten Bann hielten, wie kein Professor der Geschichte heute – was sie nicht zu besseren Historikern wohl aber zu glänzend pädagogisch begabten Lehrern machte.)

Sicherlich übertreibt der katholische Gegner der kleindeutschen Historiker Onno Klopp, wenn er meinte, daß kein anderer als ein kleindeutscher Historiker noch Chancen an den deutschen Universitäten hätte[47], aber sicherlich hat er recht darin, daß die kleindeutschen Historiker allmählich, Dank ihrer intensiven gemeinsamen und für einander uneigennützigen Bemühungen, einen entscheidenden Einfluß in den deutschen Universitäten erhielten.

Man betrachte etwa folgende Situation: Anfang 1852 schreibt Sybel an Droysen, ob der a. O. Professor Hermann in Jena für den Lehrstuhl Sybels in Marburg in

[46] „Droysen", Bd. II, S. 957.

[47] Vgl. *W. von Klopp*, Onno Klopp, München 1950, S. 79 und 101, sowie *O. Klopp*, Kleindeutsche Geschichtsbaumeister, Freiburg 1863.

Frage käme, wenn Droysen von Jena fortginge und Sybel dorthin berufen werden sollte, da Häusser aus politischen Gründen nicht in Frage käme. Droysen antwortete:

„Wenn Sie mir zürnen, werter Freund, daß ich erst heute auf Ihre Anfrage antworte, so muß ich als Entschuldigung die pflichtmäßige Sorgfalt meiner Erkundigungen anführen. Der Professor Hermann ist als Gelehrter ohne alle Frage sehr schätzenswert, ein durchaus zuverlässiger Charakter in unserer politischen Richtung; von allen diesen Seiten her offenbar auf das beste zu empfehlen, wie mich denn seine persönliche Bekanntschaft in aller Weise befriedigt hat. Aber es ist in der Art seiner Äußerungen, seines Benehmens und seines Vortrages etwas gewisses Befangenes und Zurückbleibendes; er ist offenbar nicht von der äußerlich auch tapferen Art, die unsere Wissenschaft da vielleicht mehr als andere der Jugend gegenüber fordert. So sagen mir auch hier die Kollegen, daß er in dem einen Semester, wo er gelesen, nicht eben groß gewirkt habe. Übrigens sollte ich meinen, daß Sie ihn noch im Rankeschen Seminar müßten erlebt haben. Ich will nicht unterlassen zu bemerken, daß Hermann, nachdem er auf sehr honette Weise die Redaktion eines Blattes in Weimar aufgegeben, ohne Gehalt und Stellung lebt.

Daß Häusser nicht durchzubringen, glaube ich leider mit Ihnen; daß M. Duncker in demselben Fall sein würde, bezweifle ich nicht."[48]

Man sieht, wie genau sie überlegen, sowohl die Chancen der einzelnen Historiker, wie auch die Erfordernisse, die sie stellen. Alles ist mit Hermann in Ordnung – Gelehrsamkeit, Charakter, politische Richtung usw. ... aber wird er richtig auf die Jugend wirken, da ihm „die tapfere Art" fehlt?

Besonderen Wert legen sie auf die Besetzung der Stelle in Bonn, der nach Berlin wichtigsten Universität Preußens. Dort war Dahlmann, der den kleindeutschen Historikern nahe stand und recht alt war, ordentlicher Professor. Obgleich Dahlmann erst am 7. November 1860 „in den Sielen starb", wird die Nachfolge durch Sybel, der in München zunehmende Schwierigkeiten hat, schon mehr als ein Jahr vorher zwischen Sybel und Droysen besprochen. Der letztere schreibt am 7. Oktober 1859 an Sybel: „Lieber Freund! Zunächst mehr als einen herzlichen Dank; vor allem für die schönen Tage in München; ich meine zunächst das, was ich davon mit Ihnen und in Ihrem Hause habe zubringen können. Dann für die einstweilen eingetroffene neue Ausgabe Ihres Werkes. Endlich auch für die Möglichkeit, die Sie mir eröffneten, in betreff Bonns, von deren Bezug ich bereits die allerdings behutsamste Andeutung bei dem Minister gemacht habe: ich glaubte nicht, sagte ich bei einer von Bethmann angeregten Unterhaltung über Bonn, in der er Sie und Häusser als unerreichbar bezeichnete, daß Sie absolut fest in München seien, weder subjektiv noch objektiv. Mehr nicht; ich hoffe, es wird das nach Ihrem Sinn sein. Mit Olshausen habe ich in gleichem Sinn gesprochen."[49]

Im März 1861 gab es ein Gerücht, daß Duncker sich um Bonn bemühe. Sybel schreibt ihm sogleich (am 18. März), einmal um sich zu entschuldigen, falls er ihm mit seinen eigenen Wünschen ins Gehege gekommen sei und zugleich erschreckt, daß

[48] „Droysen", Bd. II, S. 54.
[49] Ebendort, S. 621.

eine Verhärtung der schlimmen politischen Zustände Duncker aus seiner ministeriellen Beamtenstelle vertreibe. Duncker beruhigt ihn hinsichtlich der politischen Situation, worauf Sybel ihn bittet, doch aus politischen Gründen in Berlin zu bleiben, zugleich ihm aber versichert, daß er nicht mehr an Bonn denke.[50]

Erst Mitte Juni 1861 ist die Nachfolge für Dahlmann und zwar zu Gunsten von Sybel entschieden. Droysen schreibt ihm am 16. Juni 1861:

„Lieber Freund! Ich habe Ihnen nicht eher von Bonn schreiben wollen, als bis ich vom Abschlusse der Sache sichre Kunde hatte. Jetzt höre ich von Olshausen, daß Sie angenommen, und ich müßte dissimulieren, wenn ich nicht meine große und herzliche Freude über Ihren Entschluß aussprechen wollte. Ich habe ihn kaum zu hoffen gewagt; und wenn ich mir klar mache, was Sie in München aufgeben, so freue ich mich doppelt, daß Sie sich losgekettet.

Wie sehr Bonn Ihrer bedarf, wissen Sie so gut als ich; und ich fürchte, es wird da erst wieder urbar gemacht werden müssen, was seit 1850 unter den ungünstigen schwarz-weißen Strömungen verkommen ist. Wenigstens war Dahlmann, als ich ihn 1855 zuletzt in Jena sprach, nicht eben sehr zufrieden; er meinte, es sei nicht mehr wie vor 1848. Sie werden es rasch und sicher wieder in Gang bringen.

Was aber wird nun aus den Pflanzungen und Schonungen in München? Wer wird Ihr Nachfolger? Ich bitte und flehe, daß man uns Ranke lasse. Mir ist es eine weitere und große Freude, daß Duncker hier bleibt. So elend jetzt unsre Politik geht, in der Stellung, die er erhalten hat*, wird es ihm möglich sein, für die Zukunft einiges zu schaffen. Seine persönlichen Beziehungen zum Kronprinzen sind die besten, und die Feinheit und Zurückhaltung, mit der er sich benimmt, sichert den Erfolg wenigstens vor einigen Gefahren.“[51]

Der in beiden Briefen Droysens erwähnte Justus Olshausen war damals vortragender Rat im preußischen Kultusministerium, die rechte Hand des Ministers, praktisch entscheidend für die Besetzung der Lehrstühle, ein Verwandter und Jugendbekannter von Droysen.

Wenige Wochen später schreibt Sybel an Droysen, der 1859 von Jena an die Berliner Universität gekommen war: „Besten Dank, lieber Freund, für Ihre freundliche Zuschrift, mit welcher gleichzeitig der betreffende ministerielle Erlaß an mich gelangte. Die Sache ist also im reinen, und wir wollen sehn, was wir daraus machen können. Ich freue mich auf die Heimat und deren reinere Luft. Ob ich bedauern soll, wie Sie es in freundlicher Weise tun, daß ich an den Rhein und nicht nach Berlin gelange, weiß ich noch nicht recht und werde vollends zweifelhaft, wenn Sie gar hinzusetzen, ich hätte statt Ihrer dorthin kommen sollen. Denn wenn Sie dort wirken und durchgreifen, so ist kein Grund zu einer Änderung; vermögen Sie es aber nicht, was sollte ich dann machen? Bin ich übrigens bestimmt und geeignet zu einer Tätigkeit in Berlin, so wird sich ja auch wohl Weg und Stunde finden. Einstweilen freue ich mich, in Bonn eine Weile ungestört den Studien leben zu können; wenn die drei

[50] *M. Duncker,* Politischer Briefwechsel aus seinem Nachlaß, Stuttgart und Berlin 1923, S. 272.

* Duncker war am 6. Juni zum Vortragenden Rat beim Kronprinzen ernannt worden.

[51] „Droysen“, Bd. II, S. 758.

Jahre herum sind, die, wenn ich nicht irre, als festes Domizil einer Kammerwahl vorausgehen müssen, wird es sich weiter zeigen, ob ich zu politischer Praxis prädestiniert bin."[52] Der letzte Satz deutet wieder die so enge Verbindung zwischen Wissenschaft und aktiver politischer Betätigung als Abgeordneter an.

Besondere Aufmerksamkeit schenkten die Freunde auch der akademischen Fürsorge für Duncker, der der Regierung äußerst unbeliebt war und lange nicht über eine außerordentliche Professur, die er auch nur mit Mühe erlangt hatte, hinauskam. 1856 schreibt Droysen an seinen schon von der Paulskirche her guten Bekannten, den Professor für Recht in Greifswald, Georg Beseler: „Ihre Greifswalder Geschichtsprofessur scheint mir noch weite Wege zu haben, bis sie fertig wird. Ist es denn gar nicht durchzusetzen, daß Max Duncker sie erhält? Gehen Sie doch jetzt einmal dem guten Karl Ottokar von Raumer zuleibe; er ist ohne Zweifel bestimmbar und unter der sich merklich ändernden Strömung der höchsten Regionen ein anderer als früher."[53] Der von Droysen erwähnte Raumer ist der damalige Kultusminister, mit dem Droysen zur Schule gegangen war aber politisch nicht mehr stand. Doch aus Greifswald wurde nichts. Und am 4. Juni 1857 berichtete sein guter Bekannter Karl Francke Droysen: „Duncker wie immer besonnen, entschlossen, voll Einsicht; er hat nur eine Sehnsucht: nach Jena, da Berlin ihn nach Greifswald nicht hinläßt; sein bescheidenes Los in Halle trägt er mit ruhiger Kraft, ohne Bitterkeit."[54] Wenige Wochen später schreibt der gleiche jedoch: „Auch Duncker schweigt; er hat einen Ruf nach Tübingen zu erwarten, falls der König, was ich nicht glaube, zustimmt. Ein Verlust für Preußen, gewänne Württemberg unsern trefflichen Duncker."[55] Aus Tübingen kommt wirklich ein Ruf. Aber soll Duncker annehmen und als Preuße ausscheiden, eine andere „Nationalität" annehmen?

Haym schreibt: „Nach Tübingen gehen, hieß ja nun freilich aus Preußen gehen. Allein Württemberg war nicht die Schweiz. Gewiß war es Duncker seiner Heimathsliebe schuldig, daß er noch eine Anfrage an seinen Gönner Schulze richtete, ob irgend eine Aussicht sei, daß man ihn in Preußen halten werde: die Antwort ließ deutlich erkennen, daß von dem preußischen Cultusminister nichts zu erwarten sei. Auf der anderen Seite ging man in Tübingen und Stuttgart bereitwillig auf Dunckers Bedingungen ein, verzichtete namentlich auf die eigentlich von ihm zu übernehmende Verpflichtung des Haltens von Vorlesungen über Statistik. Auf Annahme lautete, wie gesagt, auch der Rath der Freunde, wobei es nicht unausgesprochen blieb, daß der Abschied kein Abschied auf immer sein werde, ja daß man hoffe, die Rückkehr nach Preußen werde unter Verhältnissen erfolgen, die den Gegnern zur Beschämung gereichten. Hatten doch die bei der Anwesenheit des Königs in Halle, gelegentlich der Herbstmanöver, hervorgetretenen Anzeichen eines schon weit vorgeschrittenen körperlichen und geistigen Leidens Alle darauf vorbereitet, daß für Preußen in nicht ferner Zeit eine entscheidende Veränderung bevorstehe."[56] Man beachte, wie wichtig

[52] Ebendort, S. 768.
[53] Ebendort, S. 433.
[54] Ebendort, S. 454.
[55] Ebendort, S. 464.
[56] *R. Haym*, Das Leben Max Dunckers, a. a. O., S. 173 f.

wieder die politischen Gesichtspunkte genommen werden – und die Freunde, die ihn beraten.

Schließlich sei in diesem Zusammenhang noch kurz auf Treitschke eingegangen. Heidelberg war ein wichtiger Stützpunkt der Kleindeutschen außerhalb Preußens – wie überhaupt die Möglichkeiten, außerhalb Preußens Lehrstühle gewinnen zu können, insbesondere in den fünfziger Jahren, als Preußen so vielen von ihnen verschlossen blieb, von großer Bedeutung war. Der Heidelberger Lehrstuhl wurde lange von Häusser gehalten. Treitschke, der die Professur in Kiel hat, schreibt, nachdem Häusser verstorben, an seine Schwester Johanna: „Erst jetzt während ich schreibe kommt unsere letzte Möbelsendung aus Berlin; und wenn wir in einigen Tagen fertig sein werden, so – haben wir die Aussicht in 3 Monaten Alles wieder einzupacken. Ich bin nämlich von der Heidelberger Facultät zum Nachfolger Häusser's vorgeschlagen, was mich überrascht und erfreut, denn ich zähle in jener Facultät fast nur politische Gegner. Unter den 4 Namen, die man der Carlsruher Regierung vorgeschlagen hat, bin ich der Zweite; und da der Erste, Sybel, wohl ganz sicher in Bonn bleiben wird, so ist meine Berufung sehr wahrscheinlich ..." Der dritte Name, der nach Treitschke, war Duncker – also die drei ersten Namen gehörten Kleindeutschen. Einen Monat später teilt er jedoch an seinen Verleger mit, daß aus Heidelberg nichts würde, der Senat der Universität Heidelberg habe ihn an die letzte Stelle der Vorschlagsliste gesetzt, und Duncker werde (nachdem Sybel abgelehnt) den Ruf annehmen, wenn man ihm, wie sehr wahrscheinlich, in Berlin die Leitung der Staatsarchive nicht übertrage. „Ich finde Alles ganz in der Ordnung; mit D's wissenschaftlichen Verdiensten kann ich die meinen gar nicht vergleichen." Dann erhält er aber doch den Ruf, und nun beginnt die Sorge um den Nachfolger in Kiel. Am 9. Oktober schreibt er an Baumgarten: „Wenn Duncker sich Ihrer ein wenig annimmt, so halte ich Ihre Berufung noch immer für sehr möglich ... Es thut mir leid, daß ich Ihnen einige Unruhe erregt habe. Ich mußte eben meine Pflicht gegen die Universität erfüllen, und ich weiß Niemanden, der jene Stelle so trefflich ausfüllen würde wie Sie."[57] In dem von ihm durchgesetzten Kommissionsbericht bezeichnet Treitschke Baumgarten „kurz und gut als der weitaus geeignetste Candidat".[58]

Eine erstaunliche Schule, diese kleindeutschen Historiker! Eine klare Methodologie oder ist es mehr eine politische „Charakterhaltung", vielleicht am besten: ein gemeinsames nationales (nicht soziales!) Engagement eint sie: Geschichtsschreibung ist cum ira et studio zu betreiben. Cum studio heißt speziell: mit Eifer für die Einigung Deutschlands unter Preußens Führung.

Kein Haupt hat diese Schule und doch hält ihr Kern fest zusammen. Alle führenden Kräfte sind gut befreundet miteinander, Männer mit Haltung und einander selbstlos zugetan.

Zugleich begabt mit organisatorischem Sinn und taktischem Geschick – so daß sie ihnen feindlich gesinnten Regierungen doch manche Lehrstühle entreißen und schließ-

[57] „Briefe", Bd. III, S. 151, 156, 173.
[58] Ebendort, S. 173.

lich, als die politische Situation sich für sie besserte, einen Großteil der Universitäten auf dem Gebiete der Geschichte beherrschen konnten.

Auch hatten sie schon früh das Gefühl, daß es gut wäre, eine Art wissenschaftlichen Zentrums zu schaffen. Insbesondere Droysen wirkte treibend in dieser Richtung. Schon am 6. Dezember 1853 hatte er an Sybel geschrieben: „Müßten wir nicht endlich wieder eine Zeitschrift für Geschichtswissenschaft haben*? Müßte nicht der wackre Abel, den sein Leiden wohl für immer vom Katheder entfernen wird, nach Berlin gehen und dort eine solche Redaktion übernehmen? Müßten wir – die zersprengten Germanisten und Historiker – uns nicht endlich aus den Merlins-Netzen des Gothaertums herauslösen und uns als die wir vor 1848 waren wieder zusammenfinden? Müßten wir nicht so wieder die Geltung gewinnen, die der deutschen, will sagen der protestantischen Wissenschaft von Geschichte und Politik eskamotiert ist und mit der sich die Höfler und Gfrörer und die Wiener und die Baiern aufputzen? Ich möchte rasend werden über diese preußische Misère. Gott befohlen." Am letzten Tage des Jahres antwortet ihm Sybel: „Eine Zeitschrift für Geschichtswissenschaft, eine Germanistenversammlung: ja wie sehr täten sie uns not. Doch sehe ich für die erstere noch eher Rat, als für die letztere; für jene brauchte es eben einen Redakteur, und Abel wäre gewiß der rechte Mann dazu, in jeder Beziehung geeigneter als Schmidt. Was aber Versammlungen angeht, so scheint mir die Zeit bisher nicht sehr dazu angetan. Ich glaube einmal, dies Jahr wird noch nötig sein, bis die Misèren von Mainz und Dresden und Nürnberg auf dem Sande sitzen; ich bin aber überzeugt, daß sie dann völlig ausgespielt haben, da die Impotenz – was viel sagen will – größer ist, als ich selbst vermutet habe. Doch wäre das eben deshalb ein geringerer Anstand, wäre nur der Vereinigungspunkt über das Bessere bis jetzt etwas klarer, ein Punkt, praktisch genug, um der Versammlung, wie damals, leuchtendes Interesse zu geben, und wissenschaftlich genug, um die seit 1848 eingetretenen Differenzen zu überbrücken. Am strengen wissenschaftlichen Stoffe sollte es sonst nicht fehlen, und wissen Sie Rat für jene Schwierigkeit, so sollte es mich gründlich freuen."[59] Doch lange schleppt sich der Plan hin.

Im September 1857, fast vier Jahre später, erst ist der Plan in Ausführung; am 26. dieses Monats schreibt Droysen an Sybel: „Die historische Zeitschrift ist ein dringendes Bedürfnis; ich bin Ihnen dankbar, daß Sie sie fest in der Hand behalten wollen. Lanz, glaube ich, ist nicht der geeignete Mann dazu, und der grüne Adolf Schmidt hat zwar Geschick, aber er steht in Zürich selbst wenig in Achtung seiner deutschen Landsleute. Dümmler kenne ich nicht persönlich; seine Arbeiten sind sehr gut, aber die Leitung einer solchen Zeitschrift fordert ein ganz besonderes Talent. Ich habe unter meinen jüngeren Bekannten keinen, den ich geeignet halte."[60] Sybel antwortet am 1. Oktober: „Die Gründung der Zeitschrift ist in Betrieb. Ich habe gestern eine Vokation an einen Redakteur ausgehn lassen. Sollte der aber ablehnen, so weiß ich im Augenblick keinen anderen. Haben Sie die Güte, mir jemanden zu empfehlen für diesen Fall. Wenn er gut ist, soll er hier ein gutes Leben haben."[61]

* Die von W. A. Schmidt herausgegebene war 1848 eingegangen.

59 „Droysen", Bd. II, S. 197 f. und S. 214.

60 Ebendort, S. 477. 61 Ebendort, S. 479.

Am 15. Februar des folgenden Jahres aber muß Droysen noch an Häusser schreiben: „Ich hatte zum vorigen Herbst einen Plan mit Sybel verabredet, der, so hoffte ich, mir die Freude, Sie einmal wiederzusehen, geben sollte. Es war ein Vorschlag, die Historiker in München zu versammeln und da mancherlei, die Reichstagsakten, die Herausgabe einer historischen Zeitschrift usw. zu verhandeln. Ich weiß nicht, warum Sybel den Plan einstweilen vertagt hat, hoffe aber, daß er diesen Herbst zur Ausführung kommen soll. Freilich nicht mehr eine Germanistenversammlung, weder dem Umfang der Teilnehmer noch der in Anspruch genommenen Kompetenz nach; aber doch etwas, das mehr, als es scheinen will, sein könnte. Helfen Sie mit zur Verwirklichung, damit nicht wieder in Vergessenheit gerate, daß zwölf ein Dutzend sind. Um der allerhöchsten Velleitäten willen ist München ein geeigneterer Platz als irgendein anderer."[62] Am 20. März sieht es gut aus: Sybel an Droysen: „Lieber Freund! In der Eile des Einpackens und Abreisens nur die kurze Notiz, daß ich morgen früh nach Berlin fahre, um dort vier Wochen im Archiv zu arbeiten. Ich bin wieder im Rheinischen Hofe. Kommen Sie vielleicht hin? Waitz und Duncker, höre ich, werden auch dort sein; da könnten wir Ding halten. Die Historische Zeitschrift wird jetzt, so Gott will, flott; und habe ich Erlaubnis meines königlichen Herrn, für den Herbst eine Versammlung deutscher Historiker nach München zu entbieten, wenn sich ein passendes Programm zu Faden schlagen läßt. Also Stoff zur Konferenz haben wir. Eventuell komme ich sonst Ende April nach Thüringen." Und am 10. Juli ist Sybel der drängende; er schreibt Droysen: „Dagegen kann ich schon jetzt melden, daß die Zeitschrift so gut wie eingerichtet ist. Mit Cotta habe ich abgeschlossen und dem Dr. Kluckhohn in Heidelberg angetragen, mir zur Hülfe bei der Redaktion hierhin zu übersiedeln. Ich bitte Sie demnach, wie wir es in Berlin verabredet haben, Ende September oder Anfang Oktober zu einer detaillierten mündlichen Beratung, zu Feststellung eines Plans für den ersten Jahrgang und Verteilung einiger erheblicher Themata hierhin zu kommen. Ich bitte Sie ebenso dringend, Ihr Wort wahr zu machen und mir einen erklecklichen Beitrag zu liefern, zum 1. November oder spätestens bis zum 1. Februar; wir wollen Quartalhefte zum 1. Januar, 1. April usw. ausgeben. Ich habe mit Cotta präzisiert, daß wir nicht eher anfangen, als bis die Hälfte des Manuskripts für den ersten Jahrgang in meiner Hand ist; ich kann ohne solche Sicherheit bei meiner hiesigen Überladung nicht beginnen. Wenn Sie sich also für die Sache interessieren, so tun Sie etwas dazu."[63]

Sybel hatte zuerst an Duncker als zweiten Redakteur gedacht und ihm am 29. September 1857 geschrieben:

„Ich hatte im Mai dem Könige* vorgestellt, wie wichtig der Wissenschaft, wie erheblich insbesondere uns hier in M. ein solches Organ sei, ein Organ, welches als leitenden Gesichtspunkt die Vertretung einer wissenschaftlichen Methode, im Gegensatz zu Ungründlichkeit, Manier, Dilettantismus, Tendenzsucht, hätte, in der Form aber sich nicht bloß an die Fachgelehrten, sondern an die Gebildeten wende und

62 Ebendort, S. 525.
63 Ebendort, S. 537 und S. 551.
* Maximilian von Bayern.

deshalb sich der Haltung der engl. oder französ. Revuen annähere. Es sei aber schwer, ohne eine pecuniäre Unterstützung ein solches Unternehmen zu fördern; wenn der König nun sich zu einer solchen entschließe, so sei die ergiebigste und zweckmäßigste die Berufung eines Redacteurs. Es komme dazu, daß die hiesige Bibliothek einen empfindlichen Mangel an Arbeitskräften habe, daß ferner bei 4 Ordinarien der Geschichte zwar nicht füglich ein fünfter berufen werden könne, bei alledem aber die alte Geschichte gar nicht gelesen werde. Nach diesen Momenten beantragte ich, den Prof. M. Duncker in Halle als Bibliothekar und Prof. honorarius (mit dem Rechte Vorlesungen zu halten) hierhin zu berufen, unter dem Privatcontracte, daß er zugleich die Redaction einer historischen Zeitschrift übernehme. Man möchte ihm 2000 fl. Gehalt bieten, c. 3 Arbeitsstunden auf der Bibliothek, wo er der zweite Beamte (unter Halm) werden würde.

Ich hatte diesen Antrag eben eingereicht, als ich von Ihren Tübinger Verhandlungen erfuhr, von denen ich dann auch Notiz gab."[64]

Duncker sagte ab; er zog vor, die Professur in Tübingen zu übernehmen.

Endlich, 1859, konnte der erste Band der „Historischen Zeitschrift" erscheinen. Sybel leitete sie bis zu seinem Tode 1895, nach ihm übernahm die Leitung Treitschke, der aber bald darauf starb. Sybel stand zuletzt Friedrich Meinecke zur Seite, ebenso Treitschke, von dem er dann die Leitung übernahm und bis in die Zeit des Faschismus fortführte, bis man ihn als „unzuverlässig" herauszwang.

So hatten die kleindeutschen Historiker seit 1859 ein wissenschaftliches Zentralorgan – als einzige organisatorische wissenschaftliche Bindung untereinander mit Sybel als Organisator, und auch diese war recht locker.

Selten hat es, wenn überhaupt, eine gesellschaftswissenschaftliche Schule gegeben, deren Mitglieder organisatorisch so wenig miteinander verbunden waren, ohne eine wissenschaftliche Lehr- oder Forschungsinstitution als Zentrum, die so gut und einflußreich, ja zum Teil beherrschend arbeitete. Nur Einiges konnte hier angedeutet werden, teils zur Klärung des Schulbegriffes, der in mancher Richtung gar nicht weit genug gefaßt werden kann, teils um Anregung zu geben, dem organisatorischen Wirken dieser Schule ohne institutionelle Organisation mehr Aufmerksamkeit zu widmen. Auch in der ideologischen Beurteilung dieser Schule ist wohl noch manches zu vertiefen, manches zu leicht gegebene verwerfende Urteil zu modifizieren.

Und dabei haben wir sie gewissermaßen bisher nur zur Hälfte behandelt. Denn wie kann man über die kleindeutsche Historikerschule sprechen, ohne näher auf ihre politische Tätigkeit einzugehen, was wir jetzt kurz tun wollen.

b. Das politische Band

Wenn wir die Betrachtung der kleindeutschen Historikerschule mit der Erwähnung der einzigen organisatorischen Bindung, die sie als Wissenschaftler einte, mit ihrer wissenschaftlichen Zeitschrift, schlossen, dann mag es füglich sein, direkt anschließend die Betrachtung dieser Schule als politischer Vereinigung mit der ebenfalls einzigen

[64] „Historische Zeitschrift", 124. Bd., München und Berlin 1921, S. 477 f.

organisatorischen Bindung, die sie als Politiker einte, mit ihrer politischen Zeitschrift, zu beginnen.

Man mag fragen, ob man nicht bei ihnen als Politikern mit ihrer parteipolitischen Bindung beginnen sollte, aber ein solches Unterfangen kann nicht gelingen, da man sie zwar wohl alle als Liberale kennzeichnen könnte, aber dieser Ausdruck ist, auch im Gefüge der Parteien in den verschiedenen Bundesstaaten, auch allein in Preußen, viel zu vage, umfaßt so viele Strömungen, daß er in der hier betrachteten Zeit von 1840 bis 1870 zumeist nichts anderes als bürgerliche Opposition bedeutet.

Das heißt, das einzige wirklich organisatorische Band, das sie als Politiker vereinte, war tatsächlich eine Zeitschrift, genannt, um gleichzeitig ihr Programm anzudeuten, „Preußische Jahrbücher", eine der ganz wenigen deutschen bürgerlichen Zeitschriften von Format, die lange Zeit hindurch veröffentlicht wurde.

Die „Preußische Jahrbücher" begannen 1858 unter Leitung von Haym zu erscheinen, und vor der endgültigen Regelung der Herausgabe der „Historische Zeitschrift" gab es Bedenken, ob sie sich nicht beide Konkurrenz machen würden. Sybel schreibt am 19. September 1857 sehr klug an Droysen: „Jetzt tritt Haym mit den 'Preußischen Jahrbüchern' auf. Es ist freilich etwas ganz anderes, aber es setzt doch in jedem Falle eine starke Teilung der Arbeitskräfte. Was ist Ihre Meinung darüber? Glauben Sie, daß eine nur 'gelehrte' historische Zeitschrift Bedürfnis und verlockend sein würde?" Droysen antwortet am 26. etwas boshaft aus Jena: „Hayms Preußische Jahrbücher konkurrieren durchaus nicht mit diesem Plan; es ist ein ganz fehlerhaft eingeleitetes Unternehmen, von Max Duncker betrieben, damit Haym eine Einnahme erhalte, um sich verheiraten zu können. Das nun gönne ich ihm von vollem Herzen, aber ich fürchte den zugleich welthistorischen und literarischen Standpunkt, auf den er sich stellen wird: alles, Kunst, Wissenschaft, Literatur, Geld, Handel usw. in einer Revue behandeln wollen, hat in Deutschland keinen Boden. Ich fragte Haym nach der Adresse, für die er schreiben wolle, und er antwortete: das gebildete Publikum! Daß Gott erbarm! Dies liest die Illustrierte, die Westermannsche usw., will populären Schmier, Bilder, Amüsement, historischen Roman à la Macaulay und namentlich keine Politik, wenigstens keine deutsche. Auf eine Anfrage meines Großherzogs, den es auch kitzelt, eine neue Zeitschrift 'allgemeinen Wertes' zu schaffen, empfahl ich: er möge zur Adresse die mit dem Staat Beschäftigten nehmen und veranlassen, daß die wichtigen Fragen in der Form von 'Denkschriften' behandelt würden. Das fiel, wie ich es wollte, zur Erde, ist aber der einzig richtige Gedanke, muß nur fein, im großen Sinn, patriotisch verstanden werden."[65] Doch schnell nimmt er eine positivere Haltung ein. Schon am 17. 2. 1858, kaum daß die „Jahrbücher" heraus sind, schreibt er an Karl Francke: „Es ist ein guter Stern, der über Haym waltet; wenn er nur die nötigen Mittel in sich hat, das sich bietende Glück für eine große Sache groß zu fassen und zu benutzen. Ich dringe in ihn, sich möglichst bald die preußische Marine auf das Panier zu schreiben, unermüdlich für diese zu arbeiten. Das blaue und allgemeine wohlmeinende Zeug von Wissenschaftlichkeit, Bildung und großer Politik gehört in den Papierkorb. Er muß dick einseitig sein lernen und

[65] „Droysen", Bd. II, S. 471, 477 f.

ein großes Interesse durchsetzen wollen; das gibt Kraft, Wirkung: oderint dum metuant. Ich fürchte, er wird das 'Pathos' einer allgemeinen, verwässerten Rhetorik lieber treiben, als die Gegner bei der Brust fassen. Mahnen und treiben Sie ihn und drängen auch Sie ihn auf die Marine."[66]

Das Erscheinen beider Zeitschriften war also keineswegs koordiniert – wiederum ein Zeichen für den so lockeren organisatorischen Zusammenhang der Schule. Doch schnell entwickelte sich – wie konnte es auch unter so befreundeten und im Ziel so einigen Männern anders sein! – das, was Sybel als möglich angedeutet hatte, eine Art Teilung der Arbeit – mit der „Historische Zeitschrift" als wissenschaftlichem, und den „Preußische Jahrbücher" als politisch-kulturellem, stark auf die „gebildete Bourgeoisie" allgemein ausgerichtetem Zentrum.

Wenn der Anfang der beiden Zeitschriften nicht koordiniert war, lag das zum Teil daran, daß in die „Jahrbücher" zunächst noch eine Gruppierung einfloß, die den Kleindeutschen ganz nahe stand, ja bisweilen sogar teilweise zu ihnen gerechnet wird, aber doch nicht zu ihrer Schule gehörte. Haym berichtet in seinen Lebenserinnerungen zum Entstehen der „Jahrbücher": „Der Gothaer Preßverein hatte die Gründung einer großen Zeitung der daran haftenden Schwierigkeiten wegen aufgegeben; man glaubte sich, namentlich auf Dunckers Rath, mit der Gründung einer Monatsschrift, etwa nach dem Muster der englischen und französischen Revuen begnügen zu müssen, die neben den wöchentlich erscheinenden 'Grenzboten' in längeren Aufsätzen von möglichster Gediegenheit die Sache des nationalen Liberalismus, den Gedanken des preußisch-deutschen Einheitsstaates vertreten und ihn als das Glaubensbekenntniß der gebildeten Kreise des ganzen Deutschlands unaufhörlich werbend verkündigen sollte. Mir war die Redaction dieser Zeitschrift zugedacht. ... Ich war leichtsinnig genug, mich über die inneren Schwierigkeiten der Aufgabe hinwegzutäuschen, und die Aussicht, dadurch von Neuem in die Opposition gegen die officiellen Gewalten hineingerissen zu werden, hatte für Einen, der auf ehrliche Weise aus der Mißliebigkeit herauszukommen doch nicht hoffen durfte, nur einen Reiz mehr. Nun waren wir bereits mit Erwägungen über Plan und Programm der zu gründenden Revue beschäftigt, als uns von Breslau aus dasselbe Project entgegengebracht wurde. Unabhängig von Gotha hatte dort Mommsen und seine Freunde, Röpell, Molinari und Andere, die Idee, die Wissenschaft in den Dienst der liberal-nationalen Propaganda zu stellen, eifrig erfaßt und die Ausführung entschlossen in Angriff genommen. Auch dort hatte man die Blicke auf den Verfasser des Wilhelm von Humboldt (Haym – J. K.) gerichtet – wir brauchten nur einzuschlagen und die Gründung der „Preußischen Jahrbücher" war gesichert. Denn Mommsens Einfluß hatte den Besitzer der Weidmannschen Buchhandlung, Karl Reimer, für das Unternehmen zu interessiren gewußt, an dessen Stelle jedoch sein jüngerer Bruder Georg Reimer den Verlag übernahm. Die Verhandlungen der Gründungsconferenz in Karl Reimers Hause in Berlin im Sommer 1857 galten vor Allem der Verständigung über das Maß der Anbequemung an das Interesse eines großen, nicht gelehrten, aber gebildeten Publicums und, da doch hierüber nicht wohl nach Principien, sondern nur nach Mustern ent-

[66] Ebendort, S. 526.

schieden werden kann, noch mehr der Erörterung einzelner grundsätzlicher, für den Erfolg wichtiger Fragen. Der in Vorschlag gebrachte Titel, bei dem mir der Vorgang der Hallischen Jahrbücher vorschwebte, wurde acceptirt; darüber insbesondere, daß diese Jahrbücher sich Preußische nennen müßten, herrschte Einstimmigkeit; denn Farbe sollte bekannt, das Ziel unserer nationalen Bestrebungen unter allen Umständen und auf alle Gefahr hin scharf hervorgehoben werden. ... Es war der Charakter und die Form des Ganzen, worüber zu wachen ich mir zur Aufgabe machte. In den Jahrbüchern etwas zu schaffen, was den Revuen des Auslandes ebenbürtig an die Seite gestellt werden könne, in ihrer Leitung fortzusetzen, was mir für meine eigenen schriftstellerischen Arbeiten vorgeschwebt hatte, die Form des Essays zu pflegen, und möglichst alle Beiträge auf die Höhe einer vornehmen und fesselnden Popularität zu stimmen, darauf verwandte, darauf verschwendete ich alle Mühe."[67]

Haym leitete die Jahrbücher bis 1865, dann übernahm sie Treitschke, anfangs zusammen mit Wehrenpfennig, seit 1883 mit Hans Delbrück, der sie dann allein leitete. Zu den Mitarbeitern in der frühen Zeit gehören Baumgarten, Treitschke, Duncker und beratend vor allem auch Droysen. Schon am 9. Juni 1858 hetzt geradezu Droysen Haym zum Kampf gegen das Organ der Regierung, die „Kreuzzeitung", auf: „Vortrefflich sind die Anfänge von der Marine, vortrefflicher die Absicht von der Kontinuität dieser Betrachtungen. Die letzte Kreuzzeitung hat eine Herausforderung an Sie erlassen, der Sie dienen müssen; aber mit feinster Waffe, mit stolzester Kälte, so ruhig und sicher wie Gräfe, wenn er ein Auge operiert. Und dann muß dies Meisterstück von logischer und rhetorischer Entgegnung von den Freunden tüchtig in die Zeitungen gebracht werden. Sie müssen, glaube ich, diesem Hauptpastor Götze – Kreuzzeitung – eine regelmäßige Aufmerksamkeit in Ihren Jahrbüchern widmen; Sie müssen ihn an dem langsamen Feuer der Syllogismen braten. Nicht das Vielerlei der Aufgaben macht die Stärke Ihres Blattes, sondern die konzentrische Wirkung auf die Hauptpunkte, und das Publikum wird mehr durch die Art der Behandlung als durch die Objekte beherrscht. Jener Artikel der Kreuzzeitung verdient den höchsten Dank, wenn er Sie bewegt, den Burschen sauber beim Kropf zu fassen – nicht beim Kopf. Die Dinge in Berlin gehen gut. Es ist der Moment nahe, wo es auf unsrer ganzen Linie heißen kann: avancieren."[68] Und das, nachdem schon das zweite Heft der „Jahrbücher" von der Regierung konfisziert worden war! Auch spätere Hefte werden noch unterdrückt und Haym wird unter Anklage gestellt werden.

Ja, die „Preußische Jahrbücher" waren eine echte Kämpferzeitschrift für die Ziele der Kleindeutschen und sie alle standen treu zu ihr, vor allem auch Duncker, der nicht nur so viel für sie schrieb, sondern in Notzeiten auch finanzielle Hilfe fand – etwa, als eine Reihe von Abonnenten abfielen, als die „Jahrbücher" „Annexionsgelüste" gegenüber Schleswig-Holstein zeigten.

In diese Zeit fällt ein politischer Angriff auf die kleindeutschen Historiker, der so deutlich zeigt, wie die Öffentlichkeit sie als eine politische Gemeinschaft sieht. Haym

67 *R. Haym,* Aus meinem Leben, a. a. O., S. 258 f., 261.

68 „Droysen", Bd. II, S. 546 f.

berichtet in seiner Duncker-Biographie: „Wer in der Herzogthümerfrage das preußische und allgemein deutsche Interesse obenan stellte, der wurde als ein Helfershelfer der Bismarckschen Junkerpolitik, als ein Verräther an der Sache des Rechtes und der Freiheit oder doch als ein Doctrinär verschrieen, der, verleitet durch die Vorstellung eines idealen Preußen, wie es nur in der Einbildung existire, der freiheitlichen und einheitlichen Entwicklung Deutschlands entgegenarbeite und dem Cäsarismus auch in Deutschland die Thür öffne. So ungefähr lauteten die Anklagen, welche im April 1865 der Brief 'eines preußischen Abgeordneten' gegen fünf deutsche Professoren, die Historiker Treitschke, Mommsen, Sybel, Droysen und Duncker richtete. Waren doch die ersten beiden offen für die Annexion in die Schranken getreten, konnte doch von ihnen allen gesagt werden, daß sie früher 'schleswig-holsteinisch' gewesen, und daß sie jetzt sämmtlich, wenn auch in verschiedenen Nüancen, 'Bismarckisch' seien. Gegen keinen der Genannten jedoch spritzte der, übrigens mit hervorragendem Geschick geschriebene Artikel mehr Gift, als gegen Duncker. ... Er heißt 'Einbläser und Ausbläser der Politik Bismarck', die er mit Denkschriften und Vorträgen bei dem 'glücklicherweise für den Inhalt wenig zugänglichen' Kronprinzen, durch Inspirationen der officiösen und nichtofficiösen Presse unterstütze, in der ehrgeizigen Absicht, so sage man, um sich 'zum Bismarckschen Unterstaatssecretär hinaufzuannectiren'."[69]

Der Brief des preußischen Abgeordneten Julius Frese, der Mommsen wohl deswegen miteinschließt, da auch dieser ganz prominent für die „selbständige Unabhängigkeit" Schleswig-Holsteins von Dänemark gekämpft hatte und jetzt ebenfalls für ihre Annexion war, wurde zuerst in der Wiener „Neue Freie Presse" am 26. April 1865 veröffentlicht und dann in eine Reihe anderer Blätter nachgedruckt. Sein alter Freund Francke schickte Duncker den Abdruck aus der „Schleswig-Holsteinsche Zeitung" vom 30. April ohne ein Begleitwort zu. Duncker antwortete ihm am 6. Mai mit einer Bemerkung zur politischen Taktik und Strategie, der die ganze Komplikation der Politik der Kleindeutschen in dieser Situation aufzeigt: „Erhielte Herr v. Bismarck wirklich, was der Briefsteller so sehr besorgt, Stärke durch diesen oder anderen auswärtigen Erfolg, so würden vielleicht unsere Verfassungskämpfe länger dauern; aber bekanntlich sind die Staaten am kräftigsten und freiheitlich am besten fundiert worden, in denen die Verfassungskämpfe am gründlichsten ausgefochten worden sind. Für Verfassungskämpfe ist immer Zeit; über auswärtige Erfolge entscheidet der gegebene Moment."[70]

Sie alle, mit Ausnahme von Mommsen, der nur ganz am Rande zu ihnen gehört, stehen seit vielen Jahren in engster, sich gegenseitig informierender politischer Korrespondenz, deren Resultate sie in ihrer Aktivität als Abgeordnete, in Zeitungsartikeln und sonstwie, auch bei Gesprächen mit „hochgestellten Persönlichkeiten", benutzen.

Merkwürdig, wie diese Männer, um mit dem letzten Punkt zu beginnen, die Jahrzehnte hindurch in der Opposition standen, Verbindungen „nach oben" hatten, so

[69] *R. Haym,* Das Leben Max Dunckers, a. a. O., S. 351.

[70] *M. Duncker,* a. a. O., S. 389.

Duncker schon 1848 zur späteren Kaiserin und gelegentlich auch zum späteren Kaiser, und als der damalige Prinzregent 1861 König von Preußen wird, entwirft er die Thronrede und die Ansprache „An mein Volk“. Seit 1860 steht er auch mit dem künftigen Kronprinzen, dessen offizieller Berater er später wird, und seiner englischen Frau in engerer Verbindung.

Sybel stand jahrelang dem König von Bayern nahe und suchte ihn in preußischer Richtung zu beeinflussen. Selbstverständlich machen sie sich nicht die mindesten Illusionen über das Kaliber dieser Hohen Herren. Nachdem Droysen, in München zu Besuch bei Sybel, den König kennengelernt hat, schreibt er seinem Freunde Karl Francke am 12. November 1858: „In München habe ich vielerlei gehört und erlebt. Der König ist liebenswürdig, unterrichtet wie ein Primaner, jeder Zoll kein König; er ist ein Beispiel, wie man aus dem schwersten Geschäft, dem des Königseins, eine Sinekure macht. Wie schlechte Bischöfe in England überläßt er seinem Vikar Pfordten die Seelsorge seines Volkes und Landes, und dieser Kerl ist ein unzweifelhafter Aventurier in seinem Geschäft.“ Francke antwortet: „Sie porträtieren ganz vortrefflich, bester Droysen; König Max steht leibhaftig vor mir, dieser häßliche, leere, von Eitelkeit [–] ganz zerfressene Mann.“[71]

Und zugleich zwingt die politische Situation sie, „untergrund“ zu arbeiten. So schreibt Sybel zum Beispiel einen Brief an Duncker vom 28. Mai 1859 einleitend: „Ich mußte in dieser Woche meinem Chef einen Aufsatz über die Tagesfrage ausarbeiten, insbesondere über die zwei Fragen: Ist es nötig für die deutschen Interessen, daß Österreich die ganze Lombardei besitzt, oder reicht dazu die Minciolinie aus? – Und: Ist es besser, jetzt oder später den wahrscheinlich doch unvermeidlichen Krieg gegen Frankreich zu führen? ...“ Der Chef ist der König. Wie aber endet der Brief? so: „Ich kenne hier einen Historiker, der bisher sehr gern als ‘Pionier wissenschaftlicher Kultur’ auf seinem Posten war. Im Vertrauen kann ich Ihnen sagen, daß er jetzt diese Mission ziemlich hoffnungslos findet und jeden Dritten beneiden würde, der etwa aus den Beratungen der Berliner Fakultät als zu Berufender hervorginge. Ihr Schulze.“ Die Unterschrift ist fingiert und von sich selbst spricht er anonym als „einem Historiker“. Drei Tage später endet Sybel einen Brief an Duncker: „Wenn Sie der Post nicht trauen (wie ich höre, wird die königlich sächsische beargwohnt), so adressieren Sie den Brief an Frau Ida Baumgarten.“[72]

Duncker ist wohl der eifrigste Nachrichtensammler. Ab 1843 unterrichtet ihn Droysen aus Kiel über Schleswig-Holsteinsche Zustände. Allmählich folgen die anderen, als letzter der gerade von den Kleindeutschen entdeckte Treitschke.

Zugleich war Duncker ein Gründer bzw. Mitbegründer von Zeitungen, die er dann aus eigenem und mit Hilfe der Freunde mit Artikeln versorgte. So bewegte er Haym dazu, die Leitung der „Constitutionellen Zeitung“ 1850 zu übernehmen und half selbst mit Korrespondenzen. Später regt er insgeheim mit preußischen Geldern als Subvention die Gründung der „Süddeutsche Zeitung“ durch Sybel (ebenfalls zunächst nur im Hintergrund) und Baumgarten an. Viele Hunderte von Briefen zwischen ihnen

[71] „Droysen“, Bd. II, S. 568 f.

[72] *M. Duncker*, a. a. O., S. 120, 122 und 124.

allen mit politischen Informationen sind uns erhalten geblieben. Auch reisen sie zueinander, um Besprechungen zu haben. Ein Brief mag für alle stehen, um die Art ihrer Korrespondenz zu kennzeichnen. Baumgarten schreibt am 2. April 1859 an Duncker: „Wir vermuteten Sie in Berlin ... Nun belehrt uns aber heute ein Brief von Haym aus Berlin, daß Sie nicht dort sind ... Sybel will in diesem Monat auf acht Tage nach Berlin; es ist ihm einerlei, ob er jetzt geht oder am Ende des Monats, nur vom 12. bis 24. kann er nicht. Wir hier auf unserem politischen Isolierstuhl und im Zentrum der antipreußischen Agitation fänden es äußerst wünschenswert, wenn Sie sich mit S. in Berlin treffen könnten, hier vorkämen und dann mit S. zusammen reisten. Wie Haym schreibt, und wie ein Brief Droysens an S. aus Berlin genau bestätigt, steht es dort gar nicht so, wie wir es wünschen möchten. H. schreibt: 'Die Kammer ist völlig vergraben in innere Politik – kaum, daß man mit Männern wie Simson über die auswärtige Politik ein eingehenes Gespräch führen kann. Alles glaubt festiglich an den Frieden und niemand verlangt auch nur, daß die Regierung jetzt schon ein Programm für die Zukunft habe. Das Ministerium lebt von Tag zu Tag – man hat absolut keinen Plan. Hier fehlt überall unser Duncker, der die Leute in der Kammer aus ihrer Lethargie wecken, und der oben größere Gedanken anregen würde.' Diese üblen Nachrichten lassen es uns nun in der Tat höchst notwendig erscheinen, daß man auf die ungeheuren Gefahren mit allem Nachdruck in Berlin aufmerksam macht, welche, von aller Kriegsgefahr abgesehen, Preußen und Deutschland aus einem solchen Gehenlassen drohen. Ich meine, Sie und S. zusammen müssen an Ort und Stelle die Leute aus ihrer 'Lethargie wecken' können. Wie Sie selbst bemerkten, fruchtet das Schreiben nicht. Durch Schreiben hier im Süden zu wirken, scheint auch unmöglich. Ich erlebe es an meiner kleinen Schrift,* daß man in kein süddeutsches Blatt keine wie vorsichtig auch gehaltene Besprechung desselben bringt, und gegen Sybel ist wegen der zwei unendlich genau abgemessenen Artikel in der 'Allgem. Zeitung' ein wahrer Krieg hier los. Allein eine bestimmte, klare Haltung Preußens kann uns wieder eine Basis geben. Das aber werden Sie mit mir glauben, daß gegenwärtig unter der Maske des Patriotismus von allen Feinden Preußens und der Konstitution eine weitverzweigte, erfolgreiche Wühlerei betrieben wird, und daß es nicht nur für Preußens Stellung in Deutschland, sondern für den Bestand des gegenwärtigen Regimes in Preußen gefährlich werden kann, wenn man diese, von Österreich sehr schlau geleitete Agitation ungehemmt gehen läßt ... Ich mache Sie auf die 'Bayr. Wochenschrift' von K. Brater aufmerksam, deren erste Nummer heute erschienen ist. Brater ist wohl der fähigste Abgeordnete und der offenste politische Kopf, den ich in Bayern gefunden. Ich stehe mit ihm in vielfacher Beziehung und hoffe wenigstens etwas in dem Blatt für den Verstand in der Kriegsfrage tun zu können. Die Verbreitung des Blattes in Württemberg wäre nicht nur eine wünschenswerte Unterstützung des für Bayerns konstitutionelle Entwicklung wichtigen Unternehmens, sondern könnte auch in Württemberg nützlich wirken. Herr v. d. Pfordten steht wieder fest. Der König hat die Entlassungsgesuche zurückgegeben, und wenn

* Deutschland und die italienische Frage. Zur Verständigung zwischen Nord und Süd, Nördlingen, Becksche Buchhandlung, 33 S., erschien anonym.

es Pf. nicht vorzieht, Bundestagsgesandter zu werden, so bleibt alles beim alten! d. h. unter anderem, Preußens gefährlichster Gegner bleibt an der Spitze von viereinhalb Millionen Deutscher."[73]

Sorgsam beobachten sie, wen sie gewinnen können. Am 19. August 1859 hatte der ihnen nahestehende Publizist Ludwig Karl Ägidi an Duncker geschrieben: „... In Leipzig sprach ich den herrlichen, leider tauben Dr. Heinrich v. Treitschke. Das ist ein ganzer Mann. Er erzählte mir über die Dinge in Sachsen so Interessantes, daß ich ihn aufforderte, Ihnen über die Stimmung ein Bild zu geben. Es genügt, wenn er Ihnen schreibt, nur einfach ihm zu schreiben: 'Danke, fahren Sie fort.' – Er ist sehr geeignet dazu, seine Familie gehört zu den alten Militärfamilien und steht mitten in der Dresdener Aristokratie. Er selbst gehört der Wissenschaft an. Sein Herz ist mit dem Volk ..."[74] Und am gleichen Tag geht ein Brief von Treitschke an Duncker, der beginnt: „Geehrtester Herr Geheimer Rath, mein Freund Aegidi war kürzlich auf der Durchreise hier. Er sagte mir, daß Ihnen daran gelegen sei aus allen Theilen des Vaterlands unbefangne Berichte über die herrschenden Stimmungen und Zustände zu erhalten. Ich begreife, daß eine genaue Kenntniß der Thatsachen der preuß. Regierung bei dem Werke der deutschen Reform, das sie wills Gott vollenden wird, nur förderlich sein kann. Ich beeile mich Aegidis Wunsche nachzukommen und Ihnen (natürlich ganz privatim) eine Schilderung sächsischer Verhältnisse zu geben."[75] Faktisch hatte ihn schon Haym 1857 auf einer Werbereise für die „Jahrbücher" entdeckt. Er schreibt in seinen Erinnerungen:

„Von allen Orten dagegen, die ich auf meiner Reise berührte, muß ich Einen mit einem Stern auszeichnen. Es waren freilich nicht die alten Herren in Göttingen, desto mehr die jungen, die mich mit offenen Armen und meine Verkündigung der Preußischen Jahrbücher mit offenen Ohren aufnahmen. Daß es an Enthusiasmus nicht fehle, dafür sorgte Freund Aegidi, der ehemalige treue Helfer an der Constitutionellen Zeitung. Er war so reich an Ideen und Ratschlägen wie an Liebenswürdigkeit und Freundschaft für mich. Nachdem mich am Vormittag Ernst Meier, der junge Privatdocent für Kirchenrecht, in der Göttinger Bibliothek umhergeführt, wurde am Abend ein geselliges Zusammensein im Local des Museums, dem ehemaligen Wohnhause Otfried Müllers, veranstaltet, das wieder vor Allem Aegidi mit seiner sprudelnden Laune zu beleben wußte. Unter all den jungen Universitätsleuten aber saß doch auch ein Alter, der liebenswürdige Hermann Sauppe. Ihm gerade sollte ich das Beste verdanken; er war es, der mich mit allem Nachdruck auf Heinrich von Treitschke hinwies, der erst vor Kurzem behufs seiner Habilitation in Leipzig Göttingen verlassen hatte; der, sagte er, sei der rechte Mann für unsere Zeitschrift, für diesen stehe er ein.

Den so warm Empfohlenen aufzusuchen, ließ ich denn, sobald ich nach Halle zurückgekehrt war, meine erste Sorge sein. Sich ihm ausgiebig mitzutheilen war schon damals nicht leicht. Ich fand ihn in einer bescheidenen Hofwohnung im Hause eines Tischlers. Man zog vergebens an der Klingel seines Stübchens. Erst als die Wirthin vom Hofe aus mit einer Latte an sein Fensterkreuz geklopft hatte, zeigte er sich und

[73] Ebendort, S. 90 f.

[74] Ebendort, S. 169 f.

[75] „Briefe", Bd. II., S. 42 f.

öffnete. Ein Arbeitstisch mit einem ärmlich bestandenen Bücherbrett, das er mit der besten Laune als seine Bibliothek bezeichnete, machte neben ein paar Stühlen seinen ganzen Hausrath aus. Vieles Redens und Werbens aber bedurfte es nicht. Durch Freund Sauppe vorbereitet, kam er mir auf mehr als der Hälfte des Weges entgegen; aufs halbe Wort verstand er. Das war eben der Mitarbeiter, den ich suchte, das war eben das Feld schriftstellerischer Thätigkeit, wie er es sich wünschte, – hier fand seine nationalpolitische Gesinnung, sein historisch-litterarisches Interesse, sein Drang, auf seine Zeitgenossen rednerisch einzuwirken, die schönste Gelegenheit."[76]

Duncker nimmt in der „Neuen Ära" eine ministerielle Stellung an, die ihm die Korrespondenz mit den Freunden, ihren politischen Bund unentbehrlicher als je macht, während er selbst gleichzeitig zu einer unerschöpflichen Nachrichtenquelle für die Freunde wird.

1858 hatte Duncker eine Denkschrift geschrieben, von der Haym annimmt, daß er sie auf Umwegen dem Prinzregenten von Preußen zuspielen ließ. Haym faßt die uns hier interessierenden Kernpunkte so zusammen: „Nachdrücklich betont der Verfasser die starke Stellung des preußischen Königthums: mit gleichem Nachdruck jedoch die Unentbehrlichkeit des constitutionellen Systems. Es handelt sich, meint er, nur darum, dies System vor Ausschreitungen zu bewahren, und dazu ist es nöthig, die extremen Parteien genau im Auge zu behalten. Zuerst, und am sorgfältigsten, die feudale Partei mit ihrem amtlichen und gesellschaftlichen Einfluß, ihrem zur Schau getragenen Royalismus, der sie nicht gehindert hat, nach Macht auch gegen den Monarchen zu streben, – diese Partei, deren Führer gewandt in der Intrigue und zum Spiel mit dem Auslande geneigt sind, während die Gefolgschaft nur zu oft ihre Standesinteressen dem Staatsinteresse voranstellt. Es hat dagegen für den Augenblick viel weniger auf sich mit dem anderen Extrem, der demokratischen Partei. 'Preußen' – so durfte Duncker im Jahre 1858 schreiben – 'besitzt kein politisirendes Proletariat: nur durch die ärgsten Mißgriffe der Regierung könnte die Demokratie wieder zu einer Realität werden.' Bürger und Bauern erstreben in erster Linie Schutz gegen die Uebergriffe der Verwaltung und der Polizei, sowie gegen die Rittergutsbesitzer; sie glauben diesen Schutz in der Verfassung zu finden, an der sie deshalb hängen, und ihre Forderungen sind mäßiger Natur. Der Schluß der Denkschrift erinnert an den Schluß von 'Feudalität und Aristokratie'. In der wirksamsten Weise, warm und beredt, faßt er alles Gesagte zusammen: 'Preußen besitzt einen Bauernstand wie kein anderes Land in Europa, einen Bürgerstand voll Intelligenz, von seltener Rührigkeit und Arbeitskraft, eine Ritterschaft voll von den schätzbarsten Kräften für die Armee. Die bedenklichen Tendenzen in diesem Stande werden verschwinden, sobald er nur eine feste Hand und einen festen Zug von oben her empfindet. Alle diese reichen Kräfte stehen bereit, einer Führung zu folgen, welche ihnen Gewähr bietet, einem in Deutschland und Europa geachteten Staate anzugehören. Das preußische Volk verlangt nichts mehr, als zu Anstrengungen aufgefordert, zu großen Aufgaben geführt zu werden.'"[77]

[76] *R. Haym,* Aus meinem Leben, a. a. O., S. 269 f.

[77] *R. Haym,* Das Leben Max Dunckers, a. a. O., S. 187 f.

Zuerst ist Duncker als Vertreter der Liberalen Bourgeoisie natürlich gegen die „feudale Partei“, gegen die Junkerherrschaft. Die Junker sollen aus ihren politischen Machtpositionen entfernt werden, doch ist Duncker gern bereit, ihnen die Armee zu überlassen – man vergesse nicht, wie kümmerlich deren Zustand damals war. Vor der Arbeiterklasse hat er keine Furcht, weil sie damals unorganisiert war – aber an sich hält er sie für gefährlich, denn sie ist ihm die Vertreterin der Demokratie. Die Bourgeoisie aber soll durch ein echtes Parlament – das meint er mit der „Unentbehrlichkeit des constitutionellen Systems“ – die wirkliche politische Macht erhalten.

Mit einer solchen Gesinnung war es zu Beginn der neuen Ära möglich, ein Teil des Establishment zu werden. Da Duncker seit 1848/49 gewisse Beziehungen zum Prinzregenten und dessen Frau gehabt hatte, ist es nicht allzu verwunderlich, daß er am 10. April 1859 eine Aufforderung eines Mitgliedes der neuen „liberalen“ Regierung, des Ministers R. v. Auerswald, erhielt, nach Berlin zu kommen. Er wurde Geheimer Rat „attachirt dem Ministerpräsidenten Fürsten Hohenzollern, beschäftigt im auswärtigen Amt und in der Presse“. Haym bemerkt: „Gewiß, Dunckers Gesinnungsgenossen durften seine Berufung, gleichviel, welche Stellung ihm zugewiesen wurde, als eine gewonnene Schlacht, als eine neue Bürgschaft für den Ernst ansehen, mit dem die Regierung des Prinz-Regenten ihre in dem damaligen Augenblicke doppelt schwierige Aufgabe im Sinne ihres Programmes zu lösen gedenke.“ Jetzt ist sein Amt zu einem zeitweiligen organisatorischen politischen Zentrum der kleindeutschen Historikerschule geworden. Haym schreibt: „Den Nachrichten und Stimmungsbildern, die sie dem Parteigenossen zugehen ließen, mischten sie den Ausdruck bald der Hoffnung, bald der Sorge, mehr oder minder einsichtigen Rath und immer wieder die zwiefache Forderung bei, daß Preußen kräftig vorgehen und daß es die Ziele seiner Politik, um alle Zweifel zu zerstreuen, deutlich und Allen verständlich bezeichnen solle. Das Alles suchte Duncker aufs Beste zu verwerthen; in der Hauptsache jedoch sagten ihm alle diese Stimmen nur, was er sich selbst sagte; sie schürten nur das Feuer, das in seiner eigenen Brust brannte, bliesen nur in seine von eigenem Antrieb bereits bis zum Zerreißen angeschwellten Segel.“[78] Gleichzeitig geht ein Strom von Briefen an die Freunde, die gar nicht genug hören können. Am 11. Juni 1859 schreibt Droysen: „Lieber Duncker! Wenn es irgend Ihre Zeit erlaubt, so kargen Sie nicht mit ein paar Zeilen für mich, um mich zu orientieren“ und dann folgen mehrere Briefseiten mit eigenen Nachrichten und Kommentaren, u. a. ein Bericht von W. Arendt aus Brüssel. Der Brief endet: „Soweit meine Nachrichten. Lassen Sie mich recht bald etwas hören und fügen Sie bei, was ich davon für Brüssel benutzen kann, was nicht.“[79] Am 15. Juni schreibt Treitschke seinem Freunde Nokk: „Man soll nicht auf Menschen bauen, und so will ich auch gestehen, Haym versicherte mir neulich: ‘die Regierung des Prinzen macht es ihren Freunden schwer sie zu vertheidigen. Duncker – jetzt bekanntlich Hohenzollerns rechte Hand – schreibt immer: »ich kann noch nichts sagen, aber verlaßt Euch auf uns.« –’ – So weit Haym; daß ist nicht der Ton, in dem Männer, die ihrer Sache sicher sind, sprechen.“[80]

[78] Ebendort, S. 194 und 199.
[79] „Droysen“, Bd. II, S. 598 f.
[80] „Briefe“, Bd. II, S. 30.

So sind sie alle in engster Verbindung, mit Duncker als Zentrum.

Nach einiger Zeit wird Duncker offizieller politischer Berater des Kronprinzen. Droysen, der inzwischen eine Professur in Berlin erhalten hat und nun Duncker häufig sieht, schildert Sybel Dunckers Position (Brief vom 19. Oktober 1863): „Von Duncker werden Sie wohl schon Antwort haben. Seine Stellung ist keinesweges der Art, daß sie ihm eine Veränderung notwendig oder auch nur wünschenswert machte; und im Interesse der Sache unsres Staates wünschte ich nicht, daß er sie aufgebe oder aufgeben müßte. So bestimmt Duncker seinem Herrn gegenüber die Ansichten ausspricht, welche er für die richtigen hält, so wenig ist vonseiten desselben auch nur die leiseste Andeutung gegeben, daß er ihm sein Vertrauen versage; im Gegenteil habe ich Grund zu vermuten, daß er den ganzen Wert eines unter allen Umständen offenen und gewissenhaften Rates, auch wenn er momentan nicht dem eigenen Wunsch entspricht, zu würdigen weiß. Daß Duncker seine Stellung, so lange es irgend geht, behält, am wenigsten sie aus dépit aufgibt, ist um so wünschenswerter, als die Position, welche der Kronprinz genommen hat, ihn nur zu leicht in das Kielwasser der Herren Buchanan, Morier usw. treibt, wenn nicht in das noch schlimmere des Koburgers und zu der unbesonnenen Politik derer, die in seiner Umgebung kalkulieren und phantasieren."[81]

Doch so berechtigt man sein mag, Duncker und sein Amt zeitweise ein politisches organisatorisches Zentrum der kleindeutschen Historikerschule zu nennen, so war er doch niemals das Haupt der Historikerschule als politischer Vereinigung, ebensowenig wie Droysen je das Haupt der Schule als wissenschaftlicher Vereinigung war.

Eigenartig ist diese Schule der kleindeutschen Historiker in ihrer Verflechtung von wissenschaftlicher und politischer Aktivität, in ihrer bis ins Letzte bewußten Parteilichkeit in der Wissenschaft, stärkster gesellschaftlicher Aktivität – nicht einfach intensiver politischer Interessenahme, sondern konkreter Funktionärstätigkeit – in ihrer guten Genossenschaft untereinander im Kampf.

Doch das alles auf dem Niveau bürgerlicher Mittelmäßigkeit – der Mittelmäßigkeit einer bis 1870 progressiven Bourgeoisie, die ihren Kampf für den Fortschritt trotz zahlreicher taktischer und strategischer Fehler auf Grund der objektiven Gesetzmäßigkeiten der Basis mit dem Bonapartisten Bismarck als Katalysator gewinnt.

Am Tage ihres Sieges aber erscheint schon ihr Nachfolger, die Arbeiterklasse, auf der Bühne des Geschehens in einzigartiger Reife vertreten durch ihre politische Partei, die deutsche Sozialdemokratie. Die neue Rolle der Arbeiterklasse wird sich auch sehr deutlich in der jämmerlichen Polemik, die bald nach 1870 der kleindeutsche Treitschke gegen sie führen wird, zeigen. In der Tat kann man von der deutschen Bourgeoisie sagen: Schon am Tage nach dem Siege besiegt ... wenn auch noch lange nicht beseitigt: Schon am Tage ihres Sieges Aufgabe des ersiegten Zieles durch seine Verwandlung in eine reaktionäre, dem Untergang verfallene Sache. Und mit an der Spitze der ideologischen Heerscharen der Bourgeoisie, die der Welt diese Verwandlung verkünden, stehen so viele der kleindeutschen Historiker.

[81] *„Droysen"*, Bd. II, S. 812.

Schlußbemerkung

Wir haben im Vorangehenden vier Arten von Schulen, die voneinander außerordentlich verschieden sind, behandelt – auch in sehr verschiedener Weise: Ganz kurz, nur andeutend, die griechischen Wissenschaftlerschulen; recht ausführlich die Ricardo-Schule, vornehmlich auf Grund von Aussagen von Marx; ausführlicher auch die Schule der kleindeutschen Historiker, uns stark auf Briefwechsel stützend, weil in diesen die Aussagen so viel offener; und schließlich eine sozialistische Schule mit eigenen persönlichen Erinnerungen.

Wir haben auch ein theoretisches Kapitel eingefügt, nicht um eine Theorie der Schulen zu geben, sondern mehr, um den Stand der Diskussion heute anzudeuten.

Nach der Lektüre dieses Bandes wird man einer Definition, oder der Konstruktion eines Modells einer wissenschaftlichen Schule nicht näher gekommen sein. Aber ganz bestimmt wird man nicht mehr so viele einseitige Definitionen von dem geben, was eine wissenschaftliche bzw. gesellschaftswissenschaftliche Schule ist. Man wird verstanden haben, wie weit der Begriff der gesellschaftswissenschaftlichen Schule zu fassen ist, was für eine erstaunliche Institution eine wissenschaftliche Schule ist, wie vielgestaltig sie strukturiert sein, wie verschiedenartig sie funktionieren kann.

Personenverzeichnis

von Erika Behm

Aaronovitch, S. 52
Abel, O. 190
Aboltin, W. 28
Afanasjew, W. G. 55
Aegidi (Ägidi), L. K. 199
Aischines 103
Aischylos *siehe* Äschylus
Alexander, B. 37
Alexander der Große 178
Alexander I., russischer Zar 157
Alexejew, A. 28
Altvater, E. 35
Andree, K. 178
Andronov, A. A. 56, 58
Anikin, A. W. 127, 131 f., 149, 151, 153, 155
Antisthenes 101, 103
Arendt, W. 174, 178, 201
Aristophanes 173
Aristoteles 70, 101, 106, 146
Aršavskij (Arschawski), I. A. 78
Arsumanjan, A. A. 29
Äschylus (Aischylos) 173
Ashley, W. J. 108
Auerswald, R. von 201
Augusta, deutsche Kaiserin 197, 201

Bailey, S. 137, 140
Bakunin, M. A. 152
Barber, B. 9
Bastiat, Fr. 151, 154
Baumgarten, H. 166, 168, 173 f., 178–180, 183 f., 189, 195, 197 f.
Baumgarten, I. 197
Bebel, A. 164
Beethoven, L. van 133
Bentham, J. 124
Bernal, J. D. 55
Bernard, C. 81
Beseler, G. 188
Bethmann-Hollweg, M. A. von 186
Biedermann, K. 177
Bismark, O. von 159, 161–166, 168, 170 bis 172, 179, 181, 196, 202
Blaug, M. 127
Boeckh, A. 173
Bogoljubow, N. N. 63
Bohr, N. 70, 72, 79
Boisguillebert, P. Le Pesant de 94
Bojko, E. S. 56, 58 f., 70, 73
Bonaparte *siehe* Napoléon
Born, M. 72
Brater, K. 198
Braunreuther, K. 7
Bray, J. Fr. 142, 150 f., 156
Brecht, B. 35 f.
Breshnew, L. I. 9
Brougham, H., Lord 110
Buchanan, Sir A. 202
Buddeus, A. 178
Buquoy, K. B. de Longueval 95
Burmeister, H. 177

Carey, H. Ch. 141
Carnegie, A. 112
Chajtun, S. D. 84
Chalmers, D. M. 134
Child, J. 94
Chitarow, R. 43
Chmelnitzkaja, E. L. 20, 28 f., 41, 47, 49 bis 51
Christian IX. (Herzog von Glücksburg), König von Dänemark 158
Christine, Königin von Schweden 95
Cicero, M. T. 146 f.

Cobbett, W. 115
Cornicelius, M. 170 f.
Crick, Fr. 55
Crispien, A. 16
Cukerman, A. M. 79
Cuvier, G. de 68 f.

Dahlmann, Fr. Chr. 171, 186 f.
Danton, G. J. 35
Darwin, Ch. 54, 75, 112 f., 119
Davenant, Ch. 94
Delbrück, H. 195
Delbrück, M. 55
Descartes (Cartesius), R. 94
Diels, H. 99 f., 105
Diogenes Laertios 101
Dobb, M. 116
Dobrow, G. M. 55
Droysen, G. 185
Droysen, J. G. 157, 167–169, 173–178, 182–188, 190 f., 193, 195–198, 201 f.
Du Bois-Reymond, E. 37
Dümmler, E. L. 190
Duncker, Ch. 184
Duncker, M. 166–168, 173 f., 176, 178 f., 181–189, 191–202
Dunn, R. 49

Eckermann, J. P. 67
Eckhart, J. G. von 95
Edgeworth, M. 130
Edmons, Th. R. 142
Eichners, H. 28
Einstein, A. 54, 62, 72, 75
Elisabeth von der Pfalz, Prinzessin 95
Engels, Fr. 23 f., 26, 29, 42, 46, 54, 73 bis 76, 93 f., 96, 107, 113, 117, 123, 130 f., 142, 147, 149, 157–166
Epikur 99, 106
Ernst II., Herzog von Sachsen-Koburg-Gotha 202
Eventow, L. J. 28

Feldmann, G. A. 13
Feuerbach, L. 74
Figurnow, P. K. 28
Flemming, Graf von 181
Foster, M. 65
Francke, K. 188, 193, 196 f.
Franz Joseph I., Kaiser von Österreich 159, 169
Frensdorff, F. 167
Frese, J. 196
Friedrich, König von Böhmen 95
Frau von König Friedrich von Böhmen = Elisabeth von England 95
Friedrich II., König von Preußen 160, 173
Friedrich III. (Kronprinz Friedrich), König von Preußen und deutscher Kaiser 173, 181, 187, 196 f., 202
Friedrich Wilhelm III., König von Preußen 160
Friedrich Wilhelm IV., König von Preußen 161
Frolov, B. A. 66 f., 69
Frolov, E. 100, 105

Galilei, G. 40
Garibaldi, G. 152
Gasilov (Gasilow), V. B. 90, 96
Gervinus, G. G. 175
Gfrörer, A. Fr. 190
Gneist, H. R. H. Fr. von 171
Goethe, J. W. 67
Götze, G. H. 195
Gräfe, A. von 195
Graetz, H. 102
Gray, J. 150 f.
Grell, H. 64
Grenville, W. W., Lord 125
Gülich, G. von 133
Gumbel, E. 45
Gutike (Arzt) 184

Haasz, A. 22 f., 45, 47
Haasz, E. 23
Hagen, A. H. W. 170
Hall, H. 65
Halm (Bibliothekar) 192
Haselberg, G. von 170
Häusser, L. 167, 173–175, 183, 185 f., 189, 191
Haym, R. 166, 168, 173 f., 176–178, 182, 184, 188, 193–195, 197–201
Hegel, G. W. Fr. 62, 74, 76, 107, 166, 173
Helmholtz, H. von 37, 65, 72

Hermann, E. A. 185 f.
Herneck, Fr. 62, 72
Heyde, W. 7, 61, 66
Hill, J. J. 112
Hodgskin, Th. 141 f., 147–151
Hoffmann, W. G. 78
Höfler, C., Ritter von 190
Hohenzollern, K. A., Fürst von 201
Hohenzollern (Preußisches Herrschergeschlecht) 159
Hopkins, Th. 142
Hörz, H. 62
Hugo, V. 152
Humboldt, W. von 194
Hume, D. 176

Ignatieff, M. W. 13
Immermann, K. L. 173
Ioffe, A. F. 70
Isokrates 101

Janssen, J. 179
Jaroschewski (Jaroševskij), M. G. 65, 74, 79, 90
Jeffrey, Fr. 122
Jemeljanow, W. S. 63
Jerussalimski, A. S. 41
Josephos, Fl. 102
Justinian I., byzantinischer Kaiser 100

Kant, I. 62
Kantorowitsch, L. W. 14, 63
Kapica, P. L. 68
Kaplan, W. 28
Karatajew, N. 154
Karl V. von Habsburg 174, 179
Karl Alexander, Großherzog von Sachsen-Weimar-Eisenach 193
Karski *siehe* Marchlewski
Kedrow, B. M. 59 f., 70, 73, 96
Ker von Kersland, Ritter 95
Keynes, J. M. 109
Klapka, G. 162
Klaus, G. 63
Klopp, O. 185
Kluckhohn, A. 191
Kolarow, V. 43 f.
Kosodojew, I. 28
Kowalewski, N. A. 13
Krebs, Sir H. 75 f.
Kröber, G. 10
Kuczynski, J. 7 f., 22 f., 43, 45 f., 49–51, 53, 63, 77, 93
Kuczynski, R. 16, 21, 45 f.
Kuhn, Th. S. 74
Kun, B. 43
Kunik, E. 27
Kurtschatow, I. W. 63
Kuusinen, O. W. 44

Lalor, J. 147
Lange, K. A. 60 f., 81, 85, 89, 93, 96
Lanz, K. 190
Lassalle, F. 164
Lasutkin, E. 28
Leibnitz, E. 62
Leibniz, G. W. 95 f.
Lemin, I. M. 17, 28, 42
Lenin, W. I. 15 f., 23–26, 29, 31, 35, 37 f., 40, 42, 46, 49 f., 54, 62, 75–77, 107, 146 f., 151, 165
Leontjew, W. 13
Lessing, G. E. 177
Lewschin, L. W. 154
Liebig, J. 9, 62, 72, 79, 91
Liebknecht, W. 164
Lipschitz, E. 119, 121, 124, 126 f.
Lisouski, P. 28
List, Fr. 173
Lucretius Carus, T. 147
Ludwig, B. K. 65
Lunatscharski, A. W. 13
Luria, S. 55

Macaulay, Th. B. 175 f., 193
MacCulloch, J. R. *siehe* McCulloch
Mach, E. 62
Maier, H. 7, 62 f.
Malthus, Familie 118, 124
Malthus, Th. R. 108 f., 111, 114–119, 122 bis 126, 128, 134–136, 139 f., 145, 148, 153
Frau von Th. R. Malthus 117
Mandelschtam (Mandel'štam), L. J. 58 f.
Manuilski, D. S. 43
Marchlewski, J. (Pseudonym Karski) 49
Marcks, E. 179, 183

Marshall, A. 108, 153
Martineau, H. 134
Marwitz, F. A. L. von der 182
Marx, K. 7, 15, 18 f., 23–26, 29, 42, 46, 49, 54, 62, 65, 68–70, 73–77, 93, 96, 107, 109–111, 113–118, 122 f., 125, 128–156, 164 f., 203
Maslennikow, W. A. 28
Mathy, K. 184
Maximilian II., König von Bayern 173, 191., 197 f.
Maxwell, C. 70
McCulloch, J. R. 110 f., 116, 119, 122–131, 134 f., 138 f., 143, 147, 151, 154
Meier, E. 199
Meinecke, Fr. 192
Melissos 105
Mendelson, L. A. 17, 28 f., 47, 50 f.
Mendelssohn Bartholdy, F. 173
Mill, Familie 118 f., 124
Mill, J. 110, 116–126, 128 f., 131, 133 f., 137–139, 148, 151 f., 155
Mill, J. St. 110, 117, 119, 152–156
Mirski, E. M. 60, 82, 85, 88
Molinari (Kaufmann und Politiker, Breslau) 194
Moltke, H., Graf von 182
Mommsen, Th. 176, 194, 196
Morier, Sir R. 202
Moritz von Oranien, Prinz 95
Mozart, W. A. 133
Mulkay, M. J. 86
Müller, Otfried 199
Mun, Th. 94

Napoléon I., Kaiser der Franzosen 149, 157, 160
Napoléon III. (Louis Bonaparte), Kaiser der Franzosen 161, 163, 168
Nemtschinow, W. S. 14, 63
Neumann, H. 43
Nikitin, S. M. 154
Nikolaus I., russischer Zar 158
Nook, W. 168, 201
Nowoschilow, W. W. 63

Olshausen, J. 178, 186 f.
Oelßner, Fr. 8, 53
Oparin, A. I. 63
Ostrowitjanow, K. W. 27, 47
Ostwald, W. 72
Overstone, S. J. L., Lord 65
Owen, R. 142, 146, 149–151

Parmenides 105
Pavlov, I. P. 65, 68, 71, 79
Peck, G. 127
Perlo, V. 52
Petty, Sir W. 94, 128, 147
Pfordten, L. K. H., von der 197–199
Place, Fr. 124
Planck, M. K. E. L. 72, 75
Plato(n) 70, 99–106, 146, 176
Pokrowski, M. N. 13
Polanyi, M. 65 f.
Polesskij, A. 20
Poljanski, F. J. 154
Protagoras 106
Proudhon, P. J. 142
Pythagoras 99

Quesnay, Fr. 94, 133

Ranke, L. von 174–176, 186 f.
Raumer, K. O. von 176, 188
Ravenstone, P. 142, 144–147
Reimer, G. 194
Reimer, K. 194
Ricardo, A. 107
Ricardo, D. 11, 25, 94, 107–156, 203
Ricardo, Familie 118
Rickert, H. 64
Rockefeller, J. D. 112 f.
Rodnyj, N. I. 60, 75 f.
Roginski, G. 50
Rompe, R. 55
Röpell, R. 194
Roscher, W. 129 f., 133 f.
Rosenberg, D. I. 154
Rousseau, J. J. 120
Rubinstein, M. I. 28, 51
Ruge, A. 166
Russell, J., Lord 143
Rutherford, E. 68, 70, 91

Sarrin, P. I. 154

Sauppe, H. 199 f.
Say, J. B. 119, 122 f., 125, 128 f., 135, 151, 153 f.
Schadow, J. G. 173
Scharnhorst, G. J. D. von 182
Schdanow, A. A. 28
Schenkman, B. 69
Schleier, H. 178
Schlosser, Fr. Chr. 175
Schmidt, W. A. 190
Schpirt, A. J. 10, 28, 51
Schulze, J. 188
Schumpeter, J. A. 109, 131, 153
Schwarzkopf, E. 102–104
Sečenov, I. M. 65
Semenov, N. N. 70 f.
Senior, W. N. 110, 123, 133, 153 f.
Siegmar zu Dohna, Graf 182
Simon, M. 99, 101 f., 106
Simson, M. E. von 198
Sismondi, J. Ch. L. S. de 78, 110, 126 f., 132, 141, 146
Smith, A. 94, 108 f., 124, 128 f., 131, 133 f., 136, 143, 148 f., 153 f.
Sokrates 74, 99, 101–105, 146
Solla Price, D. J. de 91
Sommerfeld, A. 72
Spencer, H. 78, 147
Speranskij, A. D. 68
Sraffa, P. 116, 126 f.
Stalin, J. W. 15, 43, 47
Stein, L. 105, 130
Steiner, H. 7, 9, 62, 75 f., 79 f.
Storer, N. W. 92
Sturtevant, J. M. 112
Sybel, H. von (Schulze) 169, 172–175, 183 bis 187, 189–192, 194, 196–198, 202

Tacitus, P. C. 175
Taine, H. 185
Terent'ev (Terentjew), A. P. 79
Themistokles 179
Thompson, W. 142, 150 f.
Thorwaldsen, B. 176
Thucydides (Thukydides) 176
Tilly, J. T., Graf von 95
Tocqueville, A. Ch. de 185
Tooke, Th. 123, 136
Torrens, R. 110, 123, 127 f., 135 f., 140, 148
Trachtenberg, I. A. 28 f., 51
Trachtenberg, N. 50
Treitschke, E. von 167
Treitschke, Familie 199
Treitschke, H. von 157, 167–174, 181, 183, 185, 189, 192, 195–197, 199, 201 f.
Schwester von H. von Treitschke = Johanna 189
Trower, H. 116, 123–125, 127, 136, 139
Tschernyschewski, N. G. 153 f.
Turgot, A. R. J. 94

Udalzow, I. I. 154

Varga, Ch. 40
Varga, E. 8, 13–53, 58 f., 63, 77 f., 93, 97
Vauban, S. le Prêtre, marquis de 94
Victoria, Königin von Preußen und deutsche Kaiserin 197
Voevodskij, V. V. 70

Wainstein, A. L. 13
Waitz, G. 176, 183, 191
Waldersee, A., Graf von 160
Watson, J. D. 55
Weber, M. 167
Wehrenpfennig, W. 195
Welskopf, E. Ch. 106
Westpfahlen, F. O. W. von 176
Whately, R. 133 f.
Wilamowitz-Moellendorff, U. von 100
Wilhelm I. (Prinzregent Wilhelm), König von Preußen und deutscher Kaiser 159, 161 f., 169–171, 173, 197, 200 f.
Wilhelm I., König von Württemberg 188
Windelband, W. 64
Wischnew, S. 28
Wolkow, G. N. 69
Wosnesenski, N. A. 28
Wundt, W. 65, 69, 79
Wurm, Chr. Fr. 178

Xenophon 101, 103, 105

Zeller, Ed. 99
Zeno(n) aus Kition 99, 105
Zott, R. 10

Bei Fragen zur Produktsicherheit wenden Sie sich bitte an:
If you have any questions regarding product safety,
please contact:

Walter de Gruyter GmbH
Genthiner Straße 13
10785 Berlin
productsafety@degruyterbrill.com